BIBLIOTHÈQUE SCIENTIFIQUE INTERNATIONALE

SCHÜTZENBERGER

LES

FERMENTATIONS

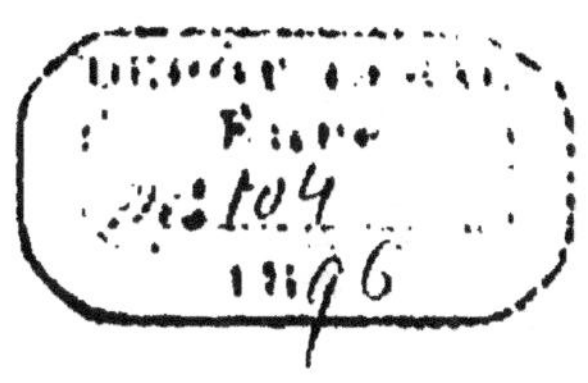

BIBLIOTHÈQUE
SCIENTIFIQUE INTERNATIONALE

PUBLIÉE SOUS LA DIRECTION

DE M. ÉM. ALGLAVE

XIII

LES

FERMENTATIONS

PAR

P. SCHÜTZENBERGER

Professeur au Collège de France, membre de l'Académie de médecine.

AVEC 28 FIGURES DANS LE TEXTE

CINQUIÈME ÉDITION

PARIS

ANCIENNE LIBRAIRIE GERMER BAILLIÈRE ET Cie

FÉLIX ALCAN, ÉDITEUR

108, BOULEVARD SAINT-GERMAIN, 108

1889

INTRODUCTION

———

Les fermentations ne sont que des cas particuliers, choisis dans l'ensemble des phénomènes chimiques dont les organismes vivants sont le siége ; elles se présentent à nous, ainsi que toutes les réactions biologiques, comme des manifestations de la force spéciale qui réside dans ces organismes, ou plutôt dans leurs éléments cellulaires.

En laissant au second plan la nature du corps qui fermente et les produits qui en dérivent, rien ne distingue les fermentations des autres transformations chimiques qui se passent dans l'économie animale ou végétale.

Si la production d'alcool et d'acide carbonique aux dépens du sucre, si la conversion de la glucose en acide lactique, en acide butyrique, si enfin d'autres phénomènes du même ordre ont été classés à part, sous le nom général de fermentations, la raison en est à ce que pendant longtemps on avait méconnu la cause réelle de ces transformations curieuses. On ne s'était pas aperçu qu'elles avaient pour origine la présence d'organismes vivants, ou tout au moins de principes qui en dérivent directement.

Il résulte de là que, dans l'état actuel de la science, il n'y a plus aucun intérêt à spécialiser par un nom ces diverses réactions; qu'il convient, au contraire, de les faire rentrer dans la série des phénomènes chimiques de l'organisme vivant. Aussi de deux choses l'une : Ou nous supprimerons le mot fermentation, en tant qu'expression générale s'appliquant à un certain ordre de phénomènes; ou nous désignerons ainsi tous ceux qui, par les conditions spéciales où ils se produisent, sont évidemment dus à l'intervention d'une autre force que celles que nous manions dans nos laboratoires.

Il est vrai que les organismes, qui provoquent ce que l'on a appelé jusqu'à présent des fermentations, sont des organismes simples, élémentaires, réduits à une cellule unique; mais qu'est-ce qu'un végétal ou un animal d'un ordre élevé, sinon la réunion, d'après des lois spéciales, de diverses espèces de cellules, dont chacune fonctionne suivant un sens déterminé? Lorsque, comme l'a remarqué M. Pasteur, nous semons à la fois, dans le même milieu sucré, de la levûre alcoolique, de la levûre lactique et du ferment butyrique, ne voyons-nous pas intervenir trois réactions distinctes, dont l'une dédouble le sucre en alcool et acide carbonique, dont la seconde le convertit en acide lactique, et la dernière en acide butyrique?

Plus un organisme est simple, moins il renferme d'ordres spéciaux de cellules, plus les réactions chimiques qui s'y passent sont simples aussi et faciles à démêler, à isoler par l'expérience. Plus, au contraire, la constitution histologique est variée et hétérogène, plus aussi nous voyons apparaître de composés distincts, comme produits des phénomènes chimiques multiples qui se passent dans les divers tissus.

Comme conséquence de ce que nous venons de dire,

notre cadre se trouverait notablement élargi, et l'histoire des fermentations deviendrait celle des phénomènes chimiques dans les êtres vivants.

Cependant, nous ne donnerons pas à cette étude une pareille extension, et nous nous bornerons à l'examen des phénomènes qui ont été jusqu'ici désignés sous le nom de fermentations. Ainsi restreinte, l'histoire des fermentations peut être considérée comme une introduction à la chimie biologique.

En effet, on voit facilement, d'après les considérations précédentes, que l'étude approfondie des ferments proprement dits, ou plutôt des organismes élémentaires et de leur manière d'être, doit devancer celle des êtres plus complexes. Nous comprenons mieux les propriétés du granit, et l'influence qu'exercent sur lui l'eau et les agents atmosphériques, lorsque nous avons appris qu'il est formé de cristaux juxtaposés de quartz, de feldspath et de mica, et que nous avons étudié les caractères chimiques de chacun de ces composés. De même, l'étude des manifestations chimiques de la force vitale, dans les organismes cellulaires, est destinée à jeter une vive lumière sur les fonctions plus complexes des végétaux et des animaux supérieurs. C'est ce qu'a compris M. Pasteur et ce qu'ont compris, après lui, tous ceux qui ont abordé l'étude physiologique des fermentations et du développement des organismes cellulaires.

Une cellule vivante de levûre de bière possède la propriété de décomposer en alcool, en glycérine et en acides carbonique et succinique le sucre interverti qui pénètre par endosmose à travers sa membrane enveloppe.

Remplaçons la cellule de levûre de bière par une cellule de levûre lactique, nous voyons encore le sucre disparaître; mais les produits dans lesquels se retrouvent les éléments pondérables de la glucose sont différents : au lieu d'alcool et d'acide carbonique nous avons de l'acide lactique. Evidemment le *modus faciendi* de la force vitale de cette cellule n'est pas le même que celui de la première. Est-ce à dire qu'il existe autant de forces vitales chimiques que de réactions? Nous ne le pensons pas.

Lorsqu'on reçoit sur un prisme un faisceau de lumière solaire, les éléments constitutifs de ce faisceau sont isolés, grâce à leur inégale réfrangibilité. Les rayons les moins réfrangibles se révèlent à nous par les effets du calorique (dilatation des corps et changements d'état); viennent ensuite les divers rayons lumineux qui provoquent sur la rétine les impressions colorées du spectre; puis enfin, au delà du violet, une série de rayons invisibles et qui ne sont révélés que par leur action décomposante sur certaines combinaisons (sels d'argent, etc.). Or nous savons aujourd'hui que tous ces rayons calorifiques, lumineux, chimiques, dont les uns chauffent sans éclairer, dont les autres éclairent sans chauffer ou provoquent des réactions chimiques, ne diffèrent que par la rapidité du mouvement vibratoire de l'éther, et ne se distinguent essentiellement que par la longueur d'onde. Il est possible qu'un lien analogue relie les forces chimiques vitales des divers organismes élémentaires. Du sable répandu uniformément à la surface d'une plaque vibrante se réunit en lignes nodales de diverses formes suivant l'acuité du son que nous tirons de cette plaque avec un archet; de même les composés chimiques peuvent se résoudre en combinaisons plus simples, variant dans leur espèce avec le rhythme vibratoire qui les entame.

La transformation du sucre en alcool et acide carbonique, la conversion du même corps en acide lactique, sont, encore à l'heure qu'il est, des phénomènes chimiques que nous ne pouvons reproduire par l'intervention seule du calorique, ni par le concours de la lumière ou de l'électricité. La force capable d'entamer ainsi, dans une direction déterminée, l'édifice complexe que nous appelons sucre, édifice formé d'atomes de carbone, d'hydrogène, d'oxygène, groupés suivant une loi déterminée, cette force, qui ne se manifeste que dans la cellule vivante de levûre, est une force matérielle comme toutes celles que nous sommes habitués à utiliser. Sa principale particularité est de ne se trouver que dans les êtres vivants qu'elle caractérise.

Devons-nous nous arrêter devant cette muraille que personne n'a pu franchir encore, et dire aux chimistes : Vous n'irez pas plus loin ! car au-delà c'est le domaine de la vie et vous n'en disposez point. L'histoire de la science est là pour nous montrer toute la vanité de ces barrières soit-disant infranchissables. En publiant son beau traité de chimie organique, Gerhardt avait cru pouvoir dire :

« La force vitale seule opère par synthèse et reconstruit l'édifice abattu par les forces chimiques. »

Quelques années plus tard, M. Berthelot, par une brillante suite de découvertes, ouvrait la brèche des synthèses organiques et fixait les principales conditions dans lesquelles elles peuvent s'effectuer.

Dans une remarquable leçon sur la dyssymétrie moléculaire (Leçons de la Société chimique de Paris, 1860), M. Pasteur avait établi une distinction capitale entre les produits organiques artificiels et les composés formés sous l'influence des êtres vivants.

« Tous les produits artificiels des laboratoires sont à image superposable. Au contraire, la plupart des produits organiques naturels, je pourrais dire tous, si je n'avais à nommer que ceux qui jouent un rôle essentiel dans les phénomènes de la vie végétale et animale, tous les produits essentiels à la vie sont dyssymétriques, et de cette dyssymétrie qui fait que leur image ne peut leur être superposée. » Et plus loin : « On n'a pas encore réalisé la production d'un corps dyssymétrique à l'aide de composés qui ne le sont pas. »

Presque au moment où ces paroles étaient prononcées devant la Société chimique de Paris, deux savants anglais (Perkin et von Dupa) parvenaient à transformer l'acide succinique en acide tartrique. M. Pasteur reconnaissait lui-même que le produit artificiel de Perkin était un mélange d'acide paratartrique et d'acide tartrique inactif. Or, l'acide paratartrique se dédouble facilement, d'après les belles recherches de Pasteur, en acide tartrique droit et en acide tartrique gauche, et M. Jungfleisch nous a montré que l'acide tartrique inactif chauffé avec de l'eau à 175° se convertit partiellement en acide paratartrique.

L'acide succinique employé par les chimistes anglais provenait de l'oxydation du succin. Ce n'était pas un produit synthétique ; on pouvait croire que, bien qu'inactif, il résultait, comme l'acide racémique, de l'union de deux molécules actives et inverses. Jungfleisch a levé ce dernier doute. Il a préparé, d'après une méthode connue, l'acide succinique synthétique, au moyen du cyanure d'éthylène et de la potasse. Cet acide a fourni de l'acide paratartrique, comme celui du succin.

Ainsi tombe la barrière que M. Pasteur avait posée entre les produits naturels et artificiels. Cet exemple nous montre combien il faut être réservé dans les distinctions que l'on croit pouvoir établir entre les réactions chimiques de l'organisme vivant et celles du laboratoire. De ce qu'un phénomène chimique n'a pu encore être provoqué que sous l'influence de la vie, il ne s'en suit pas qu'il ne pourra jamais l'être autrement.

Personne ne peut plus admettre aujourd'hui que la force vitale a puissance sur la matière pour changer, contrebalancer, annuler le jeu naturel des affinités chimiques. Ce que l'on est convenu d'appeler affinité chimique n'est pas une force absolue; cette affinité se modifie d'une foule de manières, dès que les circonstances qui enveloppent les corps varient. Aussi les différences apparentes entre les réactions du laboratoire et celles de l'organisme doivent-elles être cherchées surtout dans les *conditions spéciales* que ce dernier a pu seul réunir jusqu'à présent.

En d'autres termes, il n'y a pas réellement de force vitale chimique. Si les cellules vivantes provoquent des réactions qui semblent spécifiques pour elles, c'est parce qu'elles réalisent des conditions de mécanique moléculaire que nous n'avons pu encore saisir, mais que l'avenir nous réserve, *sans aucun doute*, de trouver. La science ne peut rien gagner à être limitée dans la possibilité des buts qu'elle se propose et de la fin qu'elle poursuit.

Si, dans la suite, nous employons encore l'expression de force vitale chimique d'un organisme élémentaire, il est bien entendu que dans notre pensée ces mots signifient : réalisation des conditions de mécanique moléculaire nécessaires pour provoquer telle ou telle réaction.

Sans nous arrêter davantage à ces considérations générales qui ne sont encore que de simples hypothèses, se présentant naturellement à l'esprit de celui qui cherche à se rendre compte des causes déterminantes d'effets observés, mais sur lesquelles il ne convient pas d'insister pour le moment, nous aborderons sans plus tarder l'examen des faits.

L'étude des fermentations peut être partagée en deux parties, d'après la nature du ferment. La première comprendra les fermentations que l'on attribue à l'intervention d'un ferment organisé ou figuré ; la seconde sera réservée aux fermentations provoquées par des produits solubles, élaborés par les organismes vivants.

LES
FERMENTATIONS

LIVRE I

**FERMENTATIONS DUES AUX ORGANISMES CELLULAIRES
OU FERMENTATIONS DIRECTES**

CHAPITRE PREMIER

HISTORIQUE

Le mot fermentation dérive de *fervere*, bouillir; il doit évidemment son origine à la réaction que présentent les liquides sucrés, lorsqu'ils sont abandonnés. à eux-mêmes ou mis en présence de levûre. On constate, en effet, dans ce cas, un dégagement de gaz plus ou moins abondant, qui fait mousser, bouillir le liquide. Le sucre disparaît et le produit devient spiritueux. Ce n'est que plus tard que cette expression de fermentation a été appliquée à d'autres phénomènes, dans lesquels un corps organique dissous se modifie, s'altère, se transforme sous l'influence d'une cause restée longtemps occulte et mal définie. Ainsi, l'on a désigné par fermentation l'acidification du vin; bien que dans ce cas il n'y ait pas d'effervescence. On avait plutôt en vue l'analogie de cause déterminante que l'apparence du phénomène.

La fermentation alcoolique est la plus anciennement connue, et aussi la plus étudiée des réactions de cet ordre. C'est Osiris selon les Égyptiens, Bacchus d'après les Grecs, Noé suivant la tradition israélite, qui apprirent aux hommes l'art de cultiver la vigne et de fabriquer le vin. Moïse distingue dans ses livres le pain sans levain du pain levé, et raconte que lors de leur fuite d'Égypte, les Israélites furent tellement pressés qu'ils n'eurent pas le temps de mettre du levain dans leur pâte. Les anciens se servaient, comme levain pour le pain, soit d'une pâte ancienne et devenue acide, soit de levûre de bière. « Galliæ et Hispaniæ frumento in potum resoluto, spuma ita concreta pro fermento utuntur, quà de causa levior illis, quam ceteris, panis est, » dit Pline qui ajoute que dans la fermentation du pain, c'est l'acidité qui est surtout active. Dès la plus haute antiquité, aussi bien en Égypte qu'en Germanie, on connaissait certains liquides fermentés, préparés avec des sucs naturels sucrés, abandonnés à la fermentation ; tels que la bière, l'hydromel, le vin de palmier, le cidre.

En résumé, il résulte de tous les documents anciens que la fermentation alcoolique était connue empiriquement dans ses principaux effets, et utilisée à une époque bien plus reculée que celle qui nous a laissé des traces écrites de son histoire.

Parmi les écrits des alchimistes du XIIIe au XVe siècle, on trouve très-fréquemment les expressions de fermentation et de ferments (fermentatos et fermentum), sans qu'il soit facile de se faire une idée nette de ce qu'ils comprenaient par là. Pour eux, la distinction entre les substances minérales et organiques n'existait pas ; les phénomènes d'altération des produits organiques étaient assimilés et confondus avec les transformations des composés minéraux, avec les dissolutions des sels et des métaux. Bien souvent le mot ferment s'applique à la *pierre philosophale* elle-même.

« Apud philosophos fermentum dupliciter videtur dici : Uno modo ipse lapis philosophorum et suis elementis compositus, et completus in comparatione ad metalla ; alio modo illud, quod est perficiens lapidem et ipsum complens [1].

1. Petrus Bonus de Ferrare, 1330-1340.

Do primo modo dicimus. quod sicut rormentum pastæ vincit pastam, et ad se convertit semper, sic et lapis convertit ad se metalla reliqua. Et sicut una pars formenti pastæ habet convertere infinitas partes pastæ et non converti, sic et hic lapis habet convertere plurimas partes metallorum ad se, et non converti. »

On voit que l'écrivain est surtout frappé de ce fait, qu'une très-petite quantité de levain transforme en levain nouveau une proportion pour ainsi dire indéfinie de pâte. Cette propriété de transmettre une force à une grande masse, sans s'affaiblir, doit pré ... ment caractériser la pierre philosophale tant cherchée.

Dans son *Char de triomphe de l'Antimoine*, Basile Valentin admet que la levûre, employée dans la préparation de la bière, communique au liquide une inflammation intérieure, et détermine par là une purification et une séparation des parties claires d'avec les parties troubles. L'alcool, dont il connaissait la présence dans le liquide fermenté, préexiste pour lui dans la décoction d'orge germée; mais il ne devient actif et susceptible d'être séparé par distillation qu'après avoir été débarrassé des impuretés qui l'accompagnent et qui masquent ses propriétés spéciales.

Pour Libavius (Alchymia, 1595) : « Fermentatio est rei in substantia, per admistionem fermenti quod virtute per spiritum distributo totam penetrat massam et in suam naturam immutat, exaltatio. » Le ferment doit être de nature semblable à celle de la matière qui entre en fermentation, et celle-ci doit être liquide ou tout au moins dans un état de grande division; l'agent principal réside dans la chaleur du ferment.

De même que les chimistes d'une époque postérieure, Libavius rapproche la fermentation et la putréfaction, qu'il considère comme des effets différents d'une même cause. Il s'élève, au contraire, contre la confusion que l'on a faite entre la digestion et la fermentation. La digestion pour lui est un (motus ad mistionem, non ad perfectionem), comme l'est la fermentation.

L'école iatrochimique attribua un rôle prépondérant aux

fermentations, et confondit même sous cette dénomination un grand nombre de réactions chimiques.

Ainsi Van Helmont s'exprime comme il suit dans son *Ortus medicinæ* (1648): « Docebo omnem transmutationem formalem præsupponere fermentum corruptivum. »

La formation des gaz intestinaux, la production du sang et des liquides animaux, les générations spontanées, l'efferves-cence de la craie sous l'influence des acides sont autant de phénomènes où intervient la fermentation.

Van Helmont eut cependant le mérite, disons-le en passant, de distinguer nettement la production d'un gaz spécial (gaz vinorum) pendant la fermentation alcoolique. Il dit que ce gaz vinorum est différent de l'esprit de vin, comme il a pu s'en assurer par des expériences. On ne saurait affirmer, d'après ses écrits, s'il a reconnu ou non, l'identité du gaz vinorum et du gaz carbonum produit pendant la combustion du charbon.

En 1664, Wren fait observer que le gaz produit par la fer-mentation alcoolique est absorbable par l'eau, comme celui qui se dégage par l'action d'un acide sur le sel de tartre.

Silvius de la Boë (1659) ne consent pas à envisager l'effer-vescence des alcalis carbonatés sous l'influence des acides comme un phénomène de même ordre que la fermentation.

Dans le premier cas il y aurait combinaison, dans le second décomposition.

Lémery (Cours de chimie, 1675) n'est pas aussi explicite lors-qu'il dit : « La fermentation qui arrive à la paste, au moust, et à toutes les autres choses semblables, est différente de celle dont nous venons de parler (effervescence), en ce qu'elle est bien plus lente ; elle est excitée par le sel acide naturel de ces substances, lequel se dégageant et s'exaltant par son mouve-ment, raréfie et élève la partie grossière et huileuse qui s'op-pose à son passage, d'où vient qu'on voit soulever la matière. »

La raison pour laquelle l'acide ne fait point fermenter les choses sulfureuses avec tant de bruit et tant de promptitude qu'il fait fermenter les alcalis, c'est que les huiles sont composées de parties pliantes qui cèdent à la pointe de l'acide, comme un morceau de laine ou de coton céderait à des aiguilles qu'on pousserait dedans. Ainsi il me semble qu'on pourrait admettre deux sortes de fermentations; une qui serait de l'acide avec l'alcali, et on l'appellerait effervescence; et l'autre qui serait, lorsque l'acide raréfie peu à peu une matière molasse comme la paste, ou claire et sulfureuse comme le moust, le sydre et tous les autres sucs de plantes; on nommerait cette dernière sorte, fermentation. »

A propos de la fermentation alcoolique, Lémery dit encore : « Pour expliquer cet effet, il faut savoir que le moust contient beaucoup de sel essentiel; ce sel comme volatil faisant effort dans la fermentation pour se détacher des parties huileuses par lesquelles il était comme lié, il les pénètre, il les divise et il les écarte jusqu'à ce que par ses pointes subtiles et tranchantes, il les ait raréfiées en esprit; cet effort cause l'ébullition qui arrive au vin, et en même temps sa purification; car il en fait séparer et écarter les parties les plus grossières en forme d'écume, dont une portion s'attache et se pétrifie aux côtés du vase, et l'autre se précipite au fond, c'est ce que l'on appelle le tartre et la lie. L'esprit inflammable du vin n'est donc autre chose qu'une huile exaltée par des sels. »

Nous trouvons dans les travaux et les écrits de Becher (1682) un progrès très-marqué dans l'étude des produits de la fermentation. Le premier, il fait ressortir le fait capital que les liquides sucrés sont seuls capables d'entrer en fermentation spiritueuse. Pour lui l'alcool ne préexiste pas dans le moût, mais se forme pendant le travail de fermentation ; l'intervention de l'air est nécessaire pour provoquer le phénomène qu'il considère comme analogue de la combustion. Becher réunit sous le nom de fermentation : les productions de gaz par effervescence ou dans l'estomac des animaux malades (intumefactio), la fermentation spiritueuse (proprie fermentatio), l'acétification (acetificatio seu acescentia).

On doit à Willis (1659) et à Stahl, le célèbre promoteur de la théorie du phlogistique (1697), la première conception philosophique sur la nature intime de la fermentation, ou plutôt des fermentations. Pour eux le ferment est un corps doué d'un mouvement intime, qui transmet ce mouvement à la matière fermentescible. C'est ainsi que Willis dit dans son diatribe De fermentatione :

« Fermentatio est motus intestinus cujusvis corporis, cum tendentia ad perfectionem ejusdem corporis vel propter mutationem in aliud.

Plures sunt modi quibus fermentatio promovetur. Primus et principuus erit fermenti cujusdam corpori fermentando adjectio; cujus particulæ cum prius sint in vigore et motu positæ, alias in massa fermentanda otiosas et torpidas exsucitant, et in motum vindicant. »

Stahl considérait la fermentation alcoolique comme un phénomène de même ordre que la putréfaction, un cas particulier de celle-ci. Comme on n'avait à cette époque aucune idée nette sur la composition élémentaire des substances fermentescibles et des produits de leur fermentation, on ne pouvait évidemment établir aucune relation sérieuse entre ces corps, et toutes les hypothèses pouvaient se produire avec sécurité. C'est ainsi que Stahl admet que la matière fermentescible (sucre, farine, lait) est composée de particules formées par l'union peu intime de sel, d'huile et de terre; sous l'influence du mouvement intérieur provoqué par le ferment, les particules hétérogènes sont séparées les unes d'avec les autres, puis recombinées de manière à former des composés plus stables, renfermant les mêmes principes, mais en d'autres proportions.

De Stahl à Lavoisier nous ne trouvons plus de noms bien marquants ni de découvertes intéressantes au point de vue de la fermentation.

Lorsque la chimie subit sa grande transformation, à la fin du siècle dernier, sous l'influence puissante du génie de Lavoisier, les fermentations durent attirer de nouveau l'attention des expérimentateurs. Lavoisier lui-même s'en occupe (Éléments de chimie, tome I, p. 139, 2ᵐᵉ édit.), et comme pour toutes les questions auxquelles il touche, il jette un trait de lumière dans les ténèbres. Procédant, comme il le fait toujours, balance en main, par poids et mesures, et appliquant à la solution du problème les nouvelles méthodes d'analyse organique qu'il a imaginées, il cherche à établir le lien ou la relation qui existe entre la matière fermentée, le sucre, et les produits de la fermentation, l'alcool et l'acide carbonique.

A partir de ce moment nous quittons le domaine de l'histoire de la science, nous entrons dans celui des faits réels et bien observés qui seront étudiés dans les chapitres suivants.

En résumé, nous pouvons dire qu'avant les travaux de Lavoisier et de ses continuateurs, on connaissait qualitativement les produits fermentescibles et les principaux termes de leurs transformations (gaz carbonique, alcool, ac. acétique, etc.). On savait distinguer la fermentation acide ou acétique de la fermentation alcoolique; on saisissait l'analogie qui existe entre la putréfaction et la fermentation alcoolique; enfin on avait cherché à expliquer le mode d'agir du ferment.

Ce dernier n'était connu que comme une espèce d'écume, de dépôt ou de pâte dans lesquels résidait une force occulte et spéciale, capable de déterminer des phénomènes chimiques. Ajoutons encore que ces phénomènes étaient considérés comme distincts, par leurs allures et la cause provocatrice, des réactions ordinaires de la chimie. C'est un bien mince bagage, on le voit, pour tant de volumes écrits sur ce sujet.

La fermentation spiritueuse ou alcoolique étant à tous les points de vue le phénomène de cet ordre le plus complétement étudié, nous commencerons par elle notre monographie.

CHAPITRE II

FERMENTATION ALCOOLIQUE OU SPIRITUEUSE

Dans son beau mémoire (Ann. de chimie et physique, 3e série, t. LVIII, p. 323) Pasteur appelle *fermentation alcoolique* la fermentation qu'éprouve le sucre sous l'influence du ferment qui porte le nom de levûre de bière.

Nous ne pouvons adopter cette définition que comme s'appliquant, sans incertitude possible, à un phénomène bien limité dans sa cause et ses effets ; mais nous aurons à rechercher plus tard si l'alcool ne peut pas prendre naissance aux dépens du sucre, sous d'autres influences que celles du produit connu sous le nom de levûre de bière.

Comme nous l'avons dit plus haut, la scission d'une molécule de sucre en plusieurs produits plus simples, parmi lesquels figurent l'alcool et l'acide carbonique, est la conséquence d'une action mécanique spéciale, s'exerçant sur les dernières particules de la matière composée. Quelle que soit la source (organisme vivant ou matière morte) qui réalise les conditions propres à cette rupture d'équilibre, le phénomène sera le même dans son essence. A un point de vue général et philosophique, il n'y a pas plus d'intérêt à séparer la fermentation alcoolique provoquée par la levûre de bière, de la fermentation alcoolique due à tout autre agent, que de distinguer le sucre de canne du sucre de betterave.

En restreignant avec Pasteur l'expression de fermentation alcoolique et en n'y rattachant pas tout phénomène d'altération où il se produirait de l'alcool, nous avons à envisager le corps qui fermente, le sucre ou plutôt les sucres, les produits de la fermentation parmi lesquels figure en première ligne l'alcool, enfin la cause déterminante de la fermentation du sucre, la levûre de bière.

PRODUITS DE LA RÉACTION

Envisageons tout d'abord la fermentation alcoolique comme une réaction chimique ordinaire; en d'autres termes, étudions-la au point de vue du corps qui se décompose et des produits qui en dérivent; nous aborderons ensuite la cause de la décomposition et les propriétés de cette levûre ainsi que celles de produits analogues.

Nous disions plus haut que Becher avait, le premier, reconnu la nécessité de la présence du sucre dans les vins qui subissent la fermentation spiritueuse, mais qu'à Lavoisier revenait l'honneur d'avoir étudié et fait ressortir les relations de composition qui relient le sucre à ses dérivés.

Partant de ce principe que rien ne se crée ni dans les opérations de l'art, ni dans celles de la nature; que dans toute opération il y a une égale quantité de matière avant et après l'opération; que la qualité et la quantité des principes est la même et qu'il n'y a que des changements et des modifications, l'illustre savant établit par l'analyse les proportions centésimales de carbone, d'hydrogène et d'oxygène contenues dans le sucre; opérant de même pour l'alcool, l'acide carbonique et l'acide acétique reconnus par lui comme les produits de la décomposition du sucre, enfin dosant les quantités respectives de ces trois corps qui prennent naissance aux dépens d'un poids connu de sucre, il établit le bilan de la réaction et arriva aux conclusions suivantes:

« Les effets de la fermentation vineuse se réduisent donc à séparer en deux portions le sucre qui est un oxyde, à oxygéner l'une aux dépens de l'autre pour en former de l'acide carbonique ; à désoxygéner l'autre en faveur de la première pour en former une substance combustible qui est l'alcool ; en sorte que s'il était possible de recombiner ces deux substances, l'alcool et l'acide carbonique, on reformerait du sucre. » Nous sommes loin déjà des conceptions de Stahl fondées sur un mélange de sel, d'huile et de terre.

Les recherches de Lavoisier peuvent se résumer par l'équation suivante :

95,9 parties de sucre de canne cristallisé contiennent
26,8 carbone,
 7,7 hydrogène,
61,4 oxygène,
 et se dédoublent en :
57,7 parties d'alcool contenant :
16,7 carbone,
 9,6 hydrogène,
31,4 oxygène +.
35,3 parties d'acide carbonique contenant :
9,9 carbone,
25,4 oxygène +.
 2,5 parties d'acide acétique contenant :
0,6 carbone,
0,2 hydrogène,
1,7 oxygène.

On trouve ainsi :

Carbone du sucre 26,8 somme de carbone des trois dérivés 27,2.
Hydrogène   «   7,7   «   de l'hydrogène   «   9,8.
Oxygène   «   61,4   «   de l'oxygène   «   58,5.

Vu les imperfections de ses procédés d'analyse, Lavoisier considérait l'accord entre les deux termes de même ordre comme suffisant pour confirmer le principe général énoncé plus haut.

Si en regard de ces nombres nous plaçons ceux fournis par

les méthodes si parfaites employées par les chimistes modernes,
nous verrons qu'en réalité :

95,9 parties de sucre de canne contiennent :
40,4 carbone.
 6,1 hydrogène.
49,4 oxygène.

et donnent :

51,6 d'alcool contenant :
26,9 carbone.
 6,7 hydrogène.
18,0 oxygène +.
49,4 parties d'acide carbonique contenant :
13,5 carbone.
36,9 oxygène.

Ce n'est donc que par une compensation d'erreurs assez
fortes que Lavoisier est amené à une solution approchée.

Vers 1815, les analyses si bien faites de Gay-Lussac et Thénard et de de Saussure fixaient d'une manière définitive la
composition du sucre et de l'alcool. Ces résultats, loin d'infir-
mer les conclusions de Lavoisier, leur prêtèrent un appui solide. Aussi Gay-Lussac (Ann. de chimie, t. XCV, p. 318) put-il
écrire : « Si l'on suppose maintenant que les produits que
fournit le ferment puissent être négligés relativement à l'alcool
et à l'acide carbonique qui sont les seuls résultats sensibles de
la fermentation, on trouvera qu'étant données 100 parties de
sucre, il s'en convertit pendant la fermentation 51, 34 en alcool
et 48,66 en acide carbonique. »

Ces résultats traduits en équation chimique conduisent à
faire attribuer au sucre de canne la formule $C_{12}H_{12}O_{12}$ et l'on
aurait :

$$C_{12}H_{12}O_{12} = 2C_4H_6O_2 + 4CO_2$$

Or les analyses du sucre de canne faites par Gay-Lussac et
Thénard eux-mêmes concordent, comme celles faites depuis
par un grand nombre de savants, avec la formule $C_{12}H_{11}O_{11}$.

Pour arriver à l'erreur que nous venons de signaler et que MM. Dumas et Boullay firent ressortir dès 1828, Gay-Lussac supposa que ses analyses du sucre de canne étaient imparfaites, et il les modifia sans raison de 2 à 3 pour 100, en vue de rétablir l'accord entre les deux membres de son équation.

« La théorie de la fermentation établie par Gay-Lussac laisse donc quelque chose à souhaiter, disent MM. Dumas et Boullay, mais il n'en est plus de même dès qu'on substitue l'éther à l'alcool dans la composition théorique du sucre. L'accord le plus parfait se rétablit entre la théorie et l'expérience. » La conclusion que les deux savants tirèrent de cette observation, c'est que le sucre de canne ne peut fermenter sans assimiler les éléments d'une molécule d'eau. En d'autres termes, l'équation de Gay-Lussac en tant qu'expression numérique est exacte, il convient seulement d'écrire le premier membre sous la forme :

$$C_{12}H_{11}O_{11} + HO = 2C_4H_6O_2 + 4CO_2$$

Sucre de canne.   Eau.   Alcool.   Acide carbonique.

Un peu plus tard (1832) Dubrunfant observait qu'avant de fermenter, le sucre de canne se transforme en sucre incristallisable.

M. Berthelot a prouvé depuis que l'hydratation du sucre, qui précède la fermentation alcoolique, est due à la présence dans la levûre d'un ferment soluble; nous reviendrons plus tard sur ce point important. Enfin, en 1833, Biot découvrit l'inversion du sucre sous l'influence des acides.

L'équation de Gay-Lussac, modifiée par Dumas et Boullay, fut admise généralement pendant plus de vingt ans comme l'expression mathématique de la décomposition du sucre par la levûre.

Cependant, en 1856, Dubrunfaut, en dosant l'acide carbonique dégagé par la fermentation, observe qu'on ne peut faire expérimentalement l'équation des sucres fermentescibles avec de l'alcool et de l'acide carbonique seuls. (Comptes-rendus de l'Ac. des Sc., t. XLII, p. 945.)

Le dernier travail important d'analyse qualitative et quantitative sur les produits de la fermentation alcoolique des sucres est dû à M. Pasteur. (Ann. chimie et physique, 3ᵉ série, t. LVIII, p. 330.) Par une série de recherches d'un haut intérêt et par des expériences indiscutables, notre illustre savant prouve : 1° Que dans toute fermentation alcoolique, il se forme, outre l'alcool et l'acide carbonique, termes principaux, de la glycérine et de l'acide succinique. 2° Que la glycérine et l'acide succinique sont produits aux dépens des éléments du sucre et que la levûre n'y prend aucune part. 3° Qu'en outre, le sucre cède une certaine portion de sa substance à la levûre nouvelle qui se développe; nous reviendrons sur ce dernier point lorsque nous nous occuperons plus spécialement de la levûre. 4° Que l'acide lactique, dont on avait observé la production en quantités variables dans la fermentation alcoolique, est le résultat d'une fermentation spéciale, différente de la fermentation alcoolique et marchant parallèlement avec elle.

Disons de suite, pour donner à chacun ce qui lui est dû, que la présence de l'acide succinique dans les liquides fermentés avait été observée avant M. Pasteur par le Dr Schmidt de Dorpat (Handwörterbuch der Chemie, von Liebig, Poggendorff, 1ʳᵉ édition, t. III, p. 224, 1848), ainsi que par Schunck dans la fermentation du sucre au moyen de l'érytrozyme (ferment de la garance). Ces faits avaient passé inaperçu et étaient oubliés, au moment où Pasteur reprenait la question. Sans entrer dans le détail des expériences sur lesquelles reposent les conclusions de Pasteur et que l'on trouvera dans son mémoire (loco citato), nous nous contenterons de résumer avec lui l'ensemble de ses recherches quantitatives.

100 parties de sucre de canne $C_{12}H_{11}O_{11}$ ou $\overline{C}_{12}H_{22}O_{11}$, correspondant à 105,26 de sucre de raisin $C_{12}H_{12}O_{12}$ ou $\overline{C}_{6}H_{12}O_{6}$ donnent à peu près [1] :

---

1. $\overline{C} = 2C = 12$
$\overline{O} = 2O = 16$

$$
\begin{array}{ll}
\text{Alcool} \dots\dots\dots\dots\dots\dots & 51.11. \\
\text{Acide carbonique} \dots\dots\dots \left\{ \begin{array}{l} 48.89. \\ 0.53. \end{array} \right. & \begin{array}{l} 1. \\ 2. \end{array} \\
\text{Acide succinique} \dots\dots\dots\dots & 0.67. \\
\text{Glycérine} \dots\dots\dots\dots\dots\dots & 3.18. \\
\text{Matière cédée à la levûre} \dots & 1.00. \\
\hline
& 100.00.
\end{array}
$$

Ainsi sur 100 parties de sucre de canne, 95 parties environ se décomposent d'après l'équation de Gay-Lussac, 4 parties se détruisent en donnant de l'acide succinique, de la glycérine et de l'acide carbonique ; 1 partie s'ajoute à la levûre de nouvelle formation.

Pasteur cherche à représenter par une équation la décomposition des 4 parties de sucre qui fournissent l'acide succinique et la glycérine. Cette expression est très-complexe :

$$49 (C_{12}H_{11}O_{11} + HO)$$
$$\text{ou } 49 (C_{12}H_{12}O_{12}) + 60\ HO = 12\ C_8H_6O_6 + 72\ C_6H_8O_6$$
$$\qquad\qquad\qquad\qquad\qquad \text{Acide succinique.} \quad \text{Glycérine.}$$
$$+ 60\ CO_2$$
$$\text{Acide carbonique.}$$

Cette égalité ne doit être considérée, Pasteur le dit lui-même, que comme une traduction très-approchée des résultats numériques de l'analyse, et non comme l'expression mathématique de la réaction.

M. Monoyer (Thèse de la faculté de médecine de Strasbourg) propose, pour résumer les analyses de Pasteur, une équation bien plus simple :

$$4 (C_{12}H_{11}O_{11} + HO)$$
$$\text{ou } 4 (C_{12}H_{12}O_{12}) + 6\ HO = C_8H_6O_6 + 6\ C_6H_8O_6$$
$$+ 2\ C_2O_4 + O_2.$$

Il suppose, en même temps, que l'oxygène en excès sort à la

<hr>

1. Quantité conforme à l'équation de Gay-Lussac.
2. Excès sur l'équation de Gay-Lussac.

respiration des globules de levûre, interprétation fort plausible, comme nous le verrons plus loin.

. Du reste pour comprendre la possibilité chimique de la production de glycérine et d'acide succinique aux dépens du sucre, il suffit de remarquer qu'en additionnant les formules de la glycérine et de l'acide succinique atome pour atome, on arrive à une somme dans laquelle l'hydrogène et l'oxygène sont dans les proportions pour former de l'eau.

$$C_3H_8O_3 + C_4H_6O_4 = C_7H_{14}O_7.$$

D'un autre côté on a

$$C_7H_{14}O_7 + H_2O = 2C_3H_8O_3 + CO_2$$

Ces deux équations expliquent assez naturellement la formation de glycérine et d'acide succinique aux dépens de la glucose.

D'après les recherches mêmes de Pasteur les proportions de glycérine et d'acide succinique, par rapport à l'alcool, fournies par un même poids de sucre, ne sont pas absolument constantes. Il se forme d'autant plus de glycérine et d'acide succinique et d'autant moins d'alcool, que la fermentation est plus longue, qu'elle se fait avec de la levûre plus épuisée, moins pure, ayant peu d'aliments et des aliments mal appropriés à la multiplication de ses globules.

Les fermentations par ensemencement, en présence d'une quantité plus que suffisante de matières albuminoïdes et minérales appropriées à la nature des globules, fournissent moins de glycérine et d'acide succinique, et plus d'alcool.

Une faible acidité de la liqueur paraît également diminuer la proportion des deux produits secondaires; le contraire arrive si le milieu est neutre. Cependant Pasteur dit lui-même que dans les vins on trouve ordinairement de très-fortes proportions de glycérine et d'acide succinique, quoique la fermentation du moût de raisin ait lieu dans un milieu acide, en présence de matières albuminoïdes et minérales suffisantes.

Quoi qu'il en soit de ces variations, il n'en est pas moins vrai que la glycérine et l'acide succinique n'ont jamais fait défaut dans plus de cent analyses de fermentations exécutées par Pasteur[1].

Parmi les produits que l'on rencontre normalement et d'une manière constante dans toute fermentation alcoolique du sucre, nous devons encore relever l'acide acétique. La formation de ce corps signalée par Béchamp (Comp. rendus de l'Académie, 1863) fut attribuée d'abord par Pasteur à une fermentation acétique concomitante ou subséquente, et à la présence du *mycoderma aceti* ; mais depuis les recherches très-précises et si concluantes de Duclaux (Thèses présentées à la Faculté des Sciences, 1865) il est établi : 1° Que l'acide acétique ne fait jamais défaut, même dans les fermentations les mieux dirigées, en vue de se préserver au contact de l'air ; 2° que la proportion de cet acide est sensiblement constante, surtout si l'on a soin d'arrêter la fermentation aussitôt que tout le sucre est transformé ; elle ne dépasse du reste pas alors 0,05 p. 100 du poids du sucre. Cette dose d'acide acétique augmente sensiblement si l'on continue la fermentation au delà des limites indiquées tout à l'heure. Comme nous verrons plus loin que la

---

1. Voici la méthode suivie par M. Pasteur, pour mettre en évidence et doser la glycérine et l'acide succinique, contenus dans un liquide fermenté. Le liquide, lorsque la fermentation est terminée, et que tout le sucre a disparu, ce qui exige de quinze à vingt jours dans de bonnes conditions, est filtré sur un filtre dont la tare a été faite avec un autre filtre du même papier. Après dessiccation à 100 degrés, une pesée donne le poids à l'état sec du dépôt de levûre qui s'est rassemblée au fond du vase. Le liquide filtré est soumis à une évaporation très-lente, (à raison de douze à vingt heures par demi-litre). Lorsqu'il est réduit à 10 ou 20 centimètres cubes, on achève l'évaporation dans le vide sec. Le résidu sirupeux de la capsule est traité à diverses reprises par un mélange d'alcool et d'éther, formé de 1 partie d'alcool à 30 ou 32, et de 1 1/2 partie d'éther rectifié. Après 6 à 7 lavages, il ne reste plus d'acide succinique ni de glycérine. Le liquide éthéré alcoolique est distillé dans un matras, puis évaporé au bain-marie dans une capsule, puis dans le vide sec. On ajoute au résidu de l'eau de chaux pure jusqu'à neutralisation ; on évapore de nouveau, et on reprend la masse sèche par le mélange d'alcool et d'éther qui ne dissout plus que la glycérine, laissant la succinate de chaux sous forme d'une poudre cristallisée, souillée d'une petite quantité de matière extractive, et d'un sel de chaux à acide incristallisable. Le succinate de chaux se purifie facilement par un traitement à l'alcool à 80 p. 100, qui ne dissout que les matières étrangères. La solution alcoolique éthérée de glycérine est évaporée et pesée, après dessiccation dans le vide sec.

levûre abandonnée à elle-même, sans sucre et sans oxygène, peut, en agissant sur ses propres éléments, former de l'acide acétique, on comprend l'augmentation signalée dans la dose d'acide et l'on serait enclin à attribuer d'une manière générale la production de cet acide aux transformations qu'éprouve la levûre pendant qu'elle agit sur le sucre. Nous dirons la même chose de la leucine et de la tyrosine trouvées par Béchamp dans l'extrait de glucose fermentée. Ce sont là des éléments à la production desquels le sucre ou la matière fermentescible sont étrangers.

Cependant les derniers travaux de Béchamp sur la question ne sont pas favorables à cette opinion en ce qui touche l'acide acétique (Comp. rend., t. LXXV, p. 1036.) Ils tendent à établir : 1° que le contact de l'air, loin d'augmenter la production d'acide acétique, la diminue. Une fermentation qui dans l'acide carbonique, produit 0, 25 à 0, 40 de ce corps pour 100 de sucre n'en donne plus que 0, 1 au contact de l'air; 2° que l'acide acétique provient du sucre et non de la levûre, car en dirigeant convenablement les expériences, on peut obtenir un poids d'acide supérieur à celui de la levûre employée. Plus la levûre est bien nourrie et mieux elle se multiplie, moins elle donne d'acide acétique. Celle qu'on ne nourrit que de sucre de canne s'épuise et produit plus d'acide acétique. La température et l'augmentation de pression ont une influence positive sur le sens du phénomène.

La plupart des jus sucrés naturels tels que ceux de betteraves, de marc de raisins, donnent lieu à la production de petites quantités d'alcools homologues de l'alcool ordinaire. On trouve, en effet, lorsqu'on opère industriellement sur de grandes masses de produits, et qu'on distille avec soin l'alcool brut, au moyen d'appareils rectificateurs convenables, un résidu moins volatil que l'alcool éthylique, doué d'une odeur forte et désagréable. Ce résidu huileux, connu sous le nom d'huile de pommes de terro, a fait l'objet de nombreux travaux (Chancel, Wurtz, Pelletan, Faget, etc.); on l'a trouvé constitué en grande partie par les alcools propylique C_6H_8O, butylique,

$C_4H_{10}O$, amylique (dominant) $C_5H_{12}O$, caproïque $C_6H_{14}O$, œnanthylique $C_7H_{16}O$, caprylique $C_8H_{18}O$.

M. Jeanjean a, en outre, constaté, dans les produits de la distillation de l'eau de lavage de la garance fermentée, la présence de l'alcool campholique (camphre de Bornéo, $C_{10}H_{18}O$).

On peut se demander si ces produits secondaires relativement peu abondants, doivent leur origine à la fermentation alcoolique proprement dite ou à des fermentations distinctes, concomitantes, ayant chacune un ferment spécial, ou enfin s'il convient d'en attribuer l'apparition à des principes spéciaux accompagnant la glycose dans les jus sucrés naturels.

L'état actuel de la science ne permet pas encore de résoudre définitivement ces questions.

M. Berthelot fait observer (Ch. org. fondée sur la synthèse, t. II, p. 631) que la production de tous ces homologues de l'alcool ordinaire, aux dépens du sucre, peut se formuler par l'équation générale :

$$\frac{n}{4}\left[\, C^6H^{12}O^6 \,\right] = C^n\, H^{2n} + {}^2\, O + \frac{n}{2}\, CO^2 + \frac{n-2}{2}\, H^2O$$

DU CORPS FERMENTESCIBLE

Les progrès de la chimie nous ont appris à distinguer plusieurs variétés de matières sucrées hydrocarbonées, différentes par leurs propriétés ou leur composition; elles n'offrent pas toutes les mêmes caractères, lorsqu'on les met en présence du ferment alcoolique par excellence (la levûre de bière).

La glycose ou sucre de raisin et d'amidon, la lévulose ou sucre de fruits acides, sucre incristallisable, la maltose ou sucre de malt formé par l'action de la diastase sur la dextrine, la lactose ou sucre dérivé du sucre de lait (lactine) par l'action des acides ont tous pour formule $C_{12}H_{12}O_{12}$ ou $C_6H_{12}O_6$. A cette analogie dans la composition, correspond une ressemblance

presque complète dans leur manière d'être en présence de la
levûre. Ces sucres se dédoublent progressivement en alcool et
acide carbonique sans subir de transformation préalable.
Comme l'a observé Mitscherlich (Ann. de Poggen. T. CXXXV,
p. 95), le pouvoir rotatoire d'une solution de glycose diminue
proportionnellement à la dose d'alcool fourni.

L'équation de Dumas et Gay-Lussac modifiée par Pasteur
s'applique sans restriction à ces diverses variétés de matières
sucrées. Ajoutons seulement que, d'après les observations intéressantes de Dubrunfaut, la glycose, mélangée à la levulose et
additionnée de levûre, fermente avant celle-ci. C'est ce qui
arrive toujours, lorsqu'après avoir interverti le sucre de canne
par un acide, on soumet à la fermentation le mélange à poids
égaux de glycose et de levulose, qui résulte de cette interversion; la glycose disparaît avant la levulose qui ne subit qu'en
dernier la décomposition alcoolique. Dubrunfaut a donné à ce
phénomène le nom de fermentation élective. Les sucres dont
la composition est représentée par la formule $C_{12}H_{11}O_{11}$ ou
$C_{12}H_{11}O_{11}$ peuvent également fermenter, mais à condition de
subir préalablement une hydratation qui les convertit en sucre
de formule $C_6H_{12}O_6$.

La saccharose ou sucre de canne se change en s'hydratant
en deux molécules isomères, dont l'une cristallise et dévie à
droite le plan de la lumière polarisée, dont l'autre incristallisable dévie à gauche (levulose). Les deux termes de ce dédoublement sont fermentescibles. Quant à l'hydratation elle s'effectue, comme on le sait, sous l'influence des acides, de l'eau
seule, de la lumière et enfin des végétaux inférieurs cellulaires.
On comprend, d'après cette dernière observation, pourquoi
le sucre de canne peut fermenter ; dès qu'il est mis en contact avec la levûre, il commence par s'intervertir et ce n'est
qu'ultérieurement que les glycoses engendrées forment de
l'alcool. La levûre joue donc vis-à-vis de la saccharose un
double rôle ; le premier est beaucoup plus simple que le
second. Le pouvoir inversif est dû à la présence dans la
levûre d'un principe azoté soluble et non organisé formé aux

dépens des matières protéiques de cet organisme. Cette substance active, inversive, s'accumule surtout en forte proportion dans la levûre qui a été abandonnée à elle-même, et qui a subi le phénomène connu sous le nom de ramollissement. L'eau de lavage d'une semblable levûre intervertit le sucre de canne avec une telle rapidité, que lorsqu'on mélange les deux liquides (eau sucrée et eau de lavage) le liquide réduit énergiquement la liqueur de Fehling, qu'on y verse quelques secondes après. Nous reviendrons sur cet ordre de phénomènes à propos des fermentations indirectes dites à ferments solubles.

La mélézitose, la mélitose et la lactine ou sucre de lait sont dans le même cas que le sucre de canne, et doivent préalablement s'hydrater. Pour la mélitose, Berthelot a observé une particularité remarquable : la moitié seule de ce sucre se décompose en alcool et acide carbonique, l'autre se transforme en un isomère de la glycose : l'eucaline, non fermentescible.

Tous les corps qui par hydratation sont susceptibles de fournir de la glycose ou ses congénères appartiennent à la classe des substances indirectement fermentescibles : tels sont l'amidon, la dextrine, la gomme, le glycogène, les glucosides variés que l'on rencontre dans les tissus végétaux.

CHAPITRE III

LEVURES ALCOOLIQUES (1, 2, 3)

Nous avons envisagé jusqu'à présent les corps susceptibles
de fermenter alcooliquement ainsi que les détails de la réaction
connue sous le nom de fermentation alcoolique, il nous reste à
parler du côté le plus intéressant de notre sujet, de la cause
qui provoque la fermentation. C'est surtout sur ce point de la
question, le plus obscur et le plus difficile, que se sont produites les discussions les plus variées et l'on peut dire les plus
vives. Les autres parties du problème n'exigeaient, en effet,
pour être résolues, que de bonnes analyses et des expériences
rigoureuses de dosage.

Historique. Le premier, Leuwenhœk (1680) examine la
levûre de bière au microscope et constate qu'elle est formée
de très-petits globules sphériques ou ovoïdes. Il ne put cependant pas déterminer la nature de ces globules.

Dans son Mémoire sur les fermentations présenté à l'Académie de Florence (1787), Fabroni rapproche la levûre des matières animales. « La matière qui décompose le sucre est une

1. Pasteur, Annales de chimie et de physique, 3me série. T. LVIII, p. 864.
2. Monoyer, thèse de médecine. Strasbourg, 1862.
3. L. Engel, thèse pour le doctorat ès sciences. Paris, 1872.

substance végéto-animale ; elle siége dans des utricules particuliers, dans le raisin comme dans le blé. En écrasant le raisin, on mêle cette matière glutineuse avec le sucre ; dès que
les deux matières sont en contact, l'effervescence et la fermentation commencent. »

Les expériences et les conclusions de Fabroni ne parurent
pas suffisamment éclaircir la question, car en l'an viii la classe
des sciences physiques de l'Institut proposait pour sujet de prix
la question suivante : « Quels sont les caractères qui distinguent dans les matières végétales et animales celles qui servent
de ferment, de celles auxquelles elles font subir la fermentation ? » Trois ans après Thénard [1] présentait un Mémoire remarquable sur la fermentation alcoolique et le ferment. Il arrive à
conclure que tous les jus sucrés naturels, mis en fermentation
spontanée, donnent un dépôt qui a l'aspect de la levure de
bière, et, comme elle, le pouvoir de faire fermenter l'eau sucrée
pure. Cette levure est de nature animale ; elle est azotée et
donne beaucoup d'ammoniaque à la distillation. En disant que
la levure est de nature animale, Thénard n'avait en vue que
la composition chimique et ne faisait aucune allusion à l'organisation du ferment. Nous reviendrons aux travaux de ce
savant, en étudiant les transformations éprouvées par la levure pendant l'acte de la fermentation.

De son côté, Gay-Lussac prouve, par des expériences bien
connues, que la fermentation ne se développe dans le moût de
raisin qu'autant que celui-ci a reçu momentanément le contact de l'air ; il conclut de ses travaux que l'oxygène est nécessaire pour commencer la fermentation ; qu'il ne l'est point
pour la continuer.

En 1828, Colin fit de nombreuses expériences qui semblaient démontrer qu'une foule de substances organiques azotées, différentes de la levure de bière et en voie d'altération
peuvent, lorsqu'on les place dans l'eau sucrée, y déterminer au
bout de quelques heures une fermentation alcoolique ; en

<hr>

1. Ann. de chimie. T. XXVI, p. 247.

même temps, l'odeur fétide de la putréfaction est remplacée par l'odeur agréable du moût de vin (Colin, Ann. chim. phys., 2ᵉ série, t. XXVIII, p. 128, 1828).

La question du ferment en était là, et la levûre de bière était regardée comme un principe immédiat des végétaux, ayant la propriété de se précipiter en présence des sucres fermentescibles, lorsque Cagniard de Latourre prit les observations microscopiques incomplètes et tombées dans l'oubli de Leuwenhoek.

Il reconnut que la levûre est un amas de globules organisés, susceptibles de se reproduire par bourgeonnement ou par séminules, paraissant appartenir au règne végétal, et non une matière simplement organique ou chimique, comme on le supposait. Il conclut que c'est très-probablement par quelque effet de leur végétation que les globules de levûre dégagent de l'acide carbonique de la liqueur sucrée et la convertissent en liqueur spiritueuse. (Ann. chim. phy., 2ᵉ série, t. LXVIII.)

La découverte de Cagniard de Latour fut refaite presque en même temps, d'une manière indépendante, par le docteur Schwann à Iéna et par Kützing à Berlin (Schwann, Poggend. Ann. 1837, t. XLI, p. 184. — Kützing, Journ. für prakf. Chem. XI, p. 385); confirmée par les observations de Quevenne (Journ. de pharm. (2), t. XXIV), de Turpin (Compte-rendu de l'Ac., IV, p. 369), de Mitscherlich (Poggen. Ann. LV, p. 225), elle conduisit, sans contestation possible, aux conclusions suivantes touchant la nature de la levûre de bière. Ce corps fut considéré comme un amas de cellules organisées et vivantes, composées comme les cellules végétales ou animales d'une enveloppe et d'un contenu granuleux.

Dès le début on ne s'entendit pas sur la place qu'il convenait de donner à ce nouvel être vivant. Les uns y virent un champignon dépourvu de mycélium, les autres en firent une algue.

Ainsi Turpin (Compte-rendu, p. 379, 1838) fit rentrer les cellules de levûre dans le genre Torula de Persoon pour lequel (sporæ in floccos moniliformes concortenatæ, dein seudentes). On assimilait ainsi ces cellules à des spores, sans considérer leur mode de production qui est tout différent et sans faire la remarque que les Torula ont un mycélium qui n'existe jamais chez les ferments.

La découverte des véritables spores a démontré depuis, que les ferments ne peuvent être rangés dans la famille des Torulacées. Meyen (Pflanzenphysiologie, 3ᵉ v. 455) considérait aussi le ferment de la bière comme un champignon, et créa pour lui un genre nouveau sous le nom de Saccharomyces. Ce nom fut adopté par Rees, Engel, etc. Kützing, au contraire, soutint avec beaucoup d'autres auteurs que les ferments sont des algues qu'il rangea dans un genre à part, le genre *crypto-coccus*. L'opinion des savants qui veulent assimiler la levûre et les ferments en général à des algues était fondée sur l'observation que ces cellules ne se multiplient que par bourgeonnement. Or nous verrons bientôt qu'en plaçant ces ferments dans certaines conditions on arrive à les faire fructifier ; de plus, les algues renferment presque toujours de la chlorophylle, tandis que les champignons et les ferments n'en contiennent pas.

On admet donc assez généralement aujourd'hui, que les ferments sont des champignons. Sans rien enlever au mérite de Cagniard de Latour, nous devons dire qu'il avait été précédé dans la voie des observations microscopiques, non-seulement par Leuwenhoek, mais encore par Kieser (1814, Schweiggers, Journ. XII, p. 229) qui la décrit comme formée de petits corpuscules sphériques, tous à peu près de même grandeur, transparents et sans mouvement ; par Desmazières qui, en 1826 (Ann. des sciences naturelles, t. X, p. 4), examina la pellicule formée à la surface de la bière et nommée par Persoon mycaderma cerevisiæ.

Desmazières donne le premier la figure des globules qu'il observe et y retrouvant un mouvement particulier, qui n'est autre que le mouvement brownien encore inconnu alors, il range ces globules parmi les animalicula monadina. Déjà en 1813, Astier (Ann. de chimie, t. LXXXVII, p. 271) ne doutait pas que le ferment, reconnu d'essence animale par Fabroni, ne fût en vie et ne se nourrît aux dépens du sucre, d'où résultait la rupture d'équilibre entre les éléments du corps. Au moyen de cette théorie on s'explique facilement, dit-il, que toutes les causes qui tuent les animaux ou empêchent leur développement, doivent s'opposer à la fermentation. »

Les observateurs qui avaient démontré la nature organisée de la levûre établirent en même temps que dans un grand nombre de liquides en fermentation alcoolique (jus sucrés naturels, solution de sucre avec albumine, etc.), il se forme, comme l'avait observé Thénard, des globules de levûre. Schmidt de Dorpat arriva aux mêmes conclusions en répétant les expériences de Colin, sur les fermentations provoquées par les matières albuminoïdes en voie de décomposition. Les observations microscopiques lui révélèrent le développement de globules de levûre toutes les fois qu'il y avait production d'alcool.

De toutes ces recherches successives qui se confirmaient et se complétaient l'une l'autre, sortit l'opinion généralement admise, que la levûre de bière accompagne toute fermentation alcoolique franche ; il semble alors que la théorie d'Astier et de Cagniard de Latour sur la fermentation, devait prévaloir facilement et trouver crédit parmi les savants. Cependant, il n'en fut rien. Dès le début, les conclusions de Cagniard de Latour et Schwann trouvèrent un puissant adversaire. Liebig, dont le nom faisait alors autorité en chimie, avait une théorie arrêtée des phénomènes de fermentation en général, et il la défendit avec vigueur, même après les expériences de Pasteur qui admet que la fermentation alcoolique est un acte corrélatif de la vie et de l'organisation des globules.

« Mon opinion la plus arrêtée, dit Pasteur, sur la nature de la fermentation alcoolique, est celle-ci : L'acte chimique de la fermentation est essentiellement un phénomène corrélatif d'un acte vital, commençant et s'arrêtant avec ce dernier. Je pense qu'il n'y a jamais fermentation alcoolique sans qu'il y ait simultanément organisation, développement, multiplication de globules ou vie continuée, poursuivie, des globules déjà formés. » Quant aux hypothèses qui tendent à approfondir davantage la cause physiologique de la décomposition, M. Pasteur ne les repousse ni ne les admet, au moins dans son premier mémoire. Ainsi les idées de Pasteur reproduisent et étendent celles de Cagniard de Latour.

Quant à la théorie de Liebig, elle n'est autre que celle de Willis et Stahl. Pour le chimiste allemand, la cause des fermentations est le mouvement interne, moléculaire qu'un corps en décomposition communique à d'autres matières dans lesquelles les éléments sont maintenus avec une très-faible affinité. « La levure de bière, et en général toutes les matières animales et végétales en putréfaction, reporteront sur d'autres corps l'état de décomposition dans lequel elles se trouvent elles-mêmes; le mouvement qui, par la perturbation d'équilibre, s'imprime à leurs propres éléments, se communique également aux éléments des corps qui se trouvent en contact avec elles. » (Liebig, Ann. de chimie et de phys. 2me série, t. LXXI, p. 178.) Cette explication du reste, très-philosophique et très-séduisante, d'un phénomène obscur, out d'autant plus de crédit parmi les savants qu'elle donnait la clef, non-seulement de la fermentation alcoolique, mais encore d'autres phénomènes du même genre, telles que la transformation du sucre en acide lactique et en acide butyrique, dans lesquels on n'avait pu jusqu'alors observer de productions organisées, et qui semblaient être uniquement le résultat du conflit d'une matière fermentescible avec une matière azotée en voie de putréfaction. Fremy et Boutron supposèrent que, dans les matières capables d'agir comme ferments, le caractère de la fermentation varie avec le degré d'altération de la substance. Celle-ci serait successivement ferment alcoolique, ferment lactique ou butyrique suivant l'état plus ou moins avancé de sa décomposition.

C'est ainsi que la présence reconnue constante d'un être organisé dans tout liquide en voie de fermentation alcoolique, ne fut peu à peu considérée que comme un fait de médiocre importance au point de vue de la réaction; celle-ci est provoquée, non par l'action directe des globules de levûre, en tant qu'être vivant, mais par la décomposition des matières azotées protéiques de cette levûre envisagée seulement comme substance azotée. Dans cette opinion, l'expérience de Gay-Lussac trouvait une interprétation naturelle; la présence momentanée de l'oxygène était indispensable pour commencer l'ébranlement moléculaire des matières albuminoïdes du moût de raisin.

De son côté, Berzélius, traitant l'organisation de la levûre de rêverie poético-scientifique, et repoussant la doctrine de Liebig renouvelée de Willis et Stahl, ne voulait voir dans la fermentation qu'une action de contact, due à la force *catalytique*, et dans la levûre qu'un principe amorphe. Mitscherlich s'est rallié aux idées de Berzélius tout en admettant la nature organisée de la levûre.

Cependant, les travaux si clairs et si bien faits de Pasteur sur la fermentation, et la fermentation alcoolique en particulier, avaient ramené en partie l'opinion des savants vers la théorie physiologique; aussi, Liebig crut-il devoir recommencer la lutte en faveur de ses idées. En 1870, il publia un long mémoire sur la fermentation et la source de la force musculaire (Ann. der Chemie und Pharmacie, t. CLIII, p. 1), mémoire dans lequel il cherche à démontrer que les principales expériences de Pasteur ne sont pas concluantes. Il fait d'abord ressortir que la théorie physiologique de Pasteur, qui explique la décomposition du sucre par la nutrition et le développement d'un être organisé, n'est pas opposée à la doctrine mécanique dont il est le champion. Cet aveu est déjà une concession énorme faite par le chimiste allemand, presque un aveu de défaite, car ce langage est bien différent de celui qu'il tenait antérieurement.

Cependant l'attaque fut assez vive pour que Pasteur crût devoir y répondre (Ann. chimie, phys., 4me série, t. XXV, p. 145, 1872), et pour que Dumas entreprît une série d'expériences, en vue de rechercher s'il était possible de vérifier les conséquences de la théorie de Liebig.

Au moyen d'expériences ingénieuses et dirigées avec la précision qui ne lui a jamais fait défaut, Dumas (Ann. de chimie et de physique, 5me série, t. III, p. 69) arrive à prouver péremptoirement :

1° Qu'à travers les colonnes liquides les plus courtes, les membranes les plus minces, ou même, sans intermédiaire, les liqueurs sucrées n'éprouvent aucune influence de la part du ferment, et qu'il faut son contact immédiat et direct; 2° que les vibrations sonores n'exercent aucune influence sur le mouvement de la fermentation ; 3° qu'aucune action chimique, parmi le grand nombre de celles qui ont été essayées, n'a pu entraîner la décomposition du sucre en alcool et acide carbonique.

Ces résultats négatifs sans apporter une solution décisive de la question sont cependant contraires à l'opinion d'un mouvement transmis.

En résumé, à côté des trois grandes théories de la fermentation, savoir :

1° La théorie vitaliste formulée par cette phrase de Turpin : « Fermentation comme effet, et végétation comme cause, sont deux choses inséparables dans l'acte de décomposition du sucre, » soutenue par Astier, Cagniard de Latour, Schwann, Kützing, Turpin, Bouchardat, Van de Brock, Schroeder, Pasteur, Bichat ;

2° La théorie mécanique de Willis, Stahl et Liebig, admise par Gerhardt ;

3° La théorie des forces catalytiques et des actions de contact de Berzélius et Mitscherlich.

A côté de ces trois théories, viennent se placer des opinions mixtes. C'est ainsi que M. Berthelot considère les fermentations comme le produit de l'action d'une substance élaborée par les organismes ferments, comparant en cela les fermentations alcoolique et lactique, à la conversion de l'amidon en dextrine et en sucre sous l'influence de la diastase (ferment soluble non organisé). Le savant chimiste appuie son opinion, sur des expériences qui prouvent, que dans de certains cas il peut y avoir production d'alcool sans formation de levûre

(Chimie organique fondée sur la synthèse); ce qui n'exclue pas le fait, bien avéré aujourd'hui, que les fermentations peuvent être provoquées, et le sont plus énergiquement, par des êtres organisés spéciaux. Quant à une relation plus précise entre le phénomène chimique et les fonctions physiologiques de l'organisme ferment, elle reste encore à trouver, et tout ce que l'on a dit, écrit et avancé pour résoudre la question, manque de contrôle expérimental et ne peut nous occuper ici qu'en passant.

Il n'est douteux pour personne que dans les cellules organisées et vivantes, soit qu'elles existent isolées comme celles de la levûre, soit qu'elles fassent partie intégrante d'un être plus compliqué, réside une force spéciale, capable de produire des réactions chimiques, dans des conditions toutes autres que celles que nous réalisons dans nos laboratoires pour provoquer des résultats du même ordre. Cette force qui dans notre pensée est aussi matérielle que le calorique, nous révèle son activité par des décompositions imprimées à des molécules complexes. Soit que l'on ramène le problème à l'action d'un produit soluble élaboré par le ferment organisé et auquel il a emprunté sa puissance, soit que l'on suppose que le ferment tout entier exerce une action de ce genre, en fin de compte on arrive à un mouvement communiqué plus ou moins directement et dépendant de la force vitale.

Il ne faudrait pas confondre cette interprétation des phénomènes avec la théorie de Liebig. Pour le chimiste allemand ce sont les principes albuminoïdes qui, en se décomposant spontanément, produisent le mouvement moléculaire qui se transmet au sucre pour le dédoubler; ici, au contraire, c'est l'être vivant qui développe la force en l'empruntant lui-même au grand réservoir extérieur et en la transformant. Cette force peut agir chimiquement, soit directement, soit indirectement par l'intermédiaire d'un ferment soluble.

Description du ferment. Nous donnerons avec Rees le nom de saccharomyces cerevisiæ, au ferment alcoolique de la bière ; c'est le ferment le mieux étudié et qu'on se procure le plus facilement.

Il y a trois manières de faire fermenter le moût de bière, les deux premières sont les plus employées ; ce sont la fermentation par le haut et la fermentation par le bas.

Dans la troisième méthode, usitée seulement en Belgique, on abandonne le moût à lui-même dans un local situé au-dessus du sol et l'on attend le développement spontané de la fermentation ; dans les deux premières on provoque le phénomène, en mêlant au moût une proportion convenable de levûre provenant d'une opération antérieure du même ordre.

Pour la bière par le haut, la saccharification de l'amidon du malt se fait par des trempes d'infusion successives ; la fermentation a lieu dans des tonneaux, à une température relativement élevée : 15 à 18 degrés. La levûre, dans ce cas, sort à mesure qu'elle se forme, par les trous de bondes, à la partie supérieure du tonneau. En Angleterre, cette fermentation se fait aussi dans de grandes cuves ouvertes ; la levûre nage alors à la surface du liquide, et peut être enlevée au moyen d'écumoires.

Dans la fabrification de la bière inférieure, la saccharification s'opère par des trempes de décoction, et la transformation

Fig. 1. — Saccharomyces cerevisiæ. — Levûre de bière infér.
Grossissement : 400.

a lieu dans des cuves ouvertes, à une température ne dépassant pas 12 à 14 degrés centigrades. La levûre se dépose au fond des cuves et adhère sous forme d'une masse pâteuse. Une fois la première fermentation, la plus active, terminée (elle dure deux ou trois jours pour la fermentation supérieure, et 8 à 10 jours pour l'inférieure), on soutire le liquide clair, et on le conserve dans des tonneaux, des bouteilles ou des cruchons. Cependant la séparation de la levûre n'a pas été complète; celle-ci continue à agir sur le sucre non encore modifié; aussi la teneur en alcool et en acide carbonique augmente-t-elle avec la durée de conservation, en même temps que le liquide se trouble par la production de nouvelle levûre.

La levûre dépasse toujours de beaucoup (7 à 8 fois), en poids et en volume, celle qu'on avait introduite dans le moût. Ce fait que nous ne signalons ici qu'en passant, pour y revenir plus loin, tient à la multiplication par bourgeonnement, qui se produit toutes les fois que les cellules de levûre sont placées dans un milieu sucré, convenablement approprié; et le moût de bière offre sous ce rapport d'excellentes conditions. Après la fermentation inférieure, la levûre, retrouvée au fond de la cuve, se compose presque uniquement de cellules d'une seule espèce de ferment alcoolique, les saccharomyces cerevisiæ (fig. 1). On y voit encore au microscope, mais en très-petite proportion, des granules de lupuline, des cristaux d'oxalate de chaux, des spores et des moisissures. Elle a la consistance d'une pâte blanche jaunâtre ou jaune d'ocre.

Les cellules sont rondes ou ovales, de 8 à 9 millièmes de millimètre, dans leur plus grand diamètre. Elles sont formées d'une membrane mince et élastique de cellulose, non colorée, et d'un protoplasma, également incolore, tantôt homogène, tantôt composé de petites granulations. On observe dans le protoplasma une ou deux vacuoles plus ou moins grandes, contenant du suc cellulaire. Les cellules sont ou isolées ou réunies par deux.

Lorsqu'on dépose ces cellules dans un liquide fermentescible, on voit bientôt naître en un, ou plus rarement deux points de leur surface, des renflements vésiculeux, dont l'intérieur se remplit aux dépens du protoplasma de la cellule mère; ces renflements s'accroissent, finissent par atteindre la grandeur de la cellule primitive, puis ils s'étranglent à la base (fig. 2). Ils prennent généralement naissance sur les côtés les plus larges, plus rarement sur les extrémités. Une fois l'étranglement produit, les nouvelles cellules se séparent assez rapidement de la cellule mère, dans laquelle le protoplasma cédé

aux jeunes cellules, est remplacé par une ou deux vacuoles.
Si les conditions sont favorables, la même cellule peut produire plusieurs générations de cellules, mais peu à peu elle
perd tout son protoplasma, qui finit par se réunir en granules,
nageant au milieu d'un suc cellulaire surabondant. La cellule
cesse alors de se reproduire, et même de vivre ; la membrane
se rompt, et le contenu granuleux se répand dans le liquide.

Fig. 2. — Saccharomyces cerevisiæ. — Levûre de bière infér. bourgeonnant. —
Grossissement : 400.

Fig. 3. — Sarrhacomyces cerevisiæ. —
Levûre de bière supér. bourgeonnant.
— Grossissement : 400.

Lorsque le saccharomyces cerevisiæ n'est pas en contact
avec un liquide fermentescible, il peut rester plus ou moins
longtemps sans se modifier.

Les cellules isolées du ferment supérieur (fig. 3) ne diffèrent
pas sensiblement de celles du ferment inférieur, et bien que
l'on ait soutenu que les formes ovales et agrandies y dominent, il est difficile d'établir une distinction à ce point de vue,
car on trouve dans les deux variétés, toutes les formes intermédiaires qui relient les deux extrêmes.

D'ailleurs une élévation de température au-dessus de 14° pendant la fermentation suffit pour augmenter considérablement
le volume des cellules inférieures, leur faire atteindre un grand
diamètre de 13 à 14 millièmes de millimètre, en leur donnant
la forme d'un ovale allongé ; en même temps on voit apparaître
deux vacuoles circulaires ; l'une grande, située vers le gros bout,
l'autre plus petite se trouve dans la partie rétrécie de la cellule.

Le saccharomyces supérieur bourgeonne beaucoup plus vite

que la première variété lorsqu'il est mis en présence d'un liquide fermentescible (fig. 3). Ce bourgeonnement est très-rapide; aussi les diverses cellules issues les unes des autres, restent-elles attachées entre elles, formant ainsi des chaînons ramifiés composés de 6 à 12 et même plus d'articles. On comprend que les bulles de gaz adhérentes à ces chapelets aient plus de prise sur eux que sur une cellule isolée; de là l'entraînement de la

Fig. 4. — Saccharomyces cerevisiæ. — Levûre supérieure au repos. — Grossissement : 400.

Fig. 5. — Saccharomyces cerevisiæ. — Levûre inférieure en culture. — Grossissement : 400.

levûre de nouvelle formation à la surface du liquide, d'autant plus que la fermentation est aussi plus active. Dans ces chapelets, les cellules ont une forme elliptique. La seule différence bien constatée entre les deux levûres est donc la rapidité du bourgeonnement et la plus grande activité du ferment dans l'un des cas; mais ceci n'autorise pas à considérer ces deux levûres comme appartenant à des espèces différentes. On arrive du reste, quoique avec difficulté, en changeant leurs conditions d'existence, à les transformer l'une dans l'autre.

La multiplication par bourgeonnement n'est pas le seul mode de reproduction du saccharomyces cerevisiæ. Il est vrai qu'il apparaît seul tant que la levûre se trouve en contact avec un liquide fermentescible approprié. On doit à Rees (1869, botanische Zeitung, décembre) la découverte de la fructification de la levûre et des ferments en général, c'est-à-dire de leur reproduction par spores. En ce qui touche le saccharomyces, les conditions qui paraissent surtout favorables à cette évolution spéciale du champignon sont de le priver brusquement de toute nourriture, surtout sucrée, et de l'exposer à une atmosphère humide, ou mieux de le placer sur une substance capable de lui fournir une humidité suffisante et constante.

On obtient, d'après Rees, la plus riche production de spores en laissant, pendant quelques jours, de la levûre de bière plusieurs fois lavée en contact avec de l'eau distillée, puis en décantant la plus grande partie de l'eau, et en éloignant plus tard, journellement, les petites portions d'eau qui s'en séparent. Dans les cas favorables, on obtient, au bout de quinze à seize jours, une formation très-riche de spores; mais très-souvent aussi le résultat est nul par suite de la putréfaction de la levûre.

M. Engel, à la thèse duquel nous empruntons la plupart de ces détails, s'est également occupé de cette question; il propose pour déterminer la fructification de la levûre, l'emploi de l'artifice suivant :

On gâche du plâtre et on le coule sur une surface polie, mais non huilée, telle que verre à vitre, glace ou marbre. On donne au bloc une forme quelconque, en rapport avec la forme intérieure du vase dans lequel on veut le conserver. Les dimensions en tous sens devront être d'environ deux centimètres plus petites que les dimensions internes du vase, afin de laisser entre les parois de ce dernier et le bloc de plâtre, un espace suffisant pour y verser de l'eau distillée. On prend alors de la levûre très-fraîche, on décante autant que possible tout le liquide fermentescible qui surnage, et on délaye la levûre dans l'eau distillée de façon à obtenir une bouillie très-fluide; on verse quelques gouttes de cette bouillie sur la surface polie du plâtre, en inclinant le bloc en tous sens pour répartir uniformément le liquide. Cette opération doit se faire rapidement, car le plâtre absorbant très-vite l'eau, la bouillie deviendrait trop épaisse, ne se répandrait pas avec assez d'uniformité, et la couche de ferment resterait trop forte en certains points. On dépose alors le bloc dans le vase (la face recouverte de ferment tournée en haut), et l'on verse, au moyen d'un entonnoir, de l'eau distillée entre les parois du vase et le bloc de plâtre, jusqu'à ce que le niveau du liquide arrive à environ un centimètre au-dessous de la face supérieure du bloc. On recouvre le vase d'une plaque de verre pour empêcher, autant que possible, le contact des poussières et des spores de l'atmosphère.

Dans ces conditions, la vie végétative de la levure cesse brusquement, et l'on voit en peu d'heures des changements profonds s'opérer dans le protoplasma des cellules. Les plus vieilles et les moins riches en protoplasma périssent et tombent en détritus. D'autres, au contraire, s'agrandissent; leurs lacunes disparaissent, et le protoplasma se disperse uniformément dans le suc cellulaire. Au bout de six à dix heures, on voit apparaître au milieu de ce protoplasma, deux à quatre îlots plus brillants et plus denses, autour desquels se rassemblent de fines granulations. Ces îlots denses n'offrent point l'apparence de nucléus

Fig. 6. — Saccharomyces cerevisiæ — Formation des spores. — Grossissement : 750. — a, b, c, d, e, phases successives de la production des spores.

Fig. 7. — Triades de spores en germination. — Grossissement : 750.

et ils se différencient de plus en plus en devenant exactement sphériques (fig. 6 et fig. 7). Douze à vingt-quatre heures plus tard, chacune de ces sphérules se revêt d'une membrane, très-fine d'abord, mais qui s'épaissit peu à peu, et offre alors, à un grossissement de 600, un double contour.

La spore est alors mûre. La cellule-mère contient ainsi de deux à quatre spores. Lorsqu'il n'y a que deux spores, elles sont placées suivant le grand diamètre; lorsqu'il y en a trois, elles sont ordinairement disposées en triangle; lorsqu'il y en a quatre, elles sont en croix, ou trois d'entre elles forment un triangle auquel la quatrième est superposée sous forme de tétraèdre.

Pendant leur évolution, les spores se touchent; il se produit, par conséquent, au point de contact, une surface plane; elles restent attachées entre elles pendant quelque temps après leur maturité, et forment ainsi des dyades, des triades et des tétrades. Les deux spores de dyades n'ont qu'une face plane, celles des triades en offrent deux inclinées l'une sur l'autre de 120 degrés, enfin, dans les tétrades en croix, on observe aussi deux faces planes à angle droit. Lorsque les spores mûrissent, les thèques se moulent sur elles et prennent ainsi des formes diverses. La thèque des dyades est elliptique, celle des triades est triangulaire à angles arrondis, celle des tétrades en croix a la forme de lozanges à angles arrondis; pour les tétrades empilées la thèque est tétraédrique; à la maturité complète, la membrane de la thèque, ou cellule-mère devenue fruit, se déchire et laisse échapper les spores. Les thèques mêmes varient de 10 à 15 millièmes de millimètres, les spores ont un diamètre de 4 à 5 millièmes de millimètres.

La quantité innombrable de thèques que l'on obtient par la méthode de fructification sur le plâtre ne laisse subsister aucun doute sur l'origine de ces organes; du reste Rees et Engel ont souvent pu observer des thèques encore attachées à des cellules végétatives ou en voie de bourgeonnement, et ou reconnaître ainsi la filiation.

Jusqu'ici, tout ce que nous avons dit s'applique à la levûre de bière inférieure proprement dite, au saccharomyces cerevisiæ, mais ce champignon spécial n'est pas le seul capable de déterminer la fermentation alcoolique de la glycose.

Les micrographes qui se sont occupés de cette délicate question distinguent, outre le ferment spécial de la bière, d'autres variétés dont la plupart appartiennent au genro saccharomyces de Moyen [1].

1. Champignons thécaphores simples, sans véritable mycélium. Les organes végétatifs sont des cellules nées le plus souvent par bourgeonnement de cellules semblables, et qui, se détachant tôt ou tard de la cellule mère, se multiplient de la même façon. Une partie des cellules ainsi formées se transforme (dans un autre milieu) en thèques sporifères nues; spores uni-cellulaires au nombre de 1 à 4 dans chaque thèque. La germination des spores reproduit directement des cellules végétatives analogues à celles qui sont nées par Lourgeonnement. (Engel, thèse de la faculté des sciences de Paris, 1872.)

Sous le nom de *saccharomyces minor*, Engel décrit une espèce de levûre retirée par lui du levain de farine et à laquelle il doit son activité.

Le procédé d'extraction est semblable à celui qu'emploient les chimistes pour séparer l'amidon du gluten dans la farine. Le liquide qui passe à travers le tamis lorsqu'on malaxe le levain des boulangers sous un filet d'eau, contient de l'amidon et des globules de levûre qui, en raison de leur moindre densité, se déposent les derniers. On peut ainsi, par des lavages successifs, arriver à un produit très-riche en globules de levûre et pauvre en grains d'amidon. Engel propose d'employer dans ces lavages de l'eau sucrée au lieu d'eau pure, pour ne pas diminuer l'activité physiologique des cellules.

Examiné au microscope, le ferment se présente sous forme de globules isolés, géminés ou quelquefois réunis à trois. Les plus gros de ces globules ont 6 millièmes de millimètre de diamètre; leurs vacuoles sont moins apparentes que ceux de la levûre de bière.

Ce ferment semé dans le milieu sucré le plus favorable, préparé d'après la formule de M. Pasteur, n'a donné qu'une fermentation très-lente. En renouvelant 7 fois l'expérience et en ne se servant chaque fois que du ferment obtenu dans l'expérience précédente, on ne voit apparaître aucune modification dans la forme et les dimensions des globules. Le bourgeonnement de cette espèce s'effectue de la même manière que pour la levûre de bière.

Placé dans les conditions favorables à la formation de spores dont nous avons parlé plus haut, le saccharomyces minor se transforme en thèques sporifères sphériques et très-rarement ovoïdes de 6 à 7 milli. de millimètre de diamètre. Les spores n'ont que 3 millièmes de millimètre, réunies en dyades ou triades. En résumé, sauf la forme toujours sphérique, la dimension moindre et une activité moins grande, le ferment du pain ressemble au ferment de la bière.

Le *saccharomyces ellipsoïdeus* de Rees n'est autre chose que le ferment alcoolique ordinaire du vin de M. Pasteur (Études sur le vin, fig. 8, 9, 11); il ne doit pas être confondu avec le cryptococus vini de Kützing. Les cellules adultes ont une forme ellipsoïdale (6 milli. de millim. de longueur, sur 4 à 5 de large, avec une vacuole ovale). La sporulation et le bourgeonnement ne diffèrent en rien des phénomènes analogues que l'on observe pour la levure de bière. (Fig. 8, fig. 9, et fig. 10.)

Fig. 8. — Saccharomyces ellipsoïdeus en voie de bourgeonnement. — Grossissement : 600.

Fig. 9. — Saccharomyces ellipsoïdeus, développement des spores — Grossissement : 400.

Rees a donné le nom de *Sacch. Pastorianus* (fig. 11) à une variété de ferment alcoolique du vin observé par Pasteur (Fig. 7, Étude sur le vin.) Les cellules sont ovales, pyriformes ou allongées en massues. Les cellules ovoïdes ont six milli. de millim. de longueur, celles en massues que l'on voit

Fig. 10. — Saccharomyces ellipsoïdeus. — Réunion de spores en voie de germination. — Grossissement : 400.

Fig. 11. — Saccharomyces pastorianus. — Grossissement : 400.

sortir sous forme de bourgeons des cellules ovoïdes atteignent 18 à 20 milli. de millim. de longueur sur 8 à 10 de largeur au gros bout ; elles sont réunies en flocons composés de 3 à 7 articulations.

Le *Sacch. exiguus* (Rees) (fig. 12) se rencontre comme les précédents dans les sucs de fruits fermentés. Les cellules n'ont que 3 milli. de millim. de longueur, sur 2,5 de largeur au gros bout ; il se multiplie par bourgeonnement et sporulation comme toutes les autres variétés de cette espèce.

Le *saccharomyces conglomeratus* de Rees (fig. 13) est assez rare ; on le rencontre dans les moûts de raisin vers la fin de la fermentation. Cellules sphéroïdales de 6 mill. de millim. de

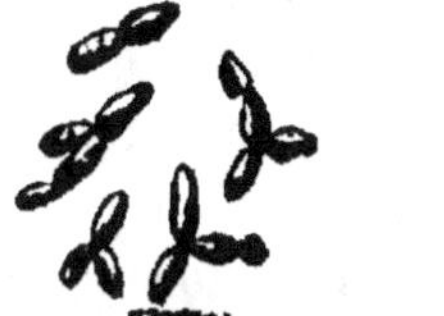

Fig. 12. — Saccharomyces exiguus.
Grossissement : 350.

Fig. 13. — Saccharomyces conglomeratus. — Grossissement : 600.

diamètre. Lorsque la première cellule a bourgeonné, ce bourgeon atteint la grandeur de la cellule mère, sans s'en détacher ; il naît d'abord dans l'aisselle des deux cellules, puis sur différents points de leur surface, un assez grand nombre de nouvelles cellules qui, au lieu de former une chaînette ou des flocons, constituent un véritable conglomérat.

Fig. 14. — Saccharomyces apiculatus (Rees).
Carpozyma apicul. (Engel), ferment apiculé.
Grossissement : 600.

Le *ferment apiculé* (Carpozyma) n'appartient pas, d'après les observations de M. Engel, au genre saccharomyces. C'est le ferment alcoolique le plus abondant. On le rencontre sur outes les espèces de fruits, notamment sur les baies et les lrupes ainsi que dans la plupart des moûts de fruits en voie de fermentation. On l'a également observé dans certaines bières, bière de Belgique, d'Obernai; celles de Strasbourg n'en contiennent point. C'est lui qui généralement apparaît et bourgeonne le premier dans ces moûts. Les cellules (fig. 14) adultes et isolées ont la forme d'un ellipsoïde dont le grand diamètre est de 6 millièmes de millimètre et le diamètre transversal de 3. A chaque extrémité se trouve une petite saillie ou apicule qui donne à la cellule la forme d'un citron. L'intérieur renferme une vacuole sphérique ou ellipsoïde, autour de laquelle se trouve une couche mince de protoplasma, effilée vers les saillies. Les cellules bourgeonnantes se présentent toujours à l'extrémité des saillies. Lorsque le développement est normal, les cellules nouvelles s'étendent dans le sens de l'axe principal de là cellule mère, de sorte que les trois cellules forment une file longitudinale ; mais arrivées au terme de leur croissance, elles prennent une forme elliptique et se replient à leur point d'insertion, de façon que leur grand axe finit par faire un angle droit avec le grand axe de la cellule mère ; l'une des cellules se replie à gauche et l'autre à droite. Elles se détachent alors ; à ce moment elles ressemblent beaucoup aux cellules du sacch. ellipsoïdeus ; mais on voit bientôt apparaître les apicules caractéristiques.

Lorsque le ferment apiculé est déposé sur du plâtre humide la transformation en thèque ou sporange suit des phases bien distinctes de celles que l'on observe avec les diverses espèces de saccharomyces, et se rapproche des évolutions du protomyces macrosporus, étudiées par de Bary.

D'après Engel le ferment apiculé serait un protomyces sans mycélium ; ce botaniste propose pour lui le nom de Carpozyma. Les thèques en sont sphériques, revêtues d'une périthèque et sont hibernant. Développement des spores très-lent ; spores nombreuses.

Rees a rencontré dans les moûts fermentés de vin rouge une forme de levûre spéciale, qui accompagne le Saccharomyces ellipsoïdeus. Elle se compose de cellules cylindriques allongées. Quoique ce ferment n'ait pas encore pu être observé dans les diverses évolutions de sa vie végétative, on a cru devoir l'ériger en espèce spéciale, sous le nom de *Saccharomyces Reesii* (fig. 15).

Le *saccharomyces mycoderma* (fig. 16 et fig. 17) ou fleurs

de vin, fleurs de bière, doit également, d'après les observations
de M. Pasteur, être rangé parmi les ferments alcooliques. En
effet, bien qu'il n'agisse pas dans ce sens, dans les circonstances ordinaires de son développement, lorsqu'il croît à la
surface des liquides fermentés, peut-être parce que l'alcool qu'il

Fig. 15. — Saccharomyces Reesil. — Levûre
de vin rouge. — Grossissement : 350.

Fig. 16. — Saccharomyces mycoderma.
Grossissement : 350.

peut produire alors est détruit par une oxydation consécutive,
M. Pasteur a montré que le mycoderma vini enfoncé dans de
l'eau sucrée pouvait y déterminer la fermentation alcoolique

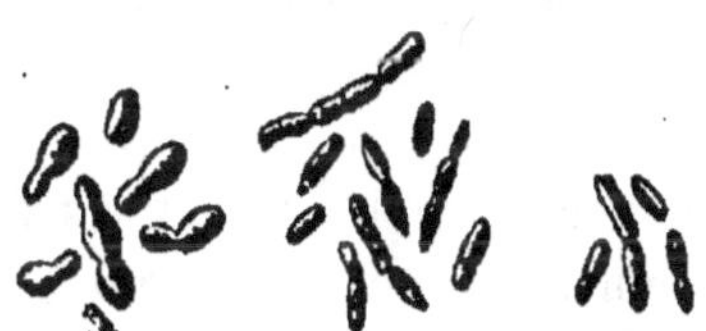

Fig. 17. — Saccharomyces mycoderma.

Il se présente à la surface de tous les liquides alcooliques exposés à l'air, lorsque la fermentation est achevée ou qu'elle est
languissante. La croissance se fait avec une grande rapidité; il
suffit d'en déposer quelques cellules sur un liquide facilement
alcoolique, pour voir la surface se recouvrir, en moins de quarante-huit heures, d'une pellicule mince, blanchâtre ou jaunâtre, d'abord lisse, puis ridée.

M. Engel évalue, par un calcul fondé sur ses observations,
qu'en 48 heures une cellule de mycoderma vini peut produire une multiplication de 35 378 cellules environ. Les cellules de ce mycoderma ont des formes multiples, ovoïdes, ellip-
soïdales, cylindriques aux extrémités arrondies. . . . .

Les cellules ovoïdes ont leur grand diamètre de 6 millièmes de millimètre et leur petit diamètre de 4 millièmes de millimètre. Les cylindres ont un grand diamètre de 12 à 13 millièmes de millimètre et un petit de 3 millièmes de millimètre.

Les cellules sont généralement pauvres en protoplasma; offrent dans leur intérieur 1 à 3 points brillants de matière grasse. Le bourgeonnement s'effectue à l'extrémité, par un ou quelquefois deux bourgeons naissant à chaque bout. Il se forme ainsi des chaînettes ou des flocons ramifiés et entrelacés, donnant à l'ensemble l'aspect d'une fine membrane.

Lorsqu'on étend le liquide alcoolique sur lequel végète le mycoderme, d'une forte proportion d'eau, les cellules subissent

Fig. 18. — Mucor racemosus. — Levûre en boule.

de grandes modifications. Les plus anciennes s'altèrent et meurent en laissant échapper leur protoplasma. Les autres s'allongeant acquièrent un grand diamètre de 16 à 20 millièmes de millimètre; leur protoplasma se rassemble en divers points pour former des spores. Ceux-ci sont ordinairement au nombre de trois à quatre, rangés en file longitudinale dans la cellule. Les spores ont le plus souvent 3 millièmes de millimètre de diamètre.

Beaucoup d'auteurs font dériver les saccharomyces mycoderma du saccharomyces cerevisiæ dont il représenterait une des formes aériennes. Cette question ne semble pas encore définitivement jugée, bien qu'il y ait plus de raisons de croire qu'il constitue une espèce à part et indépendante.

Nous aurons à revenir sur les propriétés oxydantes du mycoderma vini à propos de la fermentation acétique.

Le *mucor mucedo* et le *mucor racemosus* (fig. 18) possèdent la propriété, lorsqu'on les immerge, à l'abri de l'oxygène, dans une solution de sucre, de transformer ou de diviser leur mycélium en articles ayant la forme de boules. Ces boules se multiplient par bourgeonnement et provoquent la fermentation alcoolique du sucre tant qu'elles sont placées dans ces conditions anormales. Ce fait, qui est bien positivement prouvé, prête un appui sérieux aux idées émises par divers savants sur la transformation des ferments les uns dans les autres, suivant les conditions dans lesquelles ils se trouvent. Nous voyons en effet, le mucor racemosus changer complétement son mode de reproduction lorsqu'il est placé, à l'abri de l'oxygène, dans un milieu sucré. Des faits analogues ne peuvent-ils pas se produire avec d'autres organismes?

Ces diverses variétés de ferments ont été trouvées, non seulement dans les moûts de fruits, mais encore à la surface de leur péricarpe, où elles restent adhérentes dans un état de repos, jusqu'à ce que par suite de circonstances convenables elles soient mises en contact avec le liquide sucré contenu dans les cellules. A partir de ce moment elles se développent par bourgeonnement et propagent en même temps la fermentation alcoolique.

CHAPITRE IV

Avant d'aborder le chapitre où nous aurons, entre autres questions, à envisager les modifications chimiques éprouvées par
la levûre dans les diverses conditions où on peut la placer,
nous devons résumer les résultats obtenus par les expérimentateurs qui se sont occupés de la composition chimique de cet
organisme.

Plusieurs travaux ont été exécutés dans cette direction.
Ainsi Schlossberger a publié des recherches très-soignées sur
la composition élémentaire et immédiate des deux levûres de
bière débarrassées, autant que possible, par des lavages et des
décantations, des impuretés qui se trouvent dans la levûre
brute. Ce savant a trouvé comme moyenne de deux analyses :

		1° Levûre sup.		Levûre infér.
Déduction faite des cendres,	Carbone........	49,9		48,0
	Hydrogène......	6,6		6,5
	Azote..........	12,1	11,6	9,8
	Oxygène........	31,4		35,7
	Cendres........	2,5		3,5

De leur côté, MM. Mitscherlich, Mulder et Wagner, ont publié indépendamment les résultats suivants :

		Levûre inf. (Wagner).	Levûre sup. (Mitsch).	Lev. sup. (Mulder).	Lev. sup. (Wagner).
Cendres non déduites	Carbone......	44,4	47,0	50,8	49,8
	Hydrogène ...	6,0	6,6	7,2	6,8
	Azote........	9,2	10,0	11,1	9,2
	Soufre........		0,6		
	Oxygène......	35,8			

M. Dumas (Traité de chimie) trouve :

Carbone............................ 50,6

Hydrogène......................... 7,3

Azote.............................. 15,0

Oxygène...)
Soufre.....} 27,1
Phosphore .)

Ce résultat diffère des autres par une plus forte proportion
d'azote ; mais on comprend des variations dans la composition
d'un produit tel que la levûre qui est constamment en voie
d'évolution chimique. C'est ainsi que la moindre teneur en
azote et en carbone fournie par l'analyse de la levûre inférieure, comparée à celle de la levûre supérieure, s'explique
facilement, si l'on tient compte du fait, que la première reste
beaucoup plus longtemps après la fermentation en contact avec
le liquide. Il peut donc s'établir des phénomènes d'altération
spontanée, qui transformant en principes solubles une partie
des produits azotés albuminoïdes du protoplasma, leur permet
de s'échapper dans le liquide ambiant.

Schlossberger a également cherché à isoler les divers principes immédiats contenus dans la levûre. C'est ainsi, qu'en
traitant celle-ci par une lessive très-faible de potasse, filtrant
et neutralisant le liquide par un acide, il a obtenu un précipité floconneux blanc, exempt de cendres, qui a donné à l'analyse élémentaire les nombres suivants :

Moyenne de 2 analyses.

Carbone............................ 55,5

Hydrogène......................... 7,5

Azote.............................. 13,9

Soufre............................ 0,

L'azote est ici trop faible pour une matière albuminoïde normale. L'analyse se rapporte assez bien à celle que m'a fournie l'hémi-protéine, l'un des produits de dédoublement de l'albumine par l'acide sulfurique étendu (voir le chapitre des matières albuminoïdes). Ce rapprochement est d'autant plus frappant que l'hémi-protéine est également soluble dans les alcalis étendus et précipitable par les acides ; le précipité bien lavé ne donne pas de cendres après combustion. D'un autre côté, il est très-probable que la levûre agit sur les matières albuminoïdes en les dédoublant progressivement, comme nous en trouverons les preuves plus loin.

En épuisant la levûre par l'acide acétique et en précipitant la liqueur filtrée par le carbonate d'ammoniaque, Mulder obtient un principe plus voisin par sa composition de l'albumine et qui donne :

Carbone.............................. 53,3
Hydrogène............................ 7,0
Azote................................ 16,0

On peut donc admettre dans la cellule de levûre la présence de une ou plusieurs matières albuminoïdes ; sous ce rapport, elle ne se distingue pas des autres cellules végétales.

Le résidu insoluble dans la potasse, dans l'expérience de Schlossberger, a été épuisé par l'acide acétique et l'eau. Il offrait alors une composition voisine de celle de la cellulose.

Carbone.............................. 41,9
Hydrogène............................ 6,7
Azote................................ 0,5
Cendre déduite....................... 1

Cette cellulose bouillie avec de l'acide sulfurique se convertit facilement en sucre fermentescible. D'après Liebig, elle n'est pas soluble dans l'oxyde de cuivre ammoniacal. Elle semble donc différer de la cellulose normale, soluble dans l'oxyde de cuivre ammoniacal et que les acides étendus ne transforment pas en sucre.

Payen (mémoire des savants étrangers, t. IX, p. 32) donne l'analyse immédiate suivante pour la levûre :

Matière azotée............................ 62,73
Cellulose (enveloppes).................. 22,37
Graisse................................... 2,10
Matière minérale....................... 5,80

D'autres expérimentateurs, tels que Pasteur et Liebig, en employant les moyens de séparation usités dans l'analyse des végétaux supérieurs n'ont trouvé que 18, 5 p. 100 de cellulose pure, dans la levûre fraîche. Si l'on admet que l'azote (11, 8 à 12, 5 p. 100) contenu dans la levûre fait partie intégrante de matières albuminoïdes, on peut calculer, par une simple règle de trois, que la levûre renferme 60 p. 100 environ de matières protéiques et près de 40 p. 100 de substance hydrocarbonée.

Cette manière de calculer la composition immédiate de la levûre n'est pas tout à fait légitime. On trouve en effet, dans l'eau de lavage de la levûre fraîche, lavée à l'eau glacée, des quantités notables de tyrosine, de leucine, etc., qui renferment moins d'azote que les matières albuminoïdes (10 et 7, 7 p. 100 au lieu de 15, 5 à 16).

Comme les analyses directes ne fournissent que 18, 5 ou au plus 30 p. 100 de cellulose, on est conduit à supposer que dans la cellule de levûre se rencontrent d'autres matières hydrocarbonées, plus facilement attaquées par les acides ou les alcalis que la véritable cellulose. Cette opinion est corroborée par la production d'alcool pendant la digestion de la levûre à l'abri du sucre, bien que l'on ne puisse y déceler la présence de la glucose. D'un autre côté on constate, dans l'extrait de levûre spontanément altérée, des quantités notables d'une matière gommeuse spéciale (Béchamp, Schützenberger). L'origine de cette gomme, si elle ne préexiste pas toute formée dans la cellule fraîche, ne peut être attribuée qu'au dédoublement d'un composé de la famille des glucosides ou qu'à une transformation moléculaire d'une matière hydrocarbonée insoluble, autre que la cellulose. Pasteur (Compt. rendus, t. XLVIII,

p. 640) a obtenu 20 p. 100 de sucre par l'ébullition de la levûre avec de l'acide sulfurique étendu.

On doit à Mitscherlich (Ann. der Chemie und Pharmacie, t. LVI) d'excellentes analyses et déterminations des cendres de levûre. La matière sèche, placée dans une nacelle d'argent, disposée elle-même sur une nacelle de platine était brûlée dans un tube en verre, dans un courant d'oxygène; on commençait à distiller la matière organique dans une atmosphère d'acide carbonique et l'on achevait la combustion dans l'oxygène.

Quantité de cendres de la levûre :

Lev. sup. (Wagner et Schlossberger).	Lev. inf. (Schlossberger).	Lev. sup. (Bull).	Lev. sup. (Mitsch).
2,5 0/0	3,5-4 0/0	8,9 0/0	7,7 0/0

Lev. inf. (Mitsch).	Lev. inf. (Wagner).
7,5 0/0	5,3 0/0

En ne prenant que les résultats de Mitscherlich qui paraissent les plus certains, il n'y aurait pas de différence au point de vue des quantités de matières minérales entre les deux espèces de levûres. Les doses faibles de matières minérales trouvées par Schlossberger, peuvent tenir à ce que cet expérimentateur lavait sa levûre, opération qui, comme l'a montré Béchamp, donne lieu à une élimination continue de phosphates.

Les cendres de levûre contiennent pour 100 :

	Lev. sup.	Lev. inf.	Lev. sup. de bière blanche,
	(Mitscherlich.)		(Bull.)
Acide phosphorique..	53,9...	59,4..........	54,7
Potasse..............	39,8...	28,3..........	35,2
Soude...............	—	—	0,5
Magnésie............	6,0...	8,1..........	4,1
Chaux...............	1,0...	4,3..........	4,5
Silice...............	traces	—	—
Oxyde de fer........	—	—	0,6
Acide sulfurique.....	—	—	—
Acide chlorhydrique..	—	—	0,1

Les éléments dominants sont donc l'acide phosphorique et la potasse, à côté d'un peu de magnésie et de chaux. Les analyses de Mitscherlich peuvent aussi se calculer ainsi :

	Lev. sup.	Lev. inf.
Acide phosphorique	41,8	39,5
Potasse	39,8	28,3
Soude.	—	—
Phosphate de magnésie	16,8	22,6
(PhO^5 ^{2}M$_g$O.)		
Phosphate de chaux	2,3	9,7
(PhO.^{5}2CaO.)		

Les renseignements que nous venons de fournir sur la composition immédiate et élémentaire de la levûre sont encore, on le voit, bien incomplets, et cette question mériterait d'être reprise avec attention.

Cette opinion a été déjà mise en avant par Pasteur qui s'exprime ainsi (Ann. chim. phys. (3) LVIII, p. 403) :

« La levûre renferme des matières azotées diverses et également des matières non azotées distinctes les unes des autres. Il y aurait une étude très-intéressante à faire sur ce sujet. J'ai vu qu'on parviendrait à des résultats utiles en examinant séparément l'action de l'eau, de l'acide sulfurique étendu et de la potasse. Je crois qu'un examen de la levûre, fait à ce point de vue, des divers matériaux qui la composent, pourrait donner le secret de certains changements qui s'observent dans la nature de l'extrait du liquide fermenté. »

Malgré l'insuffisance des données sur cette question, on voit qu'au point de vue qualitatif les cellules de levûre se rapprochent des autres cellules entrant dans la composition des grands végétaux et des champignons en général. Enveloppes formées de cellulose à divers degrés d'évolution, contenu en grande partie composé d'un protoplasma albumineux, matières hydrocarbonées analogues à la gomme, substances grasses et même résineuses. En effet, la levûre contient une petite quantité de résine amère soluble dans les alcalis.

Quantitativement elle offre un caractère spécial, elle est

très-riche en azote, beaucoup plus que les tissus végétaux pris en bloc. Ainsi dans les champignons, sur 100 grammes de matière sèche MM. Schlossberger et Doepping ont trouvé les doses suivantes d'azote :

	Cantarelles.	Russules.	Lact. deliciosus.
Azote p. 100	3 gr. 22	4 gr. 25	4 gr. 68

	Ceps noirs.	Agar. campestris.
Azote p. 100	4 gr. 7	7,28

La composition des champignons, d'après Payen, est la suivante :

	Champignon de couche.	Morille.	Truffe blanche.	Truffe noire.
Eau..................	91,01	90	72,34	72
Composés azotés avec trace de soufre....	4,68	4.4	9,98	8,78
Matière grasse.......	0,40	0,56	0,44	0,56
Cellulose, dextrine, sucres, matières ternaires	3,45	3,68	15,161	7,69
Sels (Phospates et chlorures alcalins, calciques, magnésiques, silice).......	0,46	1.36	2,10	2,07
Azote pour 100 de matière sèche.....	7,33	—	1,532	1,35

Les champignons de couche sont donc presque aussi riches en matière albuminoïde que la levure, puisque 100 parties de matière sèche contiennent 52 parties de ces corps.

La levure en renferme 60.

CHAPITRE V

La levûre est un organisme vivant appartenant à la famille
des champignons, genre saccharomyces, dépourvu de mycélium, susceptible de se reproduire, comme tous les champignons élémentaires, par bourgeonnement et par sporulation ;
sa composition, nous venons de le voir, se rapproche singulièrement de celle d'autres tissus végétaux et notamment de ceux
des plantes de la même famille. L'examen de ses fonctions
biologiques, étudiées surtout au point de vue chimique, nous
montre qu'en définitive, cet être élémentaire ne diffère pas non
plus essentiellement des autres cellules élémentaires, dépourvues de chlorophylle, isolées ou groupées, desorganes plus complexes. Elle respire, transforme et modifie ses principes immédiats d'une manière continue et certainement de la même façon
que d'autres cellules ; comme elles, elle peut se multiplier par
bourgeonnement et sporulation. Le seul caractère différentiel et
bien tranché qui semblait en faire un être absolument à part,
parmi les êtres de la création, lui a été enlevé par M. Pasteur
lui-même et par MM. Lechartier et Bellamy, lorsque ces chimistes sont venus établir que les cellules des fruits, des graines,
des feuilles, voire même les cellules animales, sont aptes à
décomposer le sucre en alcool et acide carbonique.

Dès lors l'étude approfondie des fonctions biologiques de la levûre ne nous apparaît plus comme un chapitre isolé au milieu de ceux qui composent la physiologie générale, mais au contraire, comme un exemple particulier, d'où l'on pourra tirer d'importantes conclusions sur les phénomènes chimiques des organismes vivants en général. La levûre offre cet immense avantage pour le savant, de se prêter avec une grande facilité à toutes espèces d'expériences. C'est une véritable argile qui se pétrit à volonté, composée d'une seule et même espèce de cellules élémentaires, ce qui permet d'éviter les complications dues à l'intervention de phénomènes multiples.

Conditions normales de la vie de la levûre. Les conditions que nous appellerons normales de la vie de la levûre de bière sont celles où cet être se développe et se nourrit avec le plus d'activité et d'énergie. Elles sont de deux ordres, *physiques* et *chimiques.*

En fait de conditions physiques nous n'avons à relever que la température. Le degré le plus favorable à la nutrition de la levûre est aussi celui que l'on observe pour tous les autres organes cellulaires végétaux, il est compris entre 25 et 35 degrés centigrades. En deçà et au delà de ces limites les manifestations vitales ne sont enrayées que lorsqu'on descend au-dessous de 0° ou qu'on s'élève au-dessus de 60°, température à laquelle les principes albuminoïdes commencent à se coaguler.

Quant aux conditions chimiques, à la composition la plus favorable du milieu où doit vivre et se multiplier cet organisme, elles ne sont pas aussi simples.

On doit aux savantes et patientes recherches de Pasteur sur cette question les meilleurs renseignements que nous possédons à cet égard. Il a été suivi dans cette voie féconde par quelques-uns de ses élèves (Duclaux, Raulin), des travaux desquels nous aurons à parler dans la suite.

A priori, nous pouvons prévoir que le milieu le plus favorable est celui qui contient les éléments nutritifs les plus appropriés. Ces éléments doivent être ceux que nous retrouvons dans l'organisme de la cellule, ou tout au moins des principes susceptibles de permettre à la cellule de former avec eux par synthèse, ses composants immédiats. Or nous avons vu que la levûre contient de l'eau en plus ou moins forte proportion, des sels minéraux, principalement des phosphates de potasse, de magnésie et de chaux. L'eau, les phosphates alcalins et alcalino terreux feront donc forcément partie intégrante du milieu nutritif. Nous trouvons ensuite une forte proportion de matières azotées, albuminoïdes ou autres. L'aliment de la levûre doit donc renformer de l'azote. Il se pose de suite une question : Sous quelle forme l'azote doit-il être apporté à la cellule pour qu'il puisse être assimilé? L'expérience seule peut répondre.

Nous savons, grâce aux belles recherches de M. Boussingault, que les végétaux supérieurs ne sont pas susceptibles d'absorber l'azote libre de l'atmosphère. Ce savant a fait germer dans un sol siliceux calciné, arrosé avec de l'eau pure, des poids connus de graines, pour lesquelles on avait établi la dose moyenne d'azote. Lorsque le végétal, malgré ces conditions défavorables, avait acquis un certain développement, on dosait la totalité de l'azote contenu dans la masse totale. Cette dose ne dépassait pas la quantité primitive contenue dans la graine.

La levûre ne fait pas exception à la règle.

Assimilation de l'azote des nitrates. — Parmi les aliments azotés utilisés par les plantes en général, les expériences agricoles, faites sur une grande échelle et répétées depuis des années, aussi bien que les essais de laboratoire des savants, ont établi l'efficacité des nitrates et des sels ammoniacaux.

L'importance du salpêtre comme engrais, est connue depuis longtemps; cependant, au point de vue des phénomènes biologiques de la nutrition et de l'assimilation, on peut se demander si le nitrate, introduit dans le sol, ne subit pas, avant d'arriver à la plante qui utilise son azote, des réductions qui le ramèneraient à une autre forme, celle de sels ammoniacaux par exemple. M. Boussingault a donné une solution complète de cette question, en opérant sur des plantes semées dans un milieu ou un sol absolument privé de matières organiques et dans lequel les réductions de nitrates sont inadmissibles. Le tableau suivant donne une idée de l'influence des nitrates sur la végétation dans un sol stérile.

	Poids de la récolte sèche, la graine étant 1.	Matière végét. élaborée.	Ac. carbon. décomp. en 24 h.	Acquis par les plantes en 80 jours de végétation.	
				Carb.	Azote.
1° Le sol n'a rien reçu..........	8,6	0,285	2^g,45	0^g,114	0^g,0023
2° Le sol a reçu des phosphates, de la cendre et du nitrate de potasse......	198,3	21,111	182,00	8,446	0,1666
3· Le sol a reçu des phophastes, de la cendre, du bicarbonate de potasse........	4,6	0,391	3,42	0,166	0,0027

Ces nombres nous révèlent des différences tellement considérables entre les résultats obtenus dans le même temps, avec ou sans le concours des nitrates, toutes choses égales d'ailleurs, qu'une erreur d'interprétation est impossible.

Nous pouvons donc dire : Dans les grands végétaux le nitrate soluble pénètre dans l'organisme à l'état de solution; c'est là qu'il subit des réductions qui finalement amènent son azote sous forme de matières albuminoïdes.

En est-il de même pour la levure? peut-elle élaborer ses matières protéiques en partant des nitrates?

La question est controversée. D'une part Dubrunfaut (Comp. rendu de l'Ac., t. LXXIII, p. 200 et 263) dit avoir observé une activité plus grande comme ferment après des additions de nitrate de potasse.

D'un autre côté, Ad. Mayer (Lehruch der Gährungs-Chemie, 1874) affirme n'avoir obtenu que des résultats négatifs dans toute une suite de recherches dirigées dans cette voie. Schaer est arrivé aux mêmes résultats que Mayer.

Cette différence tranchée, entre les phénomènes de nutrition de la levure et des grands végétaux, est d'autant plus remarquable, que des organismes simples, très-voisins du saccharomyces, se comportent vis-à-vis des nitrates absolument comme les plantes terrestres d'un ordre plus élevé.

Ainsi les moisissures qui végètent à la surface des liquides font très-bien leur profit du nitrate dissous.

En admettant comme exactes les observations de Mayer, on est conduit à interpréter ces résultats négatifs de la manière suivante :

Pour assimiler l'azote d'un nitrate, la plante doit préalablement le réduire : Ou bien la cellule de saccharomyces ne possède pas, vis-à-vis des nitrates, ce pouvoir réducteur, que nous trouvons dans d'autres cellules isolées et formant partie intégrante d'organismes plus complexes, ou les expériences ont été faites dans des conditions où ce pouvoir réducteur n'a pu se révéler. Quoi qu'il en soit, le dernier mot de l'assimilation de l'azote des nitrates n'est pas encore dit, et avant de se prononcer définitivement dans le sens négatif, il convient de varier les expériences.

Assimilation de l'azote des sels ammoniacaux. — Les agriculteurs sont en général d'accord pour reconnaître l'efficacité des sels ammoniacaux dans la végétation. Les expériences de H. Davy, Kuhlmann, I. Pierre, Lawes et Gilbert, conduisent à la même opinion. Il paraît probable, d'après l'ensemble des faits, que les sels ammoniacaux peuvent concourir à la nutrition des plantes, bien qu'on reconnaisse, qu'à égalité dans le poids d'azote, ils agissent d'une façon moins favorable que les nitrates. Les expériences de M. Bouchardat (Mémoire sur l'influence des composés ammoniacaux sur la végétation), celles de M. Cloëz (Leçons de la soc. chim., 1861, p. 167) tendent au contraire, à établir : 1° que les dissolutions des sels ammoniacaux communément employés ne fournissent pas aux végétaux l'azote qu'ils s'assimilent ; 2° que si des dissolutions à $\frac{1}{1000}$ et même de $\frac{1}{10000}$ de ces sels sont absorbées par les racines, elles agissent comme des poisons énergiques et tuent rapidement la plante. M. Cloëz cite à ce sujet de nombreux exemples qui ne laissent aucun doute sur la réalité du fait.

S'il en est ainsi, pour accorder ces résultats en apparence discordants, il faut admettre ou que l'ammoniaque pour être assimilé et absorbé, utilement et sans danger pour la plante, doit lui être présenté, sous une forme spéciale, peut-être très-diluée, ou dans un état de combinaison particulière ou bien encore subir préalablement dans le sol lui-même la transformation en nitrate. Cette interprétation due à M. Cloëz et qui est le contre-pied des idées de M. Kuhlmann (ce savant soutient au contraire que les nitrates employés comme engrais n'agissent qu'à condition de se transformer dans le sol en sels ammoniacaux), n'est nullement en contradiction avec ce que l'on sait des phénomènes de nitrification.

Des grands végétaux revenons à la levure comme nous l'avons déjà fait plus haut. M. Pasteur a le premier étudié l'influence des sels ammoniacaux sur le développement et la nutrition du saccharomyces.

Après avoir reconnu, par des expériences faites en grand sur des fermentations industrielles, que l'ammoniaque des sels ammoniacaux contenus dans les jus mis en œuvre disparaissait pendant la fermentation, sans qu'il se dégageât des quantités sensibles d'azote, il institua l'essai suivant qui peut servir de type pour tous les autres.

Dans une solution de sucre candi pur (nous verrons bientôt que le sucre ou ses analogues sont des aliments nécessaires pour la levure), on place, d'une part un sel d'ammoniaque, par exemple du tartrate d'ammoniaque, d'autre part la matière minérale qui entre dans la composition de la levure de bière, puis une quantité pour ainsi dire impondérable de globules de levure frais. Les globules semés dans ces conditions se développent, se multiplient, provoquent la fermentation du sucre, tandis que la matière minérale se dissout peu à peu et que l'ammoniaque disparaît. En d'autres termes, l'ammoniaque se transforme en la matière albuminoïde complexe qui entre dans la constitution de la levûre, en même temps que les phosphates donnent aux globules nouveaux leurs principes minéraux; quant au carbone, il est évidemment fourni par le sucre.

Voici, par exemple, la composition d'une des liqueurs employées :

10 gr. 000 de sucre candi pur.

Cendres de 1 gr. de levûre, obtenues au moyen d'un fourneau de coupelle.

0 gr. 100 tartrate droit d'ammoniaque.

Traces de levûre de bière fraîche, lavée, de la grosseur d'une tête d'épingle à l'état frais, humide, perdant 80 p. 100 d'eau à 100 degrés.

Dans un pareil mélange, le vase étant rempli jusque dans le goulot et bien bouché, ou muni d'un tube à gaz plongeant dans l'eau pure, la fermentation se déclare. Après vingt-quatre à trente-six heures, la liqueur commence à donner des signes sensibles de fermentation, par un dégagement de bulles microscopiques, qui annoncent que le liquide est déjà saturé d'acide carbonique. Les jours suivants, le trouble de la liqueur augmente progressivement, ainsi que le dégagement de gaz, qui devient assez sensible pour que la mousse remplisse le goulot du flacon. Un dépôt recouvre peu à peu le fond du vase. Observée au microscope, une goutte de ce dépôt offre une belle levûre très-ramifiée, extrêmement jeune d'aspect, c'est-à-dire que les globules sont gonflés, translucides, non granulés, et l'on distingue parmi eux, avec une facilité surprenante, chaque globule de la petite quantité de levûre semée à l'origine. Ces derniers globules sont à enveloppe épaisse, se détachant en cercle plus noir; leur contenu est jaunâtre; ils sont granuleux; mais la manière dont ils sont quelquefois entourés par les globules jeunes, indique bien nettement qu'ils ont donné naissance à ceux de ces derniers qui forment les têtes des chapelets. Le soir, à la lumière du gaz, si l'observation a lieu dans les premiers jours, les vieux globules se distinguent des jeunes infiniment plus nombreux, comme on distinguerait une bille noire au milieu de beaucoup de billes blanches.

Cette expérience fondamentale prouve donc que la levûre peut bourgeonner, se multiplier, vivre et se nourrir dans un milieu où l'azote n'est représenté que par des sels ammoniacaux.

De plus, M. Pasteur en tire cette conclusion que la levûre fait avec l'ammoniaque la synthèse des matières albuminoïdes. Comme contrôle de cette conclusion, M. Pasteur dose l'ammoniaque qui reste dans la liqueur après quelques semaines et trouve une différence en moins, faible il est vrai (0 gr. 0062). Le poids de la levûre de nouvelle formation s'élevait à 0 gr.043.

Dans son dernier mémoire sur l'origine de la force musculaire (Ann. chim. phys. (4) t. XXIII, p. 5, 1871), Liebig attaque énergiquement les conclusions et les résultats annoncés par Pasteur. Il nie abs   la formation de la levûre et son augmentation de poi... ...ns les conditions de l'expérience de Pasteur; n'ayant jamais, dit-il, pu réussir à la réaliser, tandis qu'en remplaçant les sels ammoniacaux par de l'eau de lavage de la levûre, la formation de levûre nouvelle est bien manifeste. Un des arguments de Liebig sur lequel il appuie le plus est l'absence de soufre dans le milieu nutritif de Pasteur; les matières albuminoïdes en renferment, la levûre ne peut donc pas élaborer de substances protéiques dans ces conditions. Remarquons à ce sujet que le soufre occupe bien peu de place dans la molécule complexe de l'albumine, et que rien ne prouve que ce corps est indispensable à la constitution de l'albumine.

En réponse à cette attaque, M. Pasteur n'a pu que reproduire avec conviction et force ses premières affirmations, et proposer à son adversaire de faire constater les faits par des arbitres scientifiques. Nous n'insisterons pas davantage sur cette querelle qui, malheureusement, a été terminée par la mort d'un des plus illustres chimistes de notre siècle. Disons seulement que de nouveaux faits parfaitement bien étudiés, notamment par M. Raulin, sont venus par analogie donner une confirmation complète aux idées de M. Pasteur, sur la nutrition des organismes simples en général et de la levûre en particulier; nous parlerons de ces faits tout à l'heure.

L'expérience de M. Pasteur, telle qu'il l'a décrite dans son Mémoire sur la fermentation alcoolique (Ann. de chimie et de phys., t. LVIII, (3) p. 390), peut prêter à la critique, en ce sens que, en raison des doses minimes de levûre initiale employée, le poids de l'ammoniaque disparue et celui de la levûre nouvellement formée sont très-faibles; et qu'on pourrait les considérer comme rentrant dans les limites d'erreurs des expériences, si l'on ne connaissait toute l'habileté de notre éminent savant. Ces doses initiales si faibles de levûre avaient été choisies, pour éviter le soupçon que la nutrition des nouvelles cellules s'était effectuée aux dépens des principes solubles excretés par les anciennes. (L'eau de lavage de la levûre est, en effet, très-avantageuse pour activer la multiplication des cellules du saccharomyces). Les expériences de Duclaux dirigées d'une manière différente prouvent que ces scrupules ne sont pas fondés, et que l'ammoniaque du milieu disparait réellement.

Cet habile chimiste introduit dans un certain volume d'eau sucrée 2ʳ 501 de levûre contenant 0ᵉʳ 215 d'azote, le liquide renferme en outre 1ᵉʳ de tartrate d'ammoniaque correspondant à 0ᵉʳ 152 d'ammoniaque. Après fermentation, on recueille 2ᵉʳ 326 de levûre contenant 0ᵉʳ 148 d'azote. Le liquide renfermait 0ᵉʳ 055 d'ammoniaque et 0ᵉʳ 170 d'azote sous forme de composés organiques; ce qui donne le bilan suivant pour l'azote :

	Azote avant la fermentation.	Azote après la fermentation.
Dans la levûre......................	0,215	0,148
A l'état d'ammoniaque...........	0,152	0,045
Sous forme de matière organique azotée dissoute dans le liquide..........................	—	0,120
Somme........................	0,367	0,363

Les deux sommes s'équivalent à 4 milligr. près. On voit nettement que les 3/4 de l'ammoniaque ont disparu, et nous les trouvons dans la levûre et le liquide qui la baigne, sous forme de combinaisons organiques azotées. Cette expérience ayant reçu depuis la consécration de tout fait bien observé, nous pouvons admettre avec certitude, que la levûre peut faire la synthèse de ses matériaux protéiques aux dépens du sucre et de l'ammoniaque.

M. Mayer a prouvé comme complément des observations de MM. Pasteur et Duclaux que le tartrate d'ammoniaque peut être remplacé par d'autres sels ammoniacaux (nitrate, oxalate, etc.), sans désavantage au point de vue de la nutrition et de la disparition de l'ammoniaque. Ainsi, loin de se décomposer en fournissant de l'ammoniaque pendant son développement et la fermentation, comme l'avait annoncé Doebereiner, la levûre consomme l'ammoniaque qui se trouve dans les liquides qui fermentent.

Si un sel ammoniacal peut servir à la nutrition et au développement de la levûre, il résulte cependant des faits généralement observés que ce n'est point l'aliment azoté par excellence pour cet organisme simple. En remplaçant le sel ammoniacal de l'expérience de Pasteur, par des jus naturels (jus de raisin, jus de betterave, eau de lavage de levûre), contenant des matières azotées organiques, la quantité de levûre formée et déposée dans le même temps est bien supérieure, et la décomposition du sucre est plus active [1]. Il existe donc des matières azotées carburées qui sont plus propres à la nutrition de la levûre que l'ammoniaque. Ces matières, quelles sont-elles?

Les jus naturels que nous venons de nommer, et en particulier l'eau de lavage de levûre qui se montre particulièrement actif, contiennent diverses espèces de matières azotées et notamment des substances albuminoïdes. Faut-il attribuer le rôle actif aux principes protéiques de ces jus ou à des composés plus simples? L'expérience directe peut seule répondre à cette question.

Pasteur a trouvé l'albumine de blanc d'œuf tout à fait im-

<hr>

[1]. Dans toutes les observations faites par Pasteur et les autres expérimentateurs, une augmentation et un ralentissement dans le développement des cellules, leur multiplication et leur nutrition étaient toujours accompagnés d'une variation dans le même sens dans l'énergie avec laquelle le sucre (un des éléments nutritifs essentiels) était décomposé en alcool et acide carbonique. Nous discuterons plus loin comment nous comprenons cette corrélation entre les deux phénomènes.

propre à nourrir les globules de levûre; déjà plus anciennement, MM. Thénard et Colin avaient observé que l'albumine ne commence à provoquer la fermentation alcoolique (ou ce qui est la même chose, à provoquer la nutrition et le développement des globules de levûre), qu'au bout de 3 semaines à un mois de conservation à 30°, alors qu'elle subit sous l'influence des infusoires et des mucidinées qui s'y développent, une altération plus ou moins profonde. Le sérum du sang favorise la nutrition des globules sans avoir besoin de s'altérer préalablement, mais ce n'est pas la sérine qui, dans ce cas, est active, car si l'on vient à l'éliminer par coagulation, le liquide filtré et bouilli, additionné de sucre et de levûre, provoque rapidement une fermentation énergique (Pastour).

M. Mayer a fait de nombreuses expériences en vue d'élucider la question du rôle nutritif des matières albuminoïdes. Il a reconnu que l'inactivité de la plupart d'entre elles (albumine, caséine, etc.) tient surtout à leur non-diffusibilité à travers les membranes organisées des cellules. On sait, en effet, que la généralité de ces corps appartient à la classe des substances colloïdales, non diffusibles à travers les membranes poreuses, et l'on conçoit facilement que ne pouvant pénétrer dans l'intérieur de la cellule, restant prisonnières dans le liquide ambiant, elles ne seront pas en mesure d'aider puissamment au développement, à la nutrition, et à la multiplication des globules. Les produits diffusibles formés par la digestion stomacale et intestinale ou par des digestions artificielles se sont, au contraire, révélés comme éminemment aptes à nourrir la cellule de saccharomyces.

Il en est de même de la diastase et des diverses espèces de pepsines; mais comme l'activité nutritive de ces ferments persiste après leur cuisson, ce n'est nullement à leurs propriétés spécifiques de ferments solubles qu'il convient de l'attribuer; car ces propriétés sont détruites par la chaleur; mais plutôt aux produits analogues à la peptone, qui accompagnent toujours ces ferments solubles, et dont il est très-difficile de les débarrasser. La syntonine, et à un moindre degré l'allantoïne, l'urée, la guanine, l'acide urique, augmentent le pouvoir fermentescible de la levûre; c'est-à-dire la nourrissent.

D'autres substances azotées, que l'on doit également considérer comme des ammoniaques composés, se sont montrées très-peu ou point actives. Telles sont la créatine, la créatinine, la caféine, l'asparagine, la leucine, l'hydroxylamine.

Il est donc très-probable, d'après ces résultats, que les sucs naturels, le moût de bière, l'eau de lavage de la levûre fraîche doivent leur faculté nutritive pour les cellules de levûre, non à des principes albuminoïdes proprement dits, non diffusibles, mais à des composés azotés voisins, analogues aux peptones, qui jouissent de la propriété de passer par osmose à travers les membranes.

La levûre de bière nous offre ainsi un exemple palpable, frappant de cellules végétales assimilant leur azote sous forme de combinaisons complexes, voisines par leur constitution des termes les plus élevés, des matières albuminoïdes. Rien ne prouve que des phénomènes de même ordre ne se produisent pas dans les végétaux d'une organisation supérieure. Les expériences agricoles et physiologiques n'établissent pas aussi nettement que pour les nitrates et les sels ammoniacaux, l'assimilation de combinaisons azotées organiques, bien que les observations peu nombreuses faites à ce sujet soient plutôt favorables que défavorables à une solution positive de la question. Mais en serait-il même autrement, qu'il ne serait pas logique et prudent de chercher à faire une distinction tranchée entre les phénomènes de nutrition du saccharomyces et ceux des grands végétaux, et de dire que l'une peut trouver la nourriture azotée dans les combinaisons azotées organiques voisines des matières albuminoïdes, et les autres pas.

Les végétaux d'une organisation complexe sont en effet formés par la réunion d'éléments cellulaires de divers ordres, remplissant des fonctions variées, dont les conditions de nutrition et de développement ne sont pas identiques, et dans le nombre il est probable qu'il s'en trouve qui sont susceptibles d'assimiler les matériaux organiques azotés complexes, élaborés ailleurs aux dépens des sels ammoniacaux ou des nitrates.

Assimilation des principes minéraux. Les végétaux, en général, laissent toujours, après combustion à l'air ou dans l'oxygène, un résidu fixe minéral, dont le poids varie dans certaines limites d'une espèce végétale à l'autre, mais aussi et surtout d'un organe à l'autre, et pour le même organe suivant son âge. Ainsi les feuilles de poirier ont donné à M. Violette pour 100 parties de matière sèche, 7 gr. 118.

L'extrémité des tiges.	écorce	3,454
	bois	0,304
La partie moyenne..	écorce	3.682
	bois	0,134
La partie inférieure..	écorce	2,903
	bois	0,354
Tronc	écorce	2,657
	bois	0,290
Racine	écorce	1,127
	bois	0,234

A mesure que la plante vieillit, la dose de cendres augmente.

Ces principes minéraux qui se retrouvent dans tous les végétaux, depuis le haut de l'échelle jusqu'au bas, car nous avons déjà vu, par les analyses, que la levûre ne fait pas exception, ces principes minéraux, dis-je, jouent-ils un rôle sensible dans les phénomènes biologiques de nutrition et de développement de végétal, ou n'apparaissent-ils que comme des éléments inutiles, mais non nuisibles, fatalement apportés par les liquides au sein desquels la plante puise ses principes nutritifs ?

La constance remarquable de composition chimique des diverses variétés de cendres, surtout au point de vue des éléments constitutifs, et l'expérience agricole la plus complète ont prouvé, de la manière la plus certaine, que la plupart des composés salins trouvés à l'analyse, sont nécessaires à la végétation. Elles ont, en outre, appris à les classer par ordre d'importance nutritive, par rapport à l'ensemble du végétal et à ses diverses parties constitutives (feuilles, tiges, semences, graines, etc.). C'est ainsi que les phosphates dominent singulièrement dans la graine, et forment à eux seuls la totalité de la masse minérale trouvée à l'incinération, comme le montrent les résultats suivants publiés par Berthier.

Richesse en phosphates de 100 parties de cendres.

NATURE du PHOSPHATE.	BLÉ BLANC CHARTRAIN.	SEIGLE.	ORGE.	AVOINE.	RIZ DE LA CAMARGUE.	MAÏS.	HARICOTS SOISSONS.	POIS VERTS.	LENTILLES.
Phosphate de potasse.	50.00	48 50	62.50	7.50	24.10	41.50	12.70	66.70	61.70
Phosphate de chaux	22.00	29.20	15.00	16.50	24.10	18.50	8.40	22.20	6.50
Phosphate de magnésie. . . .	28.00	»	25.00	20.00	24.10	38.00	14.30	6.60	10.00
Phosphate de manganèse. . .	»	18.30	»	»	»	»	»	»	»
TOTAL. . .	100.00	96.00	02.50	41.00	72.30	98.00	35.40	95.50	87.80

Donnons encore comme renseignement, d'après le même auteur, les analyses de cendres des diverses parties végétales.

Tiges, 100 parties de cendres contiennent :

COMPOSITION des CENDRES.	VIGNE de NEMOURS.		PAILLE de PROVINS.	LUZERNE.	FOIN.
Potasse.	»	»	3.40	»	»
Carbonates de potasse et de soude.	10.40	»	»	14.44	12.20
Chlorure de potassium. . .	2.20	0.78	2.00	1.00	3.64
Sulfate de potasse.	4.40	3.40	0.30	2.00	1.30
Phosphate de potasse. . .	»	»	»	»	»
Silicate de potasse.	»	4.00	»	»	»
Chaux.	»	»	15.70	»	»
Carbonate de chaux. . . .	49.82	6 00	»	64.26	22.62
Carbonate de magnésie. .	3.85	»	»	6.07	6.89
Acide carbonique.	»	1.00	»	»	»
Oxyde de fer.	»	»	2.60	»	»
Phosphate de chaux. . . .	15.70	6.00	0.00	8.43	11.81
Phosphate de magnésie. .	»	»	»	»	»
Phosphate de fer.	1.83	»	»	»	»
Phosphate de manganèse.	»	»	»	»	»
Acide phosphorique. . . .	»	»	1.20	»	»
Silice.	6.80	78.22	73.00	2.24	30.80

Les tubercules et racines ont donné pour 100 de cendres :

	GARANCE.	TOPINAM-BOURS.	POMMES de TERRE.	OIGNONS.
Carbonate de potasse et de soude.	31.11	31.50	42.48	21.60
Chlorure de potassium.	3.14	7.50	4.00	2.20
Chlorure de sodium . .	»	»	»	»
Sulfate de potasse. . .	3.03	6.00	2.80	4.00
Phosphate de potasse. .	»	30.00	31.70	»
Carbonate de chaux. . .	35.01	»	2.80	12.00
Carbonate de magnésie.	4.13	»	»	10.00
Phosphate de chaux . .	9.71	10.50	6.87	38.00
»　　de magnésie.	»	8.50	2.50	»
»　　de fer. . . .	5.09	»	1.70	»
Silice	7.88	»	2.50	»

Dans les feuilles, c'est le carbonate de chaux et la silice qui dominent et forment à eux seuls près de 60 à 90 p. 100 du poids total des cendres.

	PIN.	VIGNE.	MURIER.
Carbonate de chaux. . . .	68.74	51.00	53.00
Silice.	6.43	10.20	27.70
Total.	75.17	61.20	80.70

Rappelons la composition des cendres de levûre de bière (Mitscherlich).

	Lev. sup.	Lev. inf.
Ac. phosphorique	41,8	39,5
Potasse	39,8	28,5
Soude	«	«
Phosphate de magnésie	16,8	22,6
Phosphate de chaux	2,3	9,7

Si les sels minéraux jouent effectivement un rôle actif dans la végétation, nous pouvons déjà prévoir, d'après ces analyses :

1° Que leur importance relative variera avec les doses de ces divers corps, trouvées dans les tissus organisés; que par conséquent les phosphates, la potasse, la soude, la magnésie et les sulfates occuperont la première place. 2° Que suivant que le sol ou le milieu où croissent les plantes sera plus spécialement amendé par tel ou tel de ces sels, on favorisera le développement soit des feuilles, soit des tiges, ou des graines. Ces conséquences ont toutes été vérifiées par l'expérience directe, mais comme il n'entre pas dans notre plan de faire une étude de chimie agricole, au point de vue des engrais minéraux, que notre but est seulement de comparer la nutrition de la levûre, et des organismes analogues, avec celle des autres végétaux d'un ordre plus élevé, nous reviendrons à l'histoire du saccharomices. Nous ferons remarquer tout d'abord que la composition de sa cendre, uniquement formée de phosphate, se rapproche le plus de celle des graines, auxquelles la relie du reste l'analogie de fonctions et de composition chimique générale. C'est à M. Pasteur que l'on doit la preuve de la nécessité absolue de sels minéraux (phosphates alcalins et alcalino-terreux), pour le développement et la nutrition de la cellule de levûre. Si dans son expérience, où le ferment est ensemencé sous forme d'une dose impondérable, dans un milieu composé uniquement de sucre candi pur, de tartrate d'ammoniaque et de cendre de levûre, on vient à supprimer le dernier élément, la fermentation et le développement de cellules qui doit la précéder, n'apparaissent plus. M. Pasteur n'est pas allé plus loin dans cette voie; absorbé par la poursuite d'un but différent, il n'a pas cherché à établir quelles étaient les substances minérales les plus favorables; il s'est uniquement servi dans ses recherches de cendres de levûre fraîche, comme élément inorganique, pensant, avec raison, que de toute manière, il y trouverait ce qui convient le mieux à la nutrition minérale du champignon.

En poursuivant cette étude et recherchant par des expériences directes quels sont, parmi les sels généralement contenus en proportions variables dans les cendres végétales, ceux qui favorisent sensiblement le développement de la levûre, M. Mayer (loc. cit.) est arrivé aux conclusions suivantes:

1° Les préparations ferrugineuses, employées à très-petites doses, ne semblent pas avoir d'influence ; à doses plus élevées, elles sont nuisibles.

2° Le phosphate de potasse présente une influence favorable prépondérante. Il peut être employé dans le liquide milieu à la dose de plusieurs centièmes, sans que son action fertilisante soit enrayée ; tandis que pour les végétaux d'un ordre plus élevé, une aussi grande concentration deviendrait une cause sérieuse de perturbation pathologique. Le phosphate de potasse est non-seulement favorable mais indispensable.

En effet si dans un milieu formé de sucre candi, de nitrate d'ammoniaque, de traces de levûre et d'un mélange de phosphate acide de potasse, de sulfate de magnésie, et de phosphate tricalcique, milieu qui fermente avec une activité convenable, on vient à supprimer le phosphate acide de potasse, la fermentation et le développement de la levûre ne se produisent pas.

Le phosphate potassique ne peut en aucune manière être remplacé par le phosphate de soude qui est inactif.

L'absence du phosphate de chaux dans le milieu offre des conséquences beaucoup moins fâcheuses que celle du premier sel.

Il résulte de là que la potasse et l'acide phosphorique sont des éléments indispensables, tandis que la chaux peut faire défaut sans trop d'inconvénients, comme nous pouvions le prévoir d'après les données de l'analyse.

Le magnésium, au contraire, s'est présenté dans les expériences de Mayer, comme un élément très-utile, sinon indispensable. Il est indifférent de fournir ce métal sous forme de sulfate ou de phosphate ammoniaco-magnésien

Les combinaisons du sodium n'offrent pas de signification sensible, conformément à ce qui a déjà été observé dans les végétaux d'un ordre supérieur.

Le soufre administré à la levûre sous forme de sulfates ou

de sulfites solubles ne paraît pas être assimilé. Au moins la présence ou l'absence de ces deux classes de sels paraît sans influence aucune. Cependant la levûre renferme du soufre en proportions sensibles que l'on retrouve même combiné intimement dans les produits de sa désassimilation (pseudo-leucine sulfurée de Heintz). Quelle est l'origine du soufre normal? Nous ne pouvons répondre à cette question.

M. Raulin, dans un remarquable travail, a étudié avec un soin tout particulier et une méthode irréprochable, l'influence de la composition minérale du milieu, sur le développement d'un végétal cellulaire, l'*Aspergillus niger*. Les résultats obtenus pouvant offrir de l'intérêt dans la question, plutôt générale que spéciale à la levûre de bière, que nous étudions en ce moment, nous entrerons dans quelques détails sur ce point, d'autant plus que la méthode expérimentale de M. Raulin pourra servir de modèle pour d'autres recherches de ce genre.

On commence par composer un milieu artificiel, exclusivement formé de composés chimiques définis et propre à la nutrition d'un végétal déterminé. Pour étudier l'influence des diverses circonstances physiques ou chimiques sur le développement de ce végétal, on disposera un vase rempli du mélange artificiel, dans les conditions les plus favorables pour la végétation ; on y sèmera des germes de la plante, qu'on laissera croître pendant le temps nécessaire ; cet essai, qu'on reproduit identiquement dans chaque série d'expérience, est l'essai type, celui auquel on compare tous les autres. Parallèlement à ce premier essai, on en disposera un autre qui ne différera du premier que par la seule circonstance qu'on se propose d'étudier. On pèsera séparément, à l'état sec, les deux récoltes obtenues en même temps, et le rapport numérique des poids e ces deux récoltes, mesurera l'influence de la circonstance ont il s'agit.

Le degré de perfection de la méthode dépend de trois conditions générales :

1° Avant tout, il est nécessaire de découvrir un milieu artificiel propre au développement du végétal qu'on étudie.

M. Raulin a trouvé sous ce rapport le terrain tout préparé, grâce aux travaux de M. Pasteur; celui-ci avait observé que les mucidinées (Pénicilium) peuvent se développer dans un milieu exclusivement formé de substances artificielles définies.

Eau, sucre, sel ammoniacal (bitartrate), cendres de levûre. Dans ce milieu, l'une quelconque des parties constituantes ne peut être négligée sans entraves complètes pour le développement.

2° Le poids des récoltes que peut fournir le milieu destiné aux essais types, dans un temps donné, avec un poids constant de substances nutritives, doit être, toutes choses égales d'ailleurs, aussi grand que possible.

3° Les essais types placés dans les mêmes conditions doivent fournir des récoltes dout les rapports numériques s'écartent très-peu de l'unité; celui de ces rapports qui s'en écarte le plus fixe l'erreur relative maxima du procédé.

Au début de ses recherches, M. Raulin, en s'appuyant sur les données de M. Pasteur, faisait usage d'un milieu type composé de :

Eau.....................................	2,000
Sucre..................................	70
Nitrate d'ammon....................	3
Ac. tartrique.........................	2
Phosphate d'ammoniaque...........	
Carbonate de potasse..............	petites
Carbonate de chaux................	quantités
« de magnésie.............	

Semences d'aspergillus et température, 20 degrés.

Avec un semblable milieu la variation dans le poids de la récolte, d'un essai type à l'autre, était assez grande, pour qu'on ne pût saisir l'influence exercée par la suppression de certains éléments, n'entrant qu'en petites proportions dans le mélange. Ainsi, après quarante-huit heures de végétation, les poids de deux récoltes types ont été trouvés égaux à

N° 1   3,19   N° 2   1ᵉʳ,77.

Par la suppression de tous les éléments minéraux on arrivait à :

N° 1   0,10   N° 2   0,87.

La suppression du carbonate de potasse seul donna :

N° 1   2,29   N° 2   1,11.

L'action de l'ensemble des sels minéraux ressort avec évidence; celle du carbonate de potasse ne s'aperçoit pas, car le nombre 2,29 tombe entre 3,19 et 1,77 trouvés pour les essais types.

De plus, dans ces premières expériences, M. Raulin reconnut que le développement des mucédinées était assez rapide dans les premiers jours, puis se ralentissait indéfiniment. C'est en recherchant les causes de cette perturbation, en modifiant par tâtonnements les conditions du milieu, surtout en y ajoutant du soufre, du zinc, du fer, du silicium sous forme de sels, en modifiant les proportions des éléments essentiels, en portant la température à 35 degrés, enfin en employant des vases largement ouverts et peu profonds, qu'il arriva à rencontrer un milieu type donnant, pour le même temps, un rendement 50 fois plus grand que celui des premières expériences. Dans ces conditions le rapport des essais types, au lieu de varier de 1 à 1,8, acquiert une constance remarquable, et ne varie plus que de $\frac{1}{14}$ de sa valeur. Il est évident que l'influence favorable de telle ou telle substance s'accusera alors avec une netteté bien plus grande.

Voici maintenant comment les expériences doivent être conduites, en ce qui concerne l'Aspergillus niger.

On réunit dans le vase destiné à l'essai type les substances chimiques suivantes :

Eau	1500
Sucre candi	70
Ac. tartrique	4
Nitrate d'ammoniaque	4
Phosphate d'ammoniaque	0,60

Carbonate de potasse...................... 0,60
    «   de magnésie.................... 0,40
Sulfate d'ammoniaque...................... 0,25
Sulfate de zinc........................... 0,07
    «   de fer............................ 0,07
Silicate de potasse....................... 0,07

Le mélange est abandonné à lui-même pendant quelques heures et remué ensuite avec une spatule en porcelaine.

Pour ensemencer, il suffit de promener sur toute son étendue l'extrémité d'un pinceau avec lequel on a recueilli des spores sur une végétation d'aspergillus bien pure et pas trop desséchée.

Lorsqu'on ne possède pas encore d'aspergillus, il suffit, pour se procurer ce végétal à l'état pur, d'abandonner à l'air certaines substances naturelles, telles que de l'eau de levûre acidulée, du pain humide, des tranches de citron. Les spores d'aspergillus qui se trouvent au nombre des germes de l'atmosphère peuvent tomber sur ces matières et s'y développer pêle-mêle avec d'autres organismes. Lorsqu'on voit apparaître l'aspergillus, qui se distingue tout d'abord par ses fructifications noires, on le sème à nouveau sur un liquide artificiel, et l'on finit par l'obtenir exempt de mélange. L'essai type étant ainsi préparé, on le met à l'étuve à 35 degrés, en renouvelant constamment l'air humide. Les spores se développent et au bout de 24 heures les filaments du mycélium forment à la surface du liquide une membrane continue blanchâtre. Au bout de 48 heures, cette membrane est devenue très-épaisse et passe au brun foncé ; après trois jours, elle est devenue tout à fait noire à sa surface supérieure ; ce qui est dû à l'apparition des spores. On récolte alors, en l'enlevant avec les doigts, la membrane consistante que l'on exprime, pour l'étendre ensuite sur une assiette et la sécher. On sème de nouveau des spores sur le liquide et après trois jours, on obtient une seconde récolte plus faible que la première.

L'essai type et l'essai d'expérience, qui ne diffère du premier que par le seul élément dont on veut éprouver l'influence, sont placés ensemble à l'étuve. L'influence est mesurée par le rapport des poids des deux premières récoltes ou mieux des deux sommes de la première et de la seconde récolte obtenues en six jours.

Exemple. On a mis à l'étuve les essais suivants :

N° 1 milieu type.
N° 2 milieu type, moins la potasse.

	N° 1	N° 2
Première récolte (après 3 jours)...............	14 gr,4	0gr,80
Deuxième « (après 3 autres jours)......	10 0	0,12
Récoltes totales.........	24 4	0,92

Rapport des poids des deux premières récoltes $\frac{0,8}{14,4} = \frac{1}{18}$,

rapport des poids des récoltes totales $\frac{0,92}{24,4} = \frac{1}{26}$, nombres qui mettent en évidence, de la manière la plus complète, l'utilité de la potasse.

Les résultats obtenus par cette méthode remarquable sont les suivants :

1° Tous les éléments du milieu artificiel type concourent simultanément au développement du végétal; car si l'on supprime tour à tour chacun d'eux, le poids de la récolte subit une diminution, en général considérable, qu'on ne saurait attribuer aux erreurs d'expériences.

2° Les oxydes minéraux du milieu artificiel ne peuvent se suppléer les uns les autres.

3° L'acide nitrique peut remplacer l'ammoniaque comme aliment azoté.

Voici du reste les rapports trouvés entre l'essai type et l'essai d'expérience.

Suppression de l'oxygène.......................	très-grand
« de l'eau.......................	infini
« du sucre.......................	65
« de l'acide tartrique.......................	infini
« de l'ammoniaque ou des nitrates......	153
« de l'acide phosphorique...............	182
« de la magnésie.......................	91

<table>
<tr><td>Suppression</td><td>de la potasse..........................</td><td>25</td></tr>
<tr><td>«</td><td>de l'acide sulfurique................</td><td>24</td></tr>
<tr><td>«</td><td>de l'oxyde de zinc..................</td><td>1(</td></tr>
<tr><td>«</td><td>de l'oxyde de fer...................</td><td>2,7</td></tr>
<tr><td>«</td><td>de la silice........................</td><td>1,4</td></tr>
</table>

Les éléments nutritifs du milieu artificiel sont les uns indispensables, ce sont ceux qui s'y trouvent en proportions notables, les autres utiles mais non indispensables en apparence; ceux-ci n'entrent dans la composition du milieu type qu'en très-faibles proportions.

Il est probable que quelques uns d'entre eux, tel que le soufre, existent accidentellement en très-petites quantités dans les milieux artificiels où on ne les a pas ajoutés et peuvent ainsi provoquer un développement restreint. Ainsi, Mayer prétend qu'il lui a été impossible, par des cristallisations répétées, et même en précipitant la liqueur par le chlorure de barium, d'obtenir du sucre exempt de soufre; c'est à la présence de ce soufre qu'il attribue l'introduction de cet élément dans la levûre de nouvelle formation.

Il est évident que les résultats de M. Raulin et surtout sa méthode pourront être appliqués à la recherche des meilleures conditions pour le développement maxima d'autres végétations ou organismes simples. M. Pasteur qui, dans son laboratoire de l'École normale, est arrivé à de nouveaux procédés pour la production de la levûre de bière pure, sur une grande échelle, a dû faire un travail préparatoire analogue à celui de M. Raulin.

Les recherches de ce dernier savant établissent encore un fait important; c'est qu'un milieu artificiel, convenablement préparé, peut être aussi favorable au développement de la végétation et même plus favorable que les milieux naturels les plus fertiles. On peut tirer de là des conclusions d'une haute importance, en ce qui concerne la culture des grands végétaux, et supposer que les engrais chimiques convenablement choisis pourront être substitués, avec grand avantage pour l'agriculture, aux engrais naturels. C'est ce qu'ont du reste déjà tenté plusieurs savants qui s'occupent d'agriculture; le tout est de bien déterminer la composition utile de ces engrais; malheureusement, il faut le reconnaître, les expériences sur les grands végétaux ne sont pas aussi simples et aussi faciles à diriger que pour les mucédinées.

Sucre. L'influence prépondérante, le rôle *nécessaire* du sucre ou des corps analogues dans la végétation de l'aspergillus et des mucédinées ont été démontrés par Pasteur et Raulin. Cette influence n'est pas moins grande pour le développement de la levûre de bière. Sans sucre, sans matière hydro-carbonée, la levûre ne peut ni se multiplier ni se nourrir. Ici s'établit à première vue une différence capitale entre les organismes simples (levûres, moisissures) et les grands végétaux, qui puisent les éléments organiques de leur constitution dans les composés les plus simples du carbone (ac. carbonique). Cependant cette distinction perd de sa valeur à un examen plus approfondi.

Si les grands végétaux se nourrissent aux dépens de l'acide carbonique, c'est parce que dans leurs feuilles, leurs parties vertes, se trouvent des organes propres à utiliser la force vive des rayons lumineux envoyés par le soleil ou toute autre source de lumière. Le carbone devient libre momentanément et l'oxygène se dégage. Il paraît très-probable, qu'au moment où le carbone se sépare de l'oxygène dans un état spécial, inconnu, bien différent de celui du carbone noir amorphe ou du diamant et du graphite (formes sous lesquelles nous connaissons cet élément), il est très-probable qu'il s'unit aux éléments de l'eau pour constituer un hydrate de carbone (amidon, sucre?) ou tout au moins un corps qui pourra se convertir en ces principes par des transformations ultérieures.

S'il nous était donné de réaliser la décomposition de l'acide carbonique sous l'influence de la lumière, en dehors de l'économie animale, je ne doute point qu'au lieu de carbone libre on trouverait (l'expérience se faisant en présence de l'eau) un composé hydro-carboné. J'ai pu du reste donner à cette vue théorique un commencement de confirmation expérimentale.

En traitant à froid de la fonte blanche [1] grossièrement pulvérisée par une solution de sulfate de cuivre, le fer de la fonte se dissout entièrement, sans dégagement de gaz carboné ou autre; on peut ensuite, après lavages, éliminer le cuivre déposé en le mettant en contact avec une solution de perchlorure de fer. Le cuivre se dissout rapidement; il reste une masse pulvérulente noire qui, après dessiccation à 80° et dans le vide, ressemble à du charbon. Mais ce charbon contient de l'eau combinée qui se dégage brusquement lorsqu'on chauffe vers 250°; il se dissout facilement en s'oxydant dans l'acide azotique, en donnant des corps jaunes, jaune orangé, contenant de l'azote. Ce charbon fournit à l'analyse une quantité d'eau qui est dans un rapport assez constant avec le carbone.

Il représente donc un véritable hydrate de carbone défini.

Il est évident que l'état du carbone dans la fonte doit être tout autre que celui du carbone de l'acide carbonique et que les hydrates qui prennent naissance par la séparation de ces carbones pourront différer beaucoup. Néanmoins, l'expérience que je viens de relater donne un appui solide à l'idée que se font les physiologistes des métamorphoses chimiques successives des composés carbonés dans les végétaux.

L'hydrate de carbone une fois formé dans la feuille, se transporte dans les diverses parties du végétal, pour y servir à la nutrition, au développement des cellules dépourvues de chlorophylle et dont les fonctions biologiques se rapprochent de celles des organismes cellulaires. Ce qui se passe pendant la germination des graines, jusqu'au moment où la plante nouvelle, pourvue de feuilles aériennes devenues vertes sous l'influence de la lumière et de l'air, commence à utiliser l'acide carbonique, ne laisse aucun doute sur la valeur scientifique de cette interprétation.

Ne voyons-nous pas là des cellules de nouvelle formation se développer successivement, se superposer pour constituer les radicules, la tige, les cotylédons et les feuilles? N'est-ce pas

---

1. Qui renferme, on le sait, un carbure de fer.

dans la graine, dans les principes organiques que celle-ci renferme accumulés, et parmi lesquels dominent toujours les matières hydro-carbonées, que le germe puise les matériaux nécessaires à son développement.

Il faut donc le reconnaître, les phénomènes de nutrition des grands végétaux ne semblent pas différer beaucoup, lorsqu'on les examine en détail, de ceux des végétaux simples.

Les premiers sont pourvus d'organes spéciaux qui leur permettent d'élaborer eux-mêmes les matières hydro-carbonées dont elles ont besoin pour le développement du reste de leur organisme. Les végétaux inférieurs cellulaires et même en général tous ceux qui sont dépourvus de cellules à chlorophylle, sont forcément des êtres parasites qui devront emprunter leur nourriture hydro-carbonée, directement ou indirectement, aux végétaux munis de ces cellules.

En dehors de ces considérations générales, fondées sur les phénomènes de nutrition observés chez les végétaux, les expériences de M. Pasteur sur la fermentation alcoolique établissent avec certitude, que dans toute fermentation alcoolique, une partie du sucre se fixe sur la levûre à l'état de cellulose ou d'un corps analogue. En effet, puisque des quantités infiniment petites de levûre, ensemencées dans un milieu uniquement formé de sucre candi pur, de tartrate d'ammoniaque ou de nitrate d'ammoniaque (Mayer), et de cendres de levûre, se développent et donnent naissance à des proportions très-pondérables de levûre et très-notablement supérieures aux quantités initiales, il ne peut être douteux que les principes hydrocarbonés de cette nouvelle végétation (cellulose, etc.) ne soient constitués par les éléments du sucre.

Voici d'autres expériences qui conduisent au même résultat.

M. Pasteur met en fermentation :

      100 grammes de sucre,

      750 cent. c. d'eau environ,

      2,626 de levûre (poids de matière sèche).

Après la fermentation qui a duré vingt jours, il recueille 2^{gr} 965 de levûre (poids sec).

D'un autre côté, il fait bouillir pendant plusieurs heures (six à huit), avec de l'acide sulfurique étendu de 20 fois son poids d'eau, deux poids déterminés de la levûre fermentée et de la même levûre avant la fermentation.

(Levûre fermentée, 1ᵉʳ, 707 — levûre non fermentée, 1ᵉʳ, 730 — séchées à 100°).

Les résidus insolubles sont pesés sur des filtres tarés, lavés, séchés à 100° et pesés. Les liquides filtrés sont neutralisés par le carbonate de baryte; on y dose le sucre formé par l'action de l'acide sulfurique sur la cellulose, soit au moyen de la liqueur de Fehling, soit par fermentation.

On trouve ainsi, en calculant les résultats obtenus pour les poids, 2 ᵍʳ 626 et 2 ᵍʳ 965 de levûre employée et de levûre trouvée,

1° Que les 2 ᵍʳ 626 de levûre brute employée donnent un résidu insoluble azoté égal à 0, 391 (14, 8 p. 100) et 0,532 de sucre fermentescible.

2° Que les 2 ᵍʳ 965 de levûre trouvée après fermentation laissent un résidu azoté de 0 ᵍʳ 634 (soit 21, 4 p. 100) et 0 ᵍʳ 918 de sucre fermentescible.

Il s'est donc fixé dans la fermentation de 100 ᵍʳ de sucre avec 2 ᵍʳ 626 de levûre, 0 ᵍʳ 4 de matière hydrocarbonée, transformable, par l'acide sulfurique étendu, en sucre fermentescible; il y a de plus une augmentation sensible des matières azotées insolubles dans l'acide sulfurique étendu.

D'un autre côté, et pour vérifier, par une seconde expérience, la valeur de ces conclusions, M. Pasteur a suivi le procédé de séparation de la cellulose d'avéc les matières albuminoïdes, indiqué par Payen et Schlossberger. Ce procédé consiste, on le sait, à traiter la levûre par des solutions étendues de potasse.

Dans trois essais faits avec soin, M. Pasteur trouve comme résidu insoluble dans la potasse, formé de cellulose transformable en sucre sous l'influence de l'ébullition avec l'acide sulfurique étendu, 17, 77-19, 29-19, 21 p. 100 de levûre sèche.

Or les 0 ᵍʳ 532 de sucre, fournis sans l'intermédiaire de la potasse, par 2 ᵍʳ 626 de la même levûre, correspondent à

20 p. 100 de levûre. Il est donc prouvé que l'ébullition à l'acide sulfurique avait bien enlevé toute la cellulose.

Remarquons encore que les 2 gr 965 de levûre trouvée après fermentation, donnant 0 gr 918 de sucre, devaient contenir 31, 9 p. 100 de cellulose, nombre plus élevé de 11 p. 100 qu'il n'était avant la fermentation. Cette augmentation considérable du poids de la cellulose dans la levûre, pendant qu'elle exerce son action sur le sucre, est un point digne de remarque, parce qu'elle prouve qu'en accomplissant l'une de ses principales fonctions, la levûre subit des évolutions très-marquées dans sa composition.

L'expérience suivante de M. Pasteur prouve en outre que, pendant la fermentation, la levûre forme elle-même sa graisse à l'aide des éléments du sucre.

Rappelons d'abord que les analyses de Payen accusent 2 p. 100 de matières grasses dans la levûre, que la lie de vin en contient également. On avait cru que cette graisse était fournie par le milieu fermentescible. Pasteur mêle à de l'eau sucrée (préparée avec du sucre candi pur), de l'extrait d'eau de levûre limpide, traité à plusieurs reprises par l'alcool et l'éther. Il ajoute, comme semence, une quantité impondérable de globules frais. Ceux-ci se multiplient, font fermenter le sucre. On arrive ainsi à préparer quelques grammes de levûre au moyen de substances complétement privées de matières grasses. Or, cette levûre de nouvelle formation n'en contient pas moins de 1 à 2 p. 100 de matières grasses, saponifiables, fournissant des acides gras cristallisés. Le même fait s'observe avec la levûre qui a pris naissance dans un milieu composé d'eau, de sucre, d'ammoniaque et de phosphate. C'est donc bien aux éléments du sucre que la matière grasse est empruntée.

Ces faits confirment les vues de M. Dumas sur la formation possible des matières grasses à l'aide des sucres.

Eau. L'eau, cela va sans dire, est pour la levûre et les organismes élémentaires un principe tout aussi indispensable, que pour les êtres vivants d'un ordre plus élevé.

D'après Wiesner, la cellule de levûre manifeste son activité, se développe et se nourrit dans des limites d'hydratation comprises entre 40 et 80 p. 100 d'eau. La levûre, desséchée avec précaution, peut reprendre son pouvoir lorsqu'on l'humecte à nouveau. On comprend, d'après cela, pourquoi une solution de sucre dont la concentration dépasse 35 p. 100 n'est plus altérée par le ferment; une semblable solution enlève aux cellules, par osmose, une quantité d'eau suffisante pour abaisser leur hydratation au-dessous de 40 p. 100.

Les recherches de Wiesner ont, en outre, montré qu'il y avait deux états de concentration pour lesquels les phénomènes de fermentation et de nutrition de la levûre atteignent des valeurs maximas. L'un de ces maximas correspondrait à une solution de 2 à 4 p. 100 de sucre, l'autre à une solution de 20 à 25 p. 100. Ces faits méritent confirmation; dans tous les cas, il n'y a pour le moment aucune conclusion à en tirer.

Oxygène. — Les cellules du saccharomyces cerevisiæ introduites dans un milieu liquide, contenant de l'oxygène dissous (eau pure, solution sucrée avec ou sans éléments nutritifs minéraux et azotés) absorbent l'oxygène avec une grande rapidité et développent une quantité correspondante d'acide carbonique. Ce fait, qui constitue une véritable respiration comparable à la respiration animale, a été mis en lumière par M. Pasteur. Un excellent moyen pour obtenir de l'eau tout à fait désoxygénée, bien plus efficacement que par l'ébullition, consiste à délayer dans cette eau 1 à 2 grammes de levûre fraîche en pâte par litre, et d'abandonner le liquide à lui-même pendant 1 heure à 2 heures, à une température de 25 à 30 degrés [1].

J'ai déterminé, avec le concours de M. Quinquaud, la dose d'oxygène que l'unité de poids de levûre absorbe, dans l'unité de temps, lorsque cet organisme est placé dans de l'eau aérée, sans mélange de matériaux nutritifs. Ces mesures ont été prises au moyen d'un procédé oxymétrique que j'ai institué en collaboration avec un de mes élèves, M. Ch. Risler. Comme ce procédé me semble de nature à pouvoir rendre des services

1. La poudre de zinc agitée avec l'eau aérée, donne les mêmes résultats.

dans les recherches de cet ordre et pour l'étude des phénomènes biologiques, je crois devoir en donner la description ici,
sous forme de note, afin de ne pas introduire un élément trop
étranger dans l'examen des faits qui nous occupent.

Méthode de dosage volumétrique de l'oxygène dissous.
— Le procédé de dosage de l'oxygène dissous dans l'eau, au
moyen d'une liqueur titrée, que j'ai proposé avec M. Gérardin
(Compt. rendus, t. LXXV, p. 879) et que j'ai perfectionné
depuis avec le concours de M. Ch. Risler, repose essentiellement sur les propriétés réductrices énergiques de l'hydrosulfite de soude. Ce sel [1] s'obtient avec la plus grande facilité par
l'action d'une solution de bisulfite de soude sur le zinc en
lames, en copeaux ou en poudre. Sa formation est d'autant
plus rapide que le zinc employé est plus divisé et que les contacts entre le métal et la solution de bisulfite sont plus multipliés. Ainsi, avec du zinc en poudre, employé en quantité suffisante, et une solution très-concentrée de bisulfite (marquant
35 degrés Baumé, et exigeant 5 à 7 p. 100 de son poids de zinc
en poudre), il suffit d'une agitation de trois à cinq minutes
pour achever la réaction. Celle-ci a lieu, avec élévation de
température, d'après l'équation :

$$3\,(S\Theta.N_a\Theta.H\Theta) + Z_u{}^2 = S.N_a\Theta\;H.\Theta\; +$$

Bi-sulfite de soude.   Hydrosulfite de soude.

$$S\Theta.\,(N_a\Theta)^2 + S\Theta\,(Z_n\Theta)^2 + H^2\Theta.$$

Sulfite de soude.   Sulfite de zinc.   Eau.

Si le bisulfite mis en expérience est concentré, il se dépose,
peu de temps après le refroidissement du liquide des cristaux
de sulfite double de zinc et de sodium, tandis que l'hydrosulfite formé reste en solution, mélangé encore aux sulfites. La
solution d'hydrosulfite impure (mélange d'hydrosulfite et de
sulfite de soude et de zinc) peut être employée telle quelle au
dosage, mais elle ne se conserve assez longtemps qu'à l'abri de
l'air et très-diluée.

1. P. Schutzenberger, sur un nouvel acide du soufre. Ann. de chim. et de
phys. T, XX, *p.* 351, (4).

En ajoutant à ce liquide une quantité convenable de lait de chaux, on précipite l'oxyde de zinc, et, par filtration, on obtient une solution très-légèrement alcaline, douée, comme la première, de propriétés réductrices très-prononcées, possédant la propriété de se conserver beaucoup plus longtemps, à l'abri de l'air, surtout dans un grand état de dilution, forme sous laquelle elle sert toujours dans les dosages volumétriques de l'oxygène.

Sans développer au long les propriétés de l'hydrosulfite de soude (voir le mémoire cité aux Ann. de chim. et de phys.) je dois insister sur celles qui sont particulièrement utilisées dans le procédé.

1° L'hydrosulfite de soude non saturé par la chaux absorbe l'oxygène gazeux ou dissous avec une grande rapidité ; son action est, sous ce rapport, comparable à celle du pyrogallate de soude.

En fixant l'oxygène, l'hydrosulfite devient acide et se convertit en bisulfite de sodium.

$$S. (N_a\Theta)(H\Theta) + \Theta = S\Theta. (N_a\Theta)(H\Theta).$$

Hydrosulfite.   Bi-sulfite.

Saturé par la chaux, il agit encore de même sur l'oxygène gazeux, mais plus lentement ; quant à l'oxygène dissous, il l'absorbe instantanément et l'enlève au liquide oxygéné auquel on le mélange.

2° L'hydrosulfite versé dans une solution de sulfate de cuivre ammoniacal ramène l'oxyde cuivrique à l'état d'oxyde cuivreux, en décolorant la liqueur, puis réduit l'oxyde cuivreux à son tour, en précipitant du cuivre métallique ; la réduction se fait en deux temps et l'on est maître, en employant plus ou moins d'hydrosulfite, de s'arrêter au premier terme annoncé par la décoloration du liquide.

3° L'hydrosulfite acide ou neutralisé décolore instantanément, par réduction, les solutions de bleu Coupier (bleu d'aniline) et de sulfindigotate de soude (carmin d'indigo). Ces solutions décolorées reprennent leur teinte bleue à l'air.

4° Si à de l'eau contenant de l'oxygène dissous et colorée en bleu par du bleu Coupier ou du carmin d'indigo, on ajoute peu à peu une solution étendue d'hydrosulfite saturé ou non par la chaux, le réducteur porte d'abord son action sur l'oxygène dissous, et n'agit comme décolorant que lorsqu'il a absorbé cet oxygène.

Ainsi en prenant deux volumes égaux d'eau teintée en bleu par l'une ou l'autre de ces matières colorantes, en saturant l'un d'oxygène par agitation à l'air, en privant l'autre d'oxygène par une ébullition assez prolongée, on constatera que la dernière se décolore après l'addition des premières gouttes d'hydrosulfite, tandis que la seconde exigera, pour atteindre ce résultat, une quantité de réducteur beaucoup plus grande et proportionnelle à la dose d'oxygène dissous.

Ici se présente cependant une particularité très-remarquable et sur laquelle nous devons insister, parce que son ignorance pourrait entraîner des erreurs graves dans l'analyse. Soit de l'eau aérée et une solution convenablement étendue d'hydrosulfite saturé ou non par le lait de chaux; nous pouvons apprécier d'avance la valeur oxymétrique de l'hydrosulfite, c'est-à-dire le volume d'oxygène que peut fixer l'unité de volume de la solution ; il suffit, à cet effet, de préparer une solution de *sulfate de cuivre ammoniacal*, contenant 4 gr. 46 de sulfate de cuivre pur et cristallisé, par litre. Une semblable liqueur, étant ramenée exactement à l'état incolore, sans précipitation de cuivre métallique, c'est-à-dire étant ramenée à l'état d'une solution ammoniacale d'oxydule de cuivre, aura cédé au réducteur la moitié de l'oxygène correspondant à l'oxyde cuivrique qu'elle renferme, soit 1 *centim.* c. d'oxygène pour chaque 10 cent. c. de la solution.

Il suffit donc de déterminer avec précision le volume d'hydrosulfite nécessaire pour décolorer exactement, sans précipitation de cuivre métallique, 10 cent. c. de la liqueur cuivrique ; ce volume correspondra à 1 cent. c. d'oxygène.

Ceci posé, colorons avec un peu de carmin d'indigo ou de bleu Coupier (tout juste ce qui est nécessaire pour rendre la teinte sensible) un volume déterminé (soit par exemple 1/2 ou 1 litre) de notre eau aérée et versons l'hydrosulfite avec une burette ; il arrivera un moment où la dernière goutte produira la décoloration du liquide, qui passera brusquement du bleu au jaune. Dans cet état, la solution jaune clair est un réactif *très-sensible* pour l'oxygène libre ; il suffit d'une bulle d'air, de la grosseur d'une tête d'épingle, pour y produire des stries bleues très-visibles. On est donc fondé à admettre que l'oxygène dissous a été complétement utilisé par le réducteur. Cependant il n'en est rien. Si nous calculons, d'après le titre de l'hydrosulfite fixé par la solution cuivrique et le volume du réducteur employé pour décolorer le liquide bleu, la dose d'oxygène dissous dans un litre d'eau, nous trouvons à peu de chose près, exactement la moitié de l'oxygène réellement contenu dans cette eau, et que la pompe à mercure ou l'ébullition peuvent en dégager. Ce résultat remarquable a été établi par un grand nombre d'expériences.

Qu'est devenue l'autre moitié ?

Nous avons pensé d'abord, M. Risler et moi, que les produits de l'oxydation de l'hydrosulfite de soude n'étaient pas les mêmes, lorsque l'oxydation avait lieu sous l'influence de l'oxygène libre, ou sous celle de l'oxyde cuivrique ammoniacal ; cependant, après avoir constaté que dans les deux cas il se forme du sulfite et rien que du sulfite, nous avons dû abandonner cette interprétation ; il ne nous restait plus qu'à supposer que l'hydrosulfite étendu, en agissant à froid sur l'oxygène dissous, partage celui-ci en deux parties égales, dont l'une se fixe sur le réducteur, et dont l'autre s'unit à l'eau pour former de l'eau oxygénée ou un composé analogue. Cette seconde moitié d'oxygène, pour ainsi dire dissimulée, n'agit plus ni sur l hydrosulfite ni sur l'indigo (carmin décoloré). Quand je dis qu'elle n'agit plus, j'entends dans les conditions pour ainsi dire instantanées de l'expérience et à une basse température.

En effet, si l'on conserve le liquide déco'oré (pourvu qu'on n'ait pas employé trop peu d'indigo (carmin), pendant quelque temps, à l'abri de l'air, surtout si l'on porte sa température vers 50 ou 60 degrés, on le voit rebleuir instantanément dans toute sa masse à la fois. L'expérience peut être faite dans un vase rempli d'une atmosphère d'hydrogène pur, auquel est fixée l'extrémité d'une burette de Mohr contenant l'hydrosulfite. Si l'on vient à ajouter une nouvelle dose de réducteur, jusqu'à une deuxième décoloration, le même effet se reproduira, et cela jusqu'à ce que l'on ait introduit un volume d'hydrosulfite à peu près égal à celui employé pour atteindre le premier terme de décoloration.

Ces expériences sont délicates. Pour les réussir il faut se mettre complétement à l'abri de l'oxygène atmosphérique, employer de préférence l'hydrosulfite neutralisé à la chaux, et une quantité un peu notable d'indigo. (Voir pour plus de détails à ce sujet, le Bulletin de la Soc. chim. de Paris, t. XX, p. 145, 1873.) Elles prouvent que dans la première action, pour ainsi dire instantanée de l'hydrosulfite acide, sur l'eau aérée et colorée à l'indigo, on n'enlève que la moitié de l'oxygène. L'autre moitié ne devient active sur l'indigo réduit et, *par son intermédiaire*, sur l'hydrosulfite en excès, que beaucoup plus lentement. Cette activité ne se révèle même pas du tout si la solution est acide, même légèrement. Dans ce cas, l'oxygène dissimulé peut rester presque indéfiniment en présence d'un grand excès d'hydrosulfite, ou de la solution réduite de carmin d'indigo, sans s'y fixer.

En employant de l'eau colorée en bleu, à laquelle on ajoute un peu *d'eau oxygénée* (H_2O_2), on produit avec l'hydrosulfite des alternatives de décolorations, suivies de recolorations spontanées dans toute la masse, qui rappellent, à s'y méprendre, ce qui se passe dans les expériences décrites ci-dessus. Cette similitude jointe au défaut d'autre explication plausible, me fait croire que l'oxygène dissimulé se trouve bien réellement dans la liqueur sous forme d'eau oxygénée.

Si l'on opère dans une liqueur plutôt acide que neutre, ou encore dans une liqueur neutre et en n'employant que de l'hydrosulfite non saturé à la chaux, qui devient acide en s'oxydant; enfin, en tenant compte dans le calcul de l'observation précédente, c'est-à-dire en multipliant l'oxygène trouvé par 2, on arrive à des résultats très-approchés et satisfaisants.

Je décrirai d'abord un procédé sommaire, susceptible d'être mis en pratique partout, au bord d'une rivière, à la campagne, mais qui ne peut fournir que des indications approximatives en donnant l'oxygène à 1/4 de cent. cube près par litre.

On prépare de l'hydrosulfite acide, instantanément, en agitant avec de la poudre de zinc une solution étendue de bisulfite de soude, préparée avec du carbonate de soude sursaturé par un courant d'acide sulfureux (le bisulfite à 35 degrés Baumé est un produit commercial et peut être employé). Ce bisulfite à 35 degrés Baumé est préalablement étendu de quatre fois son poids d'eau et, pour 100 gr. de solution étendue, on emploie 2 gr. de gris de zinc (poudre de zinc). Le mélange et l'agitation se font dans un flacon à peu près rempli par le liquide. Après cinq minutes, on filtre la solution et on l'étend convenablement d'eau, pour que dans un essai préalable 1 litre d'eau agitée avec de l'air (saturée d'oxygène sous la pression de $\frac{1}{5}$ d'atmosphère, à la température ordinaire) et teintée en bleu par quelques gouttes d'une solution de bleu Coupier ou de carmin d'indigo, soit décoloré par environ 25 à 35 cent. cubes de la solution d'hydrosulfite.

L'analyse n'exige qu'un vase de 1 litre 1/2, à large ouverture (un bocal), un agitateur qui permet de mélanger les diverses couches du liquide sans trop remuer la surface, une burette de Mohr munie d'un tube effilé à une extrémité, fixé au caoutchouc porte-pince et pouvant être enfoncé à mi-hauteur de l'eau; enfin, un flacon d'un peu plus de deux litres portant un trait qui délimite un litre. On introduit 1 litre de l'eau à essayer dans le bocal, on teinte avec du bleu Coupier ou de l'indigo; puis la burette étant pleine d'hydrosulfite et sa douille, amorcée préalablement, plongeant jusqu'à mi-hauteur de l'eau du bocal, on laisse couler lentement le réducteur, en remuant avec l'agitateur de bas en haut et de haut en bas, sans trop renouveler la surface; on arrête au moment où la décoloration a lieu et on lit le volume employé.

Immédiatement après, on procède au titrage de l'hydrosulfite, exactement dans les mêmes conditions, en employant 1 litre de la même espèce d'eau qui a servi à la première expérience, mais après l'avoir préalablement agitée pendant quelques minutes avec de l'air, dans le grand flacon, et après avoir pris sa température. Dans ces conditions, que l'eau initiale soit au-dessus ou au-dessous du terme de saturation pour l'oxygène, on arrive toujours rapidement à avoir de l'eau saturée d'oxygène à la pression de 1/5 d'atmosphère (pression de l'oxygène dans l'air) et à la température lue. Les tables de solubilité, notamment celles de Bunsen (Méthodes gazométriques, traduction française de T. Schneider) donnent la richesse en oxygène. Ainsi, dans deux expériences faites dans des conditions identiques, on a les volumes de réducteur exigés par de l'eau dont l'oxygène est inconnu et par de l'eau dont l'oxygène est connu. Une simple proportion fixera l'x du problème. Ce procédé pour titrer l'hydrosulfite, est préférable, vu sa simplicité et son exactitude, à l'emploi d'une solution ammoniacale de cuivre que nous avions proposé, M. Gérardin et moi; il est dû à M. Raulin, directeur adjoint du laboratoire de M. Pasteur. Comme on opère au contact de l'air, il est nécessaire de faire les titrages aussi vite que possible et d'opérer sur un grand volume d'eau (un litre), afin d'annuler autant que possible l'influence de l'oxygène de l'air. Du reste, le mode de titrage indiqué ci-dessus, a pour effet de compenser à peu près complètement cette cause d'erreur; les deux opérations se faisant dans les mêmes conditions, l'erreur ne pourait provenir que d'une faible différence entre les conditions des deux expériences (durée, agitation plus ou moins vive).

Je suis arrivé avec le concours de M. Risler à appliquer un mode de titrage analogue à des quantités d'eau ou de liquides oxygénés beaucoup plus petites et, en modifiant la marche de l'opération, à apprécier par le réducteur, non la *moitié*, mais la totalité de l'oxygène dissous, ce qui est bien préférable et plus certain. Il suffit pour atteindre ce double but : 1° de faire le dosage dans un liquide complétement préservé du contact de l'oxygène de l'air, dans une atmosphère d'hydrogène pur ; 2° d'introduire l'eau aérée à doser (un volume connu, 40 à 50 ou 100 cent. c.) dans un milieu tiède (40-50 degrés), neutre ou très-légèrement alcalin, jamais acide, formé par une solution de carmin d'indigo décolorée à limite par l'hydro-sulfite préalablement neutralisé ou rendu légèrement alcalin par le lait de chaux. Ce milieu jaune bleuit sous l'influence de l'oxygène dissous ; il se reforme une quantité d'indigo bleu proportionnelle à la dose d'oxygène dissous. Si les conditions précédentes de température et de neutralité ont été observées, tout l'oxygène dissous est utilisé à oxygéner l'indigo réduit, et il ne reste plus qu'à apprécier, au moyen de l'hydro-sulfite, le volume de ce réducteur nécessaire pour décolorer le liquide bleu. On répète immédiatement après la même expérience, avec le même volume d'eau agitée à une température connue, et le calcul donnera comme précédemment le volume d'oxygène cherché. Si le liquide est acide, ou le devient dans le titrage, on retombe immédiatement dans les conditions de formation d'eau oxygénée, et les résultats sont fautifs et toujours trop bas, se rapprochant plus ou moins de la moitié de l'oxygène total.

Si donc on opère avec des liquides acides, il convient d'ajouter préalablement, au liquide jaune indigotique, assez d'une solution étendue d'ammoniaque pour corriger cet inconvénient. Les principes de l'expérience étant connus, je vais entrer dans quelques détails sur les appareils et la préparation des réactifs.

1° *Hydro-sulfite de soude*. On prépare de l'hydro-sulfite acide, comme il est dit plus haut. Celui-ci est neutralisé par un lait de chaux. Pour 100 gr. de bisulfite concentré à 35 degrés Baumé, employés à l'obtention de l'hydro-sulfite acide, on se servira, à cet effet, de 35 grammes d'un lait de chaux préparé avec 200 grammes de chaux vive, préalablement éteinte, par litre d'eau. La saturation se fait avec l'hydro-sulfite acide étendu, comme je l'ai dit, de 4 fois son poids d'eau, mais la dose de lait de chaux se calcule d'après le poids de bi-sulfite concentré dont on a fait usage. On agite, on laisse déposer, on décante ou on filtre, et on conserve le liquide dans des flacons pleins et bien bouchés.

Pour l'usage, il suffit d'étendre convenablement ce liquide d'eau distillée, pour que 50 cent. c. d'eau saturée d'oxygène exigent de 4 à 5 centim. c. de réducteur.

La solution ainsi préparée peut se conserver presque indéfiniment avec son titre, si l'on prend les précautions suivantes. Elle est placée dans un flacon de 1 litre environ à peu près rempli au début, fermé par un bon bouchon en caoutchouc percé de 2 trous ; dans l'un s'engage un tube courbé à angle droit, dont l'extrémité plonge jusqu'au fond du flacon, et dont l'autre bout porte un caoutchouc muni d'une pince de Mohr ; dans l'extrémité libre du caoutchouc, est fixé un bout de tube creux en verre ; dans le second trou est également fixé un tube courbé à angle droit, mais qui ne dépasse le bouchon que de 1 à 2 centimètres. Ce tube est mis en communication permanente, au moyen d'un assez long tube en caoutchouc, avec un bec de gaz maintenu ouvert. Il convient d'interposer, entre le bec de gaz et le flacon, une colonne en verre, semblable à celles employées par les chimistes pour la dessiccation des gaz ; on remplit cette colonne de ponce imbibée d'une solution concentrée de pyrogallate de soude. De cette façon on enlève l'oxygène que renferme toujours le gaz de l'éclairage (1-2 p. 100). Les burettes à hydro-sulfite se remplissent par aspiration de bas en haut. A cet effet on met leur caoutchouc porte-pince qui, pour remplir une autre indication, doit être assez long, en communication avec le tube plongeur du flacon à hydro-sulfite, et l'on aspire avec la bouche, au moyen d'un tube en caoutchouc fixé par un bouchon et un tube courbé en verre, à la partie supérieure de la burette de Mohr. On évite ainsi l'agitation du liquide au contact de l'air. Avec ces précautions, le titre du réactif ne change pas ; il est cependant prudent de ne pas trop s'y fier et de le prendre à chaque nouveau dosage, ce qui est extrêmement facile.

Indigo. On prépare d'avance une dizaine de litres de solution

de carmin d'indigo, en dissolvant dans ce volume à peu près
200 grammes de carmin d'indigo en pâte (sulfindigotate de
soude). Le liquide doit être conservé dans des flacons en verre
bleu ou noir, à l'abri de la lumière.

Le titrage a lieu dans un flacon à trois tubulures de 1 litre à
1 litre 5, de capacité, fig. 19. L'une des tubulures latérales reçoit,
au moyen d'un bouchon en caoutchouc, le tube Hy courbé à

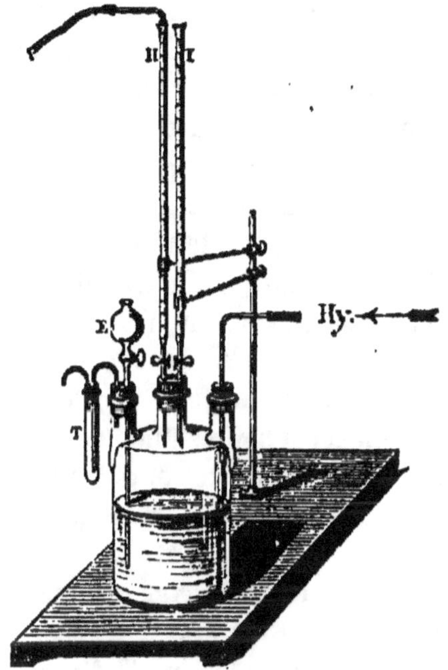

Fig. 19. — Appareil pour le titrage de l'oxygène dissous dans l'eau.

angle droit, adducteur de l'hydrogène. Il est bon que ce tube
puisse glisser sans trop de frottement dans son bouchon, afin
qu'on ait la faculté de l'élever, ou de l'abaisser à volonté, sans
déterminer des rentrées d'air.

La seconde tubulure latérale porte un bouchon en caoutchouc percé de deux trous. Dans l'un s'engage la douille d'un
petit entonnoir à robinet en verre E (entonnoir à brome) ; cette
douille doit être assez longue pour plonger au fond du flacon.
Dans l'autre s'engage le tube abducteur de l'hydrogène ; ce

tube deux fois recourbé plonge par son extrémité libre dans l'axe d'un tube d'essai T, qui y est fixé au moyen d'un bouchon, percé lui-même de deux trous; le tube contient de l'eau, et l'hydrogène en excès, après avoir barbotté dans cette eau, s'échappe par un tube courbé à angle droit, fixé au second trou du bouchon.

La tubulure médiane du flacon porte à *demeure* un bou-chon en liége ou en caoutchouc, mastiqué hermétiquement et percé de deux orifices dans lesquels sont également fixées à demeure les extrémités effilées de deux burettes de Mohr H,I, maintenues au-dessus du flacon par un support spécial, et l'une à côté de l'autre. Les caoutchoucs porte-pinces de ces deux burettes doivent être assez longs pour permettre la mobilité du flacon, sans que les burettes elles-mêmes soient remuées; ils sont fixés aux burettes, et doivent, au contraire, pouvoir être détachés à volonté des extrémités effilées en verre, qui traversent le bouchon médian du flacon. Il est bon d'avoir à sa disposition une troisième burette de Mohr, indépen-dante ou fixée au même support, à côté des autres. Elle est destinée à ménager l'hydrosulfite de la burette princi-pale H. L'une des deux premières burettes I reçoit du carmin d'indigo, les deux autres sont remplies d'hydrosulfite de soude.

Ceci posé, s'agit-il de doser l'oxygène dissous dans une eau, on introduit dans le grand flacon :

1° 50 cent. c. *environ* de solution d'indigo;

2° 250 cent. c. *environ* d'eau ordinaire tiède (40 à 50 degrés centigrades). On adapte aux douilles fixes la burette à indigo I et la burette *indépendante* d'hydrosulfite; on amorce les deux douilles avec le contenu des burettes, puis on laisse passer l'hydrogène assez rapidement. (L'appareil producteur d'hydro-gène peut être quelconque, pourvu que l'on soit maître de ré-gler le dégagement gazeux, au moyen d'un simple robinet; l'hydrogène est lavé à l'eau et passe à travers une colonne de potasse caustique en plaques.) Lorsqu'on juge que la presque totalité de l'air a été balayée par le courant d'hydrogène, on laisse couler lentement de l'hydrosulfite, en tenant le flacon à la main, et en communiquant au liquide un mouvement giratoire suffisant pour mélanger, jusqu'à ce que le liquide n'ait plus qu'une légère teinte verdâtre, ou rougeâtre s'il est alcalin ; puis, sans interrompre le courant de gaz hydrogène, on sépare la burette indépendante et on fixe la burette d'hydrosulfite H destinée au titrage. Dans cette manœuvre, le réducteur contenu dans la douille s'écoule et achève souvent de décolorer la solution en l'amenant au jaune. On amorce de nouveau cette douille en ouvrant légèrement la pince, puis en ajoutant soit un peu de carmin, soit un peu d'hydrosulfite, on amène la liqueur à une teinte jaune clair qui vire au vert ou au rouge par l'addition d'une seule goutte de carmin. On constate que le liquide jaune ne bleuit plus à la surface, ce qui prouve que l'atmosphère du flacon est bien privée d'oxygène. Tout est prêt alors pour l'analyse, si l'on a pris soin, au début, de remplir la douille de l'entonnoir avec l'eau même dont on veut mesurer la teneur en oxygène. Le titrage s'effectue en procédant de la manière suivante et dans l'ordre indiqué :

1° Ralentir le courant d'hydrogène sans l'interrompre ; 2° soulever le tube adducteur, pour que le gaz ne barbotte pas ; 3° lire le point de départ de la burette à hydrosulfite ; 4° introduire dans l'entonnoir 50 cent. c. ou 100 cent. c. de l'eau soumise à l'essai, et laisser couler cette eau en une fois dans le flacon, en conservant la douille pleine depuis le robinet ; on agite ; le liquide jaune limite bleuit si l'eau est aérée, ne change pas de teinte, si elle ne contient pas d'oxygène. Il ne reste plus qu'à laisser couler goutte à goutte de l'hydrosulfite, en remuant et en saisissant la limite exacte de décoloration qui s'obtient à une goutte près ($\frac{1}{20}$ de cent. c.), si le liquide est incolore.

Immédiatement après avoir noté le point d'arrivée, et sans rien changer ni démonter, on remplit la douille de l'entonnoir avec de l'eau saturée d'oxygène à 1/5 d'atmosphère et à une température connue ; on corrige avec quelques gouttes d'hydrosulfite la teinte bleutée, développée par cette opération, et l'on procède au titrage avec 50 ou 100 cent. c. d'eau saturée. Un calcul de proportion donne la teneur en oxygène de la 1re eau.

Au lieu de titrer l'hydrosulfite avec de l'eau saturée, à une température connue, on peut le titrer en laissant couler dans le flacon, après le premier essai, un volume connu (25 cent. c.) de carmin d'indigo (solution de) et en cherchant le volume de réducteur nécessaire pour ramener la décoloration.

D'un autre côté on a déterminé une fois pour toutes le rapport volumétrique entre l'indigo employé et une solution de sulfate de cuivre ammoniacal à 4 gr. 46 de sulfate de cuivre cristallisé pur par litre (10 cent. c. = 1 cent. c. oxygène, au moment de la décoloration complète). Il suffit pour cela de chercher les volumes, d'une même solution d'hydrosulfite, nécessaires pour décolorer des volumes égaux d'indigo (carmin) et de liqueur cuivrique; ce qui permet de calculer les rapports d'équivalence volumétrique de ces deux liqueurs et, par conséquent, le volume d'oxygène correspondant à 1 cent. c. de la solution d'indigo.

Cette expérience doit être faite avec beaucoup de soin, car de son exactitude dépendra celle des valeurs absolues de tous les dosages subséquents.

On détermine le rapport entre l'hydrosulfite et l'indigo dans les mêmes conditions que celles du titrage précédent, puisque ce sont les conditions auxquelles on sera ramené toujours dans la suite.

Le rapport entre le même hydrosulfite et la solution cuivrique est déterminé en opérant dans une atmosphère d'hydrogène pur. La solution cuivrique (15 à 20 cent. c.) est placée dans un petit flacon à 3 tubulures, l'une pour l'entrée, l'autre pour la sortie du gaz, cette dernière munie d'un petit appareil barbotteur semblable à celui du grand flacon; dans la tubulure médiane, se fixe par un caoutchouc la douille effilée et allongée, amorcée d'avance, de la burette à hydrosulfite. On laisse couler le réducteur dès que l'air est expulsé, et l'on continue jusqu'à complète décoloration; ce point est assez délicat à saisir.

Exemple. En opérant comme ci-dessus, on a trouvé que :

1° 4^{cc},6 d'hydrosulfite équivalaient à 50^{cc} d'indigo.

2° 15,1 d'hydrosulfite équivalaient à 25^{cc} de solution ammoniacale de cuivre; 10 cent. c. de solution cuivrique décolorée valent 1^{cc} d'oxygène (à 0° et 760^{mm} de pression). On trouve facilement que 1 cent. c. d'indigo correspond à 0^{cc},0152 d'oxygène.

D'un autre côté :

Pour 100 cent. c. d'eau à titrer on a employé 5^{cc},7 d'un hydrosulfite quelconque.

20 cent. c. d'indigo exigent 2^{cc},9 de cet hydrosulfite.

On pose la proportion :

$$2,9 \; : \; 20 \; :: \; 5,7 \; : \; x = \frac{20 \times 5.7}{2,9} = 39^{cc} \; 3$$

L'oxygène de 100^{cc} d'eau correspond à 39^{cc},3 d'indigo. Il ne reste plus qu'à multiplier 39,3 par 0,0152 = 0,59736, pour trouver que 1 litre d'eau contenait 5^{cc},97 d'oxygène dissous, mesuré à 0° et 760^{mm} de pression.

N.-B. Il est important, quand on exécute une série de dosages, de ne jamais employer les derniers cent. c. de la burette d'hydrosulfite, qui, ayant séjourné au contact de l'air, ont perdu de leur pouvoir réducteur. Si on laisse un intervalle de plus d'une demi-heure entre deux essais il convient de renouveler tout à fait le contenu de la burette.

Une expérience complète, y compris la préparation du milieu réduit, n'exige pas plus de 10 minutes, et les dosages suivants se font en 1 ou 2 minutes chaque. Deux essais de même ordre répétés ne diffèrent jamais de plus de 1/10 de cent. c.

Ce procédé de dosage nous permettant d'évaluer l'oxygène dissous dans cinquante centimètres cubes d'eau, avec une approximation de 0^{cc},005 et par conséquent de 0^{cc},1 par litre, nous avons pu l'utiliser pour étudier les phénomènes respiratoires de la levûre et pour mesurer leur intensité dans diverses conditions de température. La rapidité des déterminations, qui n'exigent pas plus de trois à quatre minutes, nous donnait le moyen de multiplier les expériences et d'établir les résultats énoncés ci-dessous sur une série de dosages dont le nombre n'a pas été épargné. Les expériences dont je parlerai ici ne s'appliquent qu'au cas de la levûre fraîche en pâte, contenant 29 à 30 p. 100 de matériaux solides, délayée dans l'eau pure aérée, sans addition d'aucun élément nutritif. Nous verrons plus loin comment les choses se passent, quand on met la levûre dans de meilleures conditions de développement.

La méthode consiste à laisser un poids connu de levûre, pendant un temps déterminé, en contact avec un volume connu d'eau, dans les conditions de température où l'on veut se placer. Les degrés oxymétriques de l'eau sont mesurés au début et à la fin de l'expérience. Leur différence donne l'oxygène absorbé.

La levûre de bière n'offre que le phénomène d'absorption d'oxygène, avec production d'acide carbonique. Toutes choses égales d'ailleurs, l'intensité respiratoire est la même dans l'obscurité, à la lumière diffuse et à la lumière directe; elle est proportionnelle au poids de la levûre employée.

La dose initiale d'oxygène dissous n'influe sensiblement sur les résultats que lorsque celle-ci descend au-dessous de 1 cent. cube par litre. On constate, dans ce cas, une faible diminution dans la rapidité de l'absorption qui continue jusqu'à complète désoxydation de l'eau.

Au-dessous de 10 degrés centigrades, le pouvoir absorbant de la levûre pour l'oxygène est à peu près nul; il s'accroît lentement jusqu'à 18 degrés; à partir de là l'accroissement est rapide jusque vers 35 degrés, température à laquelle l'intensité respiratoire atteint au maximum, qui se maintient sensiblement jusqu'à 50 degrés. A 60 degrés le pouvoir absorbant est annulé et détruit.

Une levûre sensiblement fraîche, contenant 26 p. 100 de matière solide, a absorbé, par gramme et par heure : à 9 degrés,

0^{cc},14 d'oxygène; à 11 degrés, 0^{cc},42; à 22 degrés, 1^{cc},2; à 33 degrés, 2^{cc},1; à 40 degrés, 2^{cc},06; à 50 degrés, 2^{cc},4; à 60 degrés, 0^{cc},0.

Une autre levûre, de très-belle apparence, très-fraîche, contenant 30 p. 100 de matière solide, a absorbé, par gramme et par heure : à 24 degrés, 2^{cc},2 d'oxygène; à 36 degrés, 10^{cc},7.

L'augmentation du pouvoir absorbant entre 24 degrés et 36 degrés a donc été plus considérable qu'avec la première levûre; ce pouvoir est doublé dans l'un des cas et quintuplé dans l'autre.

Les valeurs des doses d'oxygène absorbées, ainsi que la grandeur des variations avec la température, n'ont donc rien d'absolu; elles dépendent d'un facteur particulier, inhérent à la levûre, que nous pourrions appeler facteur de vitalité; mais quel que soit ce facteur, le sens des variations s'est toujours montré le même et susceptible d'être représenté par une courbe partant de la ligne des abscisses ou des températures vers 9 ou 10°, s'élevant lentement jusqu'à 18°, de là rapidement pour atteindre vers 35 degrés, une hauteur maxima qu'elle conserve jusque vers 60°, puis elle tombe brusquement vers la ligne des abscisses.

La levûre peut non-seulement utiliser et faire disparaître l'oxygène physiquement dissous dans l'eau, mais encore l'oxygène combiné à l'hémoglobine, qui, comme on le sait, peut être éliminé par une diminution de pression.

Ainsi, quand on délaye de la levûre fraîche, lavée ou non, dans du sang artériel rouge ou dans une solution d'hémoglobine saturée d'oxygène, on voit la teinte passer rapidement du rouge au bleu foncé et au noir. Une simple agitation avec de l'air suffit pour restituer au sang sa couleur rutilante; puis les phénomènes de désoxygénation reprennent; la même expérience peut ainsi être renouvelée un grand nombre de fois, surtout avec de la levûre fraîche et lavée.

Bien que, dans ce cas, la levûre se trouve en présence d'un milieu infiniment plus riche en oxygène que l'eau aérée (contenant 200 à 230 cent. c. d'oxygène par litre au lieu de 6 à

7 cent. c.), la rapidité d'absorption n'est pas augmentée, si les conditions de température sont les mêmes.

1 gramme de levûre absorbe autant d'oxygène en une heure, à la même température, qu'il soit délayé dans de l'eau contenant 5 à 7 cent. c. d'oxygène par litre, ou dans du sang artériel renfermant 200 cent. c. d'oxygène.

Dans l'expérience du sang, on pourrait craindre une influence directe de la levûre ou de ses matériaux solubles sur la matière colorante du sang : cette influence se produit en effet, surtout pour les solutions d'hémoglobine ; elle se révèle par la transformation de cette matière colorante primordiale en hématine ; mais elle n'apparaît qu'au bout de quelques heures. La manière d'être de la levûre, par rapport au sang, peut s'expliquer de la manière suivante : Les cellules de saccharomyces, délayées dans le liquide, respirent aux dépens de l'oxygène dissous physiquement dans le plasma ou le sérum au sein desquels nagent les globules rouges du sang. A mesure que le liquide plasmatique s'appauvrit en oxygène, une portion de ce corps, combiné faiblement à l'hémoglobine, se sépare pour entrer en dissolution physique, par une dissociation comparable à celle que présente le bicarbonate de potasse dans le vide ; le phénomène se poursuit ainsi jusqu'à complète disparition de l'oxygène dissous dans le sérum et de celui qui est fixé à l'hémoglobine. Si cette explication est exacte, l'expérience doit réussir en séparant le sang de la levûre délayée dans de l'eau ou du sérum, par une membrane perméable aux gaz et aux liquides, mais susceptible d'empêcher tout contact direct entre les cellules de levûre et les globules rouges. C'est en effet ce qui a lieu. J'ai pu ainsi, en disposant un appareil convenable, simuler artificiellement ce qui se produit dans les organes et les tissus des animaux, lorsque le sang artériel, rouge et oxygéné, traverse le réseau capillaire, et en sort pour arriver dans les veines sous forme de sang noir et désoxygéné en partie.

A cet effet, il suffit de faire circuler lentement du sang rouge, à travers un système assez long de tubes creux, dont les parois sont formées de baudruche mince, et qui est immergé dans une bouillie de levûre délayée dans du sérum frais, sans globules, maintenue à 35°.

On voit le sang rouge sortir noir ou veineux à l'autre extrémité. Une contre-épreuve faite dans le même temps, avec un système de tubes en tout semblable, mais immergé dans du sérum sans levûre, prouve que la levûre est indispensable pour amener ainsi rapidement la désoxydation du sang. Cette expérience, sauf la perfection employée par la nature pour multiplier les contacts et les surfaces, est l'image fidèle de ce qui se passe dans l'organisme animal. Dans ce dernier cas, les éléments cellulaires et histologiques des tissus jouent le rôle de la levûre; ils absorbent l'oxygène dissous dans les liquides plasmatiques qui les baignent et tendent constamment à ramener à zéro leur degré oxymétrique. L'oxygène fixé faiblement à l'hémoglobine rétablit l'équilibre par une suite de diffusions gazeuses des globules rouges au plasma sanguin, et du plasma sanguin au plasma des organes. Ces diffusions continuelles sont une conséquence inévitable des ruptures d'équilibre produites par la respiration des cellules organisées ou des cellules de levûre, dans l'expérience décrite.

Tous ces faits prouvent donc nettement que, mise en présence de l'oxygène dissous, la levûre respire. La mesure du pouvoir respiratoire dans les meilleures conditions nous montre cette respiration aussi active et même plus que celle des poissons. N'est-ce là qu'un fait accessoire, curieux, dont il ne faut tenir compte que passagèrement dans l'étude des phénomènes biologiques de la levûre? *A priori*, il est peu probable qu'une fonction aussi nette, aussi accentuée, n'ait pas une importance sérieuse. D'un autre côté, si nous jetons nos regards sur ce qui se passe dans les autres êtres vivants, du haut en bas de l'échelle animale et de l'échelle végétale, nous voyons la respiration, c'est-à-dire les combustions aux dépens de l'oxygène, jouer un rôle prépondérant. Sans insister sur le règne animal, rappelons que l'on sait depuis longtemps que les plantes, pendant l'obscurité, absorbent de l'oxygène et dégagent de l'acide carbonique; on soupçonnait même avec de justes raisons que cette fonction respiratoire, inverse de celle que présentent les parties vertes exposées au soleil, était indépendante de la respiration diurne, qu'elle appartenait à un autre ordre de cellules dépourvues de chlorophylle. En opérant avec des plantes aquatiques immergées, on peut mettre le fait en évidence de la manière la plus nette et la plus élégante. Soient des tiges d'Élodéa fraîches, immergées dans l'eau aérée dont on connaît le titre oxymétrique initial. Le flacon parfaitement rempli est placé dans l'obscurité. Au bout d'une ou deux heures, on dose l'oxygène; on trouve une diminution qui, comme pour la levûre, à températures égales, est proportionnelle à la quantité de plante et à la durée de l'expérience, et dont la grandeur absolue varie avec la température. Si maintenant nous chauffons momentanément l'eau et la plante jusqu'à 50° environ, nous détruirons à jamais l'activité de ses cellules à chlorophylle, c'est-à-dire le pouvoir que possède le végétal de décomposer l'acide carbonique, par ses parties vertes; mais sans altérer son activité respiratoire ou de combustion. Nous avons vu, en effet, par la levûre, que cette fonction n'est définitivement modifiée que vers 60°. La plante est morte comme partie verte, mais elle est encore susceptible de remplir certaines fonctions biologiques. Le flacon d'eau aéré pourra être exposé aux rayons solaires; loin de constater une augmentation dans la dose d'oxygène dissous, c'est l'inverse qui se voit.

C'est surtout dans les parties végétales qui doivent subir une évolution rapide et un développement cellulaire marqué que l'absorption d'oxygène et les combustions internes se révèlent très-actives.

Tout le monde sait que dans la germination des graines, de l'orge, par exemple, dans la fabrication de la bière, la combustion interne développe des quantités notables de calorique.

La floraison est aussi accompagnée d'une respiration oxydante très-marquée.

Revenons à la levûre. M. Pasteur a constaté (Bullet. soc. chimiq., p. 80, 1861) que la levûre de bière, semée dans un liquide albumineux, tel que l'eau de levûre de bière, se multiplie encore lorsqu'il n'y a pas trace de sucre dans la liqueur, pourvu toutefois que l'oxygène de l'air soit présent en grande quantité; à l'abri de l'air et dans ces conditions, la levûre ne bourgeonne pas du tout. Les mêmes expériences peuvent être répétées avec un liquide albumineux mêlé à une dissolution de sucre non fermentescible, comme le sucre de lait cristallisé; les résultats sont du même ordre.

La levûre formée ainsi, en l'absence du sucre, n'a pas changé de nature; elle fait fermenter le sucre si on la fait agir sur ce corps à l'abri de l'air. Il faut remarquer toutefois que le développement de la levûre est très-pénible lorsqu'elle n'a pas pour aliment une matière fermentescible.

D'un autre côté, le même savant a observé qu'au contact de l'air et sur une grande surface, les fermentations alcooliques sont plus rapides qu'à l'abri de l'oxygène, et que le bourgeonnement est plus actif, puisque, malgré la plus grande rapidité de la fermentation, le rapport entre la levûre nouvellement formée et le sucre décomposé passe de $\frac{1}{80}$ à $\frac{1}{4-10}$.

M. Mayer (Landw. Versuchs., t, XVI, p. 290) a institué des expériences desquelles il semble résulter que l'oxygène n'a aucune influence, ni sur la rapidité de la fermentation ni sur la quantité de levûre de nouvelle formation.

Cependant son procédé d'aérage des liquides en fermentation, qui consiste à faire passer de l'air calciné dans le flacon, trois fois par jour, me paraît insuffisant, étant connues la lenteur avec laquelle l'eau absorbe l'oxygène et la rapidité avec laquelle la levûre consomme cet oxygène; nous ne pouvons donc tirer des expériences de l'auteur, les conclusions défavorables à la théorie de Pasteur, qu'il a voulu y voir.

Il ressort de tous ces faits : 1° que la levûre, comme les plantes ordinaires, bourgeonne et se multiplie même en l'absence du sucre fermentescible, lorsqu'on lui fournit de l'oxygène libre; que cependant cette multiplication est favorisée par la présence du sucre qui serait un aliment plus approprié que les composés hydrocarbonés non fermentescibles ; enfin que la levûre peut se multiplier et bourgeonner en l'absence de l'oxygène libre, mais dans ce cas une substance fermentescible est indispensable.

On arrive ainsi forcément à la conclusion que M. Pasteur a tiré de cet ensemble de faits : à savoir que la matière sucrée peut suppléer l'oxygène libre par rapport à la levûre et provoquer le bourgeonnement. M. Pasteur est allé plus loin ; il admet que le caractère ferment d'une cellule est dû au pouvoir qu'elle possède de respirer aux dépens du sucre, à l'abri de l'air, et que la décomposition en alcool et acide carbonique est la conséquence d'une rupture d'équilibre, due à cette soustraction partielle d'oxygène. Il est aussi permis d'interpréter les faits de la manière suivante :

.1° Le concours de l'oxygène et des combustions qui en sont une conséquence, est nécessaire au développement et à la multiplication de la vie cellulaire. Ce fait est surabondamment établi pour tous les êtres et les organes du règne végétal.

2° La levûre possède la faculté de décomposer le sucre qui pénètre par endosmose dans l'intérieur de la cellule, en alcool, acide carbonique, glycérine, acide succinique et oxygène. En effet, nous avons vu plus haut (page 23) que M. Monoyer avait proposé une équation très-simple pour représenter les nombres de M. Pasteur relatifs à la formation de l'acide succinique, et de la glycérine. Dans cette équation que nous reproduisons :

$$4 \, (C_{12} \, H_{11} \, O_{11} + HO) \text{ ou } 4 \, (C_{12} \, H_{12} \, O_{12}) + 6HO = C_8 \, H_8 \, O_8 + 6$$
$$C_4 \, H_4 \, O_4 + 3C_2 \, O_4 + O_2$$

nous voyons apparaître au second membre un excès d'oxygène et, ajoute M. Monoyer, on peut supposer que cet oxygène en excès sert à la respiration de la levûre. Dès lors l'idée que la fermentation est un phénomène primaire, dû à une activité spéciale de la levûre et d'autres cellules (Lechartier et Bellamy), que, comme conséquence de cette fermentation, de l'oxygène devient disponible et peut servir à la respiration et par conséquent au bourgeonnement de la levûre, cette idée, dis-je, n'est pas dénuée de fondement.

Dans cette manière d'interpréter les faits, la levûre ne deviendrait pas ferment parce qu'elle respire une partie de l'oxygène du sucre, mais elle pourrait respirer une partie de l'oxygène du sucre, et par suite se multiplier, précisément parce qu'elle produit de l'oxygène disponible en décomposant le sucre.

En envisageant la question à un point de vue plus général, on peut encore dire que la combustion respiratoire est pour l'être vivant une source de force vive nécessaire à son développement. Or dans la décomposition du sucre il y aurait, d'après les calculs de M. Berthelot, dégagement de calorique ; la quantité de chaleur mise en liberté dans ce phénomène serait environ 1/15 du calorique dégagé par la combustion complète du sucre décomposé (Compt. rend., t. LIX, p. 901). Dans cette évaluation on n'a pas tenu compte de la chaleur de dissolution du sucre qui disparaît, ni de celle de dissolution de l'alcool formé, quantités positives qui tendraient à élever le calorique de fermentation. Il n'est donc même pas nécessaire d'avoir recours à l'hypothèse d'une combustion aux dépens de l'oxygène du sucre, pour expliquer comment le phénomène de fermentation peut suppléer la combustion et devenir une source de la force vive indispensable au développement du végétal.

Quoi qu'il en soit, il y a une corrélation évidente, comme le fait observer M. Pasteur, entre la fermentation et le développement, la nutrition et le bourgeonnement de la levûre. Dans les fermentations sans oxygène, le rapport entre la levûre nouvelle et le sucre décomposé sera forcément plus grand que dans les fermentations avec oxygène, puisque dans le premier cas le bourgeonnement n'a lieu que sous l'influence de l'oxygène fourni par le sucre et dans le second sous l'influence de celui fourni par le milieu et le sucre.

Nous devons examiner ce qui se passe lorsque la levûre est abandonnée à elle-même, à jeun et à l'état humide, sans intervention ni de matière sucrée, ni d'oxygène, avant d'aborder l'étude des modifications chimiques éprouvées par la levûre, pendant qu'elle se trouve placée dans les conditions convenables à sa nutrition et à son développement; ces conditions, comme nous l'avons vu, reviennent toujours à celles d'une fermentation alcoolique, le sucre étant l'un des aliments indispensables du saccharomyces et celui-ci ne pouvant être en sa présence, les autres conditions de nutrition étant remplies, sans le faire fermenter. Conserve-t-elle, dans ce cas, son intégrité initiale, sans aucun changement dans la composition chimique de ses principes immédiats ? En d'autres termes, sa vitalité reste-t-elle à l'état latent pour se manifester à nouveau dès que l'on fournira du sucre, de l'oxygène? A priori, la chose paraît peu probable, eu égard à ce qui se passe dans les tissus des végétaux. De fait l'expérience a prouvé que dans ces conditions la levûre éprouve des modifications profondes, en ce qui touche la composition de ses principes organiques.

Cette question a été étudiée par M. Pasteur d'abord, puis successivement par M. Béchamp et par l'auteur de ce livre.

M. Pasteur ayant mis à fermenter 5 grammes de sucre avec 10 gr. de levûre en pâte (2 gr. 155 matière sèche), quantité bien supérieure à celle qui est nécessaire pour la décomposition complète du sucre, fut surpris de voir que cette fermentation ne s'achevait pas franchement, qu'elle avait une tendance à se prolonger par un dégagement de gaz faible, alors que la liqueur de Fehling ne révélait plus la moindre trace de sucre. En disposant dans des ballons renversés sur le mercure les fermentations suivantes :

I. Sucre candi..	1,313
Levûre de vin (dépôt des tonneaux soutirés).....	6,950
Eau pure..	9,336
II. Sucre candi...	1,4425
Levûre de bière (2 gr. 150 sec).................	10,0
Eau pure..	9,210

Il obtient en deux jours, alors que le dégagement gazeux est encore sensible :

N° I. 360 cent. c..	à 0° ! et 760
N° II. 387, 5 cent. c..	

de pression de gaz carbonique pur, entièrement absorbable par la potasse. Les quantités théoriques, même abstraction faite de l'acide succinique et de la glycérine, c'est-à-dire celles qui répondent à l'ancienne équation de Gay-Lussac, celles qui donnent pour l'acide carbonique les nombres les plus forts, seraient :

N° I... 341,8
N° II.. 375,5

En exagérant encore les doses de levûre on arrive à des résultats plus concluants.

Ainsi 0 gr. 424 de sucre candi pur, mis en fermentation avec un poids de levûre humide correspondant à 10 gr. de matière sèche, ont fourni, au bout de deux jours, 300 cent. c. d'acide carbonique; le sucre seul ne pouvait en fournir que 110 c. c.

Le liquide distillé avec soin fournit un peu plus de 0. gr. 6 d'alcool absolu. Le poids de l'alcool obtenu est supérieur au poids total du sucre employé, et proportionnel au volume d'acide carbonique formé.

Cette expérience prouve déjà qu'en mêlant à de la levûre un poids de sucre relativement très-faible, après que ce dernier a été décomposé, l'activité de la levûre continue, s'exerçant sur ses propres tissus, ses matières hydrocarbonées, avec une énergie et une rapidité extraordinaires, qui vont en se ralentissant de plus en plus.

Si l'on met fin à la fermentation, au moment où il y a un volume d'acide carbonique formé, égal ou très-peu supérieur à celui qui correspond au poids du sucre employé, *on ne trouve plus de sucre dans la liqueur.* Cette observation est très-importante, parce qu'elle tend à prouver que l'action qu'exerce la levûre sur ses propres éléments ne commence que lorsqu'elle est privée de sucre.

Il n'est pas nécessaire de se placer dans les conditions des expériences précédentes (fermentation avec excès de levûre), pour observer la fermentation aux dépens des éléments mêmes de la levûre ; il suffit comme l'a également montré Pasteur, do délayer do la levûre do bière fraîche dans do l'eau à 25° ; on voit bientôt se dégager do nombreuses bulles do gaz acide carbonique pur, et il est facile, en distillant, do reconnaître la production d'alcool. Le gaz hydrogène et les signes d'une putréfaction n'apparaissent que longtemps après, lorsque le microscope révèle la présence do levûre lactique et d'infusoires.

M. Béchamp, qui a repris cette question après M. Pasteur, a eu soin do se mettre complétement à l'abri do la formation d'infusoires en employant do l'eau créosotée ; il a également constaté la production d'alcool et d'acide carbonique comme conséquence do l'activité vitale do la levûre à jeun (privée de sucre et d'oxygène). Mais ce n'est pas tout, ce phénomène curieux est lié à d'autres réactions chimiques non moins intéressantes.

Tout le monde sait qu'en conservant de la levûre en pâte humide dans un endroit chaud (25 à 30 degrés), elle subit un ramollissement considérable et change complétement d'aspect.

Cette modification n'est pas due à une putréfaction commençante. Rien no permet de tirer cette conclusion ; comme produits volatils il ne s'est formé que de l'acide carbonique et de l'alcool. Le microscope ne révèle aucun organisme autre que le saccharomyces, surtout si, comme l'indique M. Béchamp, on a fait usage d'eau créosotée. Si maintenant nous traitons cette levûre ramollie par do l'eau tiède nous pourrons en extraire une quantité do principes solubles et diffusibles bien plus considérable qu'en employant la levûre fraîche.

Ainsi 100 grammes de levûre fraîche laissant, après dessiccation à 100°, un résidu fixe de 30 grammes, ne donnent plus, après lavage avant le ramollissement, qu'un résidu sec de 23 grammes. La perte au lavage est de 8 p. 100.

La même levûre, ramollie spontanément pendant 2 jours et lavée, laisse un résidu pesant sec 14 grammes ; la perte au lavage est donc de 16 grammes.

La levûre en se ramollissant a donc transformé en principes solubles 8 gr. pour 100 de levûre humide, ou 26 gr. 66 pour 100 de levûre sèche, de principes primitivement insolubles.

Pendant cette réaction interne de la levûre, conservée humide et à jeun, M. Béchamp a constaté la production d'azote pur.

L'eau de lavage renferme de l'acide acétique, une proportion notable de ferment inversif soluble (Zymase, dont nous parlerons plus loin : voir le chapitre des ferments solubles), un principe albuminoïde, soluble, coagulable par la chaleur et très-voisin de l'albumine dont il diffère par le pouvoir rotatoire ; une matière gommeuse, que l'acide nitrique transforme en acide mucique, très-rapprochée de l'arabine, dont elle diffère cependant par le pouvoir rotatoire ; on trouve, en outre, de la tyrosine et de la leucine, et une matière sirupeuse incristallisable, des phosphates alcalins et alcalino-terreux en proportions notables.

En reprenant la question, l'auteur a confirmé les résultats de M. Béchamp en y ajoutant quelques faits nouveaux. L'extrait de levûre ramollie contient, outre les principes cités plus haut, des composés azotés du groupe de la sarcine et qui jusqu'à présent n'avaient pas encore été signalés dans l'économie végétale.

Voici le procédé analytique que j'ai suivi. La levûre digérée à jeun est bouillie avec beaucoup d'eau pour coaguler l'albumine : on filtre. Le liquide à réaction légèrement acide est concentré au bain-marie à consistance sirupeuse ; il se prend par le refroidissement en un magma cristallisé formé de petits cristaux empâtés dans un sirop brunâtre. Le tout introduit dans un ballon est bouilli quelque temps avec un grand excès d'alcool fort (92 p. 100) ; il se sépare une masse poisseuse foncée, qui colle aux parois du vase. La solution alcoolique, convenablement concentrée, fournit, par le refroidissement, un abondant dépôt cristallin presque blanc après filtration, lavage à l'alcool froid et expression. Cette cristallisation, formée de feuillets très-minces ou de boules hyalines, ainsi que celle que l'on obtient en concentrant les eaux mères alcooliques, est presque exclusivement formée de *pseudo-leucine* sulfurée avec un peu de tyrosine. Les eaux mères séparées de la seconde cristallisation sont distillées au bain-marie pour chasser l'alcool. Le résidu est étendu d'eau et additionné d'eau de baryte pour précipiter les phosphates. L'excès de baryte est enlevé dans le liquide filtré par un courant d'acide carbonique. Le liquide filtré est ensuite bouilli avec un excès d'acétate de cuivre ; il se forme un précipité floconneux brunâtre qui renferme, combinées à l'oxyde de cuivre, de la carnine, de la sarcine, de la xanthine et de la guanine. Le liquide filtré de dessus ce précipité relativement peu abondant, étant débarrassé du cuivre par l'hydrogène sulfuré, fournit, après concentration, une masse cristalline d'où l'alcool froid extrait une matière azotée sirupeuse, de saveur sucrée, en laissant un mélange cristallisé de leucine et de butalanine.

Le précipité cuivrique, fourni à l'ébullition par l'acétate de cuivre, est bien lavé à l'eau chaude, puis traité à chaud par l'acide chlorhydrique étendu. Il se dissout presque entièrement à l'exception de flocons noirs de sulfure de cuivre. La solution filtrée à chaud, dépose par le refroidissement une grande partie de la combinaison cuivrique qui était entrée en dissolution.

Ce dépôt, lavé et décomposé par l'hydrogène sulfuré, fournit de la carnine, que l'on purifie par des cristallisations dans l'eau, en décolorant au besoin par un peu de noir animal. L'eau mère chlorhydrique qui a déposé la combinaison cuivrique de carnine, étant privée de cuivre par l'hydrogène sulfuré et concentrée, fournit d'abord des cristaux de chlorhydrate de xanthine ; puis, par concentration du liquide décanté à froid, des cristaux de chlorhydrate de guanine, d'où l'on extrait la guanine, en précipitant par un excès d'ammoniaque qui dissout la xantine et laisse la guanine.

La sarcine s'obtient en précipitant par l'ammoniaque et le nitrate d'argent la solution nitrique du premier précipité cuivrique ; en lavant le précipité gélatineux et blanc sale qui se forme, avec de l'eau ammoniacale, puis en le faisant cristalliser dans l'acide nitrique bouillant à 12 degrés Baumé ; on obtient ainsi, immédiatement, la combinaison nitroargentique de sarcine. Celle-ci est décomposée par l'hydrogène sulfuré ; le liquide filtré et concentré est additionné d'ammoniaque qui laisse précipiter la sarcine en fines aiguilles par la concentration.

Le précipité poisseux formé au début par l'addition d'alcool à l'extrait concentré de levûre digérée, est en grande partie formé de phosphates terreux, de tyrosine et de matière gommeuse.

La leucine, extraite de la levûre après digestion, offre une particularité signalée par Hesse. Elle renferme une proportion de soufre qui varie dans certaines limites et peut atteindre 4 pour 100. Mes analyses faites par des produits très-purs, cristallisés plusieurs fois dans l'alcool et offrant l'apparence de beaux feuillets nacrés blancs, ont fourni 2,93 à 2,14 pour 100 de soufre. Ce soufre ne peut être éliminé par une ébullition prolongée à 100°, avec un mélange de potasse et d'hydrate de plomb. L'hydrogène de ces leucines a toujours été trouvé un peu faible (9,34 à 9,6 au lieu de 9,9 pour 100).

Il semblerait que le soufre fait partie intégrante de la molécule et ne se trouve pas à l'état de mélange d'un corps sulfuré avec de la leucine. Tout au moins, des purifications répétées et très-soignées ne parviennent pas à dédoubler ce mélange.

Voyons maintenant quelle peut être la signification de tous ces résultats.

. Tous les composés azotés signalés comme produits de l'altération spontanée de la levûre, ont été obtenus directement par le dédoublement de l'albumine et des matières albuminoïdes. (Voir le chapitre concernant ces corps.) Leur origine n'est donc pas douteuse; ils se sont formés par le dédoublement de certaines matières protéiques insolubles de la levûre, et cela par un phénomène chimique analogue à celui qui se passe dans les tissus animaux; car il est impossible de méconnaître la grande analogie de composition qui existe entre l'extrait de levûre digérée et les extraits retirés des tissus animaux. Ce phénomène chimique est encore comparable à ceux que l'on observe, en faisant réagir, dans certaines conditions, l'acide sulfurique étendu et chaud ou les alcalis (potasse, baryte) sur les substances protéiques; on obtient, en effet, ainsi des produits similaires.

L'albumine, obtenue en si fortes proportions dans l'extrait de levûre digérée, doit être un des termes du dédoublement ; il est probable que la levûre n'a pas d'action sur ce corps, un des plus résistants aux agents chimiques, parmi les substances protéiques.

Cette manière de voir est corroborée par l'intéressante observation de M. Gautier qui a prouvé que la fibrine se dédouble sous l'influence de l'eau salée, en albumine et en un autre principe albuminoïde. La zymase ou ferment inversif, dont la proportion est très-grande dans l'extrait de levûre altérée, représente également un des dérivés de la décomposition des matières protéiques insolubles.

J'ai dit plus haut que, par l'analyse immédiate, on arrivait à isoler un principe azoté, incristallisable, de saveur sucrée. Ce corps, par ses caractères, répond aux propriétés de l'hémiprotéidine ou de l'hémialbumine, formées dans l'action de l'acide sulfurique étendu et bouillant sur l'albumine.

Quant à la tyrosine, la leucine, la butalanine, les bases sarciniques, cela va de soi, ce sont des dérivés immédiats des matières albuminoïdes.

Pour ce qui est du sucre fournissant l'alcool et l'acide carbonique de la fermentation spontanée de la levûre, et de la matière gommeuse, leur source n'est pas aussi certaine.

On admet généralement, d'après Payen et Schlossberger, que la levûre lavée est composée de cellulose et de matières protéiques insolubles.

Le sucre et la gomme, qui apparaissent en proportions notables dans l'extrait de levûre digérée et lavée, doivent-ils être considérés comme des termes du dédoublement physiologique des matières albuminoïdes, ou bien proviennent-ils d'une transformation de la cellulose ?

Cette question ne pourra être décidée que par une série d'expériences quantitatives. Les résultats suivants ne donnent qu'une solution approchée, mais ils prouvent au moins, que la majeure partie, sinon la totalité, des principes solides.

contenus dans l'extrait de levûre lavée à l'eau froide et digérée, doit dériver des matières protéiques.

100 gr. de levûre fraîche contiennent 30 gr. de matière solide. Celle-ci renferme 9,28 pour 100 d'azote. D'où il résulte que 100 gr. de levûre fraîche contiennent 2^{gr} 78 d'azote.

100 gr. de levûre fraîche lavée à l'eau bouillante jusqu'à épuisement, contiennent 20 gr. de matière solide. Celle-ci renferme 10,17 pour 100 d'azote. D'où il résulte que 100 gr. de levûre lavée à l'eau bouillante contiennent 2^{gr} 03 d'azote.

100 gr. de levûre digérée pendant 15 heures à 35 degrés, puis lavée à l'eau bouillante, contiennent 12,5 de matière solide, renfermant 7,55 pour 100 d'azote.

100 gr. de levûre digérée puis lavée à l'eau bouillante, contiennent donc 0^{gr} 94 d'azote. La perte d'azote due à la digestion et au lavage est de $1,82 - 0,75 = 1,07$.

La perte de produits solides due à la digestion et au lavage subséquent est de $17, 1 - 10 = 7, 5$.

Or les matières protéiques contiennent en moyenne 15, 5 p. 100 d'azote; 1^{gr},07 d'azote correspondant à 6^{gr},9 de matière protéique. Par conséquent sur 7^{gr}, 5 de principes devenus solubles par le fait de la digestion, 6^{gr},9 ou les $\frac{14}{15}$ dériveraient des substances albuminoïdes.

D'un autre côté, le dosage direct de l'azote dans l'extrait sec a donné 12,5 p. 100 d'azote. Il est donc évident que la levûre a dû céder une partie de ses éléments non azotés; ce dernier calcul conduirait à la proportion de $\frac{4}{5}$ matières protéiques et $\frac{1}{5}$ matière hydrocarbonée, si l'on ne tenait compte des éléments de l'eau qui doivent nécessairement se fixer sur la matière albuminoïde, lors de son dédoublement et de sa transformation en corps tels que la leucine. En évaluant approximativement cette eau d'hydratation on trouverait $\frac{10}{11}$ de matière albuminoïde et $\frac{1}{11}$ de matière hydrocarbonée. Il est peu probable que la gomme ait une origine albuminoïde ; elle pourra tout au plus dériver de la décomposition d'une substance analogue à la tunicine ou à la chitine.

Les principes que la levûre fraîche cède à l'eau, en proportion beaucoup moindre, sont de même nature que ceux que nous avons trouvés précédemment ; il ne peut en être autrement. Les conditions dans lesquelles nous nous sommes placés, M. Béchamp et moi, ne devaient qu'exagérer les effets d'une cause continue. Dès que la levûre ne trouve plus de sucre elle agit sur ses propres éléments, et il est difficile de trouver de la levûre qui n'ait pas été placée dans cette situation pendant un temps plus ou moins long. Il est probable, que toutes les levûres donnent déjà des réactions de cet ordre dans les cuves à fermentation, lorsque le sucre vient à manquer. M. Béchamp dit avoir trouvé de la tyrosine et de la leucine dans l'extrait aqueux de toutes les fermentations, qu'il a examinées ad hoc. Avant de tirer de là des conclusions trop positives, il faudrait savoir si les fermentations ont été étudiées aussitôt après la décomposition totale du sucre.

M. Pasteur nous a montré que la fermentation spontanée n'apparaît qu'à ce moment ; il serait intéressant de s'assurer si la formation de substances excrémentitielles azotées, telles que la leucine ou la tyrosine, a lieu ou non pendant la fermentation ; on verrait ainsi si ce phénomène est lié à la fermentation spontanée, ou s'il en est indépendant.

M. Béchamp, en tenant compte de la fermentation spontanée de la levûre et des phénomènes concomitants (production d'acide acétique, tyrosine, etc.), a donné une théorie physiologique de la fermentation qui peut se résumer ainsi.

La levûre, comme tout organisme vivant, offre deux séries de phénomènes ; les uns de nutrition et d'assimilation qui sont subordonnés à la présence de ses principes nutritifs (sucre, composés azotés, sels minéraux). Ces divers principes, pénétrant par endosmose dans la cellule, y subissent des transformations convenables et sont convertis en tissus de récente formation, dans les nouvelles cellules qui bourgeonnent A côté de ces phénomènes de nutrition et parallèlement à eux, s'accomplissent d'autres réactions inverses ou de désassimilation, par lesquelles les tissus sont changés en produits excrémentitiels, impropres à la vie de la cellule et qui s'éliminent. La production de l'acide carbonique et de l'alcool serait la conséquence de ce travail, et appartiendrait aux réactions désassimilatrices. Dans cette théorie, M. Béchamp développe les idées de M. Dumas sur le rôle de la levûre et des ferments. Il est certain que la production d'acide carbonique et d'alcool, sans sucre, aux dépens des éléments constitutifs de la levûre elle-même, qu'on veuille admettre ou non que cette production est la conséquence d'un bourgeonnement dans lequel les nouvelles cellules se nourriraient aux dépens des anciennes, il est certain, dis-je, que cette fermentation spéciale prête un certain appui à l'opinion de Béchamp.

Au fond, cette théorie n'avance pas beaucoup la question relative à l'essence même du phénomène. Que le sucre soit décomposé avec ou sans assimilation préalable, peu importe; nous n'en savons pas davantage pourquoi il est décomposé, et presque personne ne met plus en doute maintenant que la décomposition de sucre ne soit un phénomène biologique. Il nous reste à examiner quelques points spéciaux concernant la fermentation alcoolique.

On a cru longtemps que la fermentation alcoolique pouvait s'accomplir dans deux circonstances distinctes, suivant que la levûre est ajoutée à de l'eau sucrée pure ou à de l'eau sucrée contenant les principes azotés et salins nécessaires à sa nutrition. Dans le premier cas, pensait-on, le ferment agit sans se reproduire, tandis que dans le second cas, qui est celui de la fabrication de la bière, il agit et se reproduit. Il y a plus, Thénard avait observé que dans la fermentation de 20 parties de levûre de bière et 100 parties de sucre il ne reste, après que tout dégagement carbonique a cessé, que 13,7 d'un résidu insoluble, qui peut même se réduire à 10 par un nouveau contact avec du sucre. Ainsi la levûre, en provoquant la fermentation du sucre pur, se détruirait en partie.

M. Pasteur admettant au contraire, comme prouvé par ses expériences, que le bourgeonnement et la multiplication de la levûre sont des phénomènes, qui accompagnent d'une manière constante toute fermentation alcoolique, explique la formation de globules nouveaux dans l'eau sucrée pure par une nutrition aux dépens des matières azotées solubles de la levûre primitive. Dans ce cas, ce qu'il y a d'aliment azoté soluble dans le forment employé se fixe à l'état insoluble sur les globules de formation nouvelle. Il est certain que la levûre formée dans un milieu convenable, tel que le moût de bière, est gorgée de principes azotés solubles qu'elle peut céder à l'eau et qui sont éminemment propres à la nutrition de nouvelle levûre.

Pour enlever tous les doutes sur la réalité de cette explication, Pasteur devait faire disparaître ce que les résultats de Thénard cités plus haut offraient de contradictoire avec son opinion.

Le tableau suivant résume ses observations sur les fermentations de sucre pur avec levûre.

	Poids de sucre candi pur.	Poids de levure lavée à l'état frais en pâte molle.	Poids de la levûre desséchée à 100 degrés.	Poids de la levûre déposée après fermentation, sechée à 100 degrés.	Poids de l'extrait, partie soluble de la levûre restant dans le liquide fermenté et insoluble dans le mélange d'alcool et d'éther.	Somme des poids de la levûre déposée après la fermentation, et de la partie soluble extractive restant dans la liqueur fermentée.	Excès de cette somme sur le poids de levûre mise en fermentation.
	gr.	gr.	gr.	gr.	gr.	gr.	
A..	100	20.000	4.628	3.230	2.820	5.550	0.934
B..	50	10.000	2.213	2.001	0.810	2.820	0.407
C..	100	16.000	4.604	4.885	non déterminé.	»	»
D..	100	10.000	2.813	2.486	1.080	3.566	1.253
E..	100	13.700	2.626	2.065	0.904	3.029	1.303
F..	100	3.251	1.108	1.700	0.631	1.331	1.183
G..	16	8.159	0.699	0.712	non déterminé.	»	»
H..	4	1.474	0.826	0.335	»	»	»
I...	20	1.878	0.476	0.500	0.133	0.733	0.247

On voit que dans les expériences A B C où le poids de levûre en pâte est au-dessus de 15 à 20 p. 100 du poids du sucre, on recueille après fermentation, moins de levûre qu'on n'en avait

mis ; or ce sont précisément là les conditions des expériences
de Thénard, qui employait et recommandait 20 parties de levûre en pâte pour 100 de sucre.

Si au contraire le poids de levûre en pâte est égal ou inférieur à 10 p. 100 du sucre, on recueille plus de levûre qu'on
n'en a employée (exp. D, E, F, G, H, I).

Et, dans tous les cas, en ajoutant le poids des matières extrac-
tives, déduction faite de la glycérine et de l'acide succinique,
qui sont en dissolution dans la liqueur fermentée et qui pro-
viennent de la levûre, au poids de levûre restée après fermentation, on trouve que la somme dépasse toujours très-sensible-
ment le poids total de levûre primitif.

L'augmentation s'élève environ à 1, 2 ou 1, 5 pour 100 du
poids du sucre décomposé.

Il semble ressortir de là que dans l'expérience de Thénard
la disparition de levûre n'était qu'apparente. On en recueille
moins parce qu'on en emploie beaucoup et que la partie soluble qui passe dans le liquide est supérieure au poids des nouveaux globules formés.

M. Duclaux (Thèses de la faculté des sciences de Paris,
1865) est arrivé à des résultats du même ordre.

Sur 100^{gr} de sucre fermenté, il a trouvé :

Levûre sèche employée.	Levûre sèche retrouvée.
17,32	14,02
8,66	8,51
4,33	4,78
2,16	2,58

Cependant, dans d'autres essais du même auteur, le poids
de levûre retrouvée dépassait celui de la levûre employée,
même dans le cas où la proportion primitive dépassait 16 p. 100
de sucre. Cette différence est attribuée par l'auteur à l'emploi
d'une levûre initiale plus pauvre en principes extractifs et
cédant moins de corps solubles à l'eau.

Les résultats de Pasteur et Duclaux obtenus dans des fermentations faites sur une petite échelle ont été confirmés par

d'autres expérimentateurs tels que Mayer, Fitz. De l'ensemble des nombres publiés, il semble que l'on peut conclure que, dans certaines limites et avec certaines variations, le poids de levûre de nouvelle formation est proportionnel au poids du sucre décomposé et égal à 1, 5 — 3 pour 100 du sucre fermenté.

Nous devons ajouter cependant que les renseignements fournis par la pratique industrielle, par les fabricants de levûre pressée, ne sont nullement d'accord avec ces conclusions.

D'après Märcker et Schulze on pourrait obtenir 28,6 parties de levûre sèche pour 100 d'alcool ou ce qui revient au même 14,66 parties de levûre sèche pour 100 de sucre décomposé.

Dans la fermentation du moût de raisin la formation de levûre semble aussi beaucoup plus grande par rapport au sucre fermenté, que ne l'indique le rapport de M. Pasteur,

M. Pasteur, qui s'occupe avec tant de succès de la fabrication sur une grande échelle de la levûre pure, dans la fermentation en vase fermé du moût de bière, obtient 1^k,500 de levûre exprimée, pouvant contenir 30 p. 100 de matière sèche, soit 450^{gr} de levûre sèche par hectolitre de bière ; en admettant que cette bière renferme 8 p. 100 d'alcool, la fermentation aurait porté sur 15^k,5 de sucre ; il y aurait donc 2^{gr},9 de levûre nouvelle pour 100 de sucre décomposé ; les nombres ne s'éloignent pas autant que les premiers des résultats obtenus en petit ; il est vrai que dans ce calcul, nous avons pris, pour la teneur en alcool, un poids très-élevé et qui doit probablement être abaissé.

La contradiction apparente entre les résultats de la pratique industrielle et des expériences de laboratoire pourrait s'expliquer, en admettant que le développement et la multiplication des cellules de levûre ne sont pas aussi dépendants de la quantité de sucre décomposé, que les expériences de laboratoire semblent l'indiquer ; qu'elles peuvent varier dans des limites très-étendues, suivant la composition du milieu où s'opère la fermentation.

Cette explication semble corroborée par les essais suivants de Mayer (Landwi. Versuchsz, t. XVI, p. 304).

L'auteur met en fermentation deux portions de moût de raisin bouilli de 190ᶜᶜ. Dans l'une il ajoute des traces imperceptibles de lie de vin (Saccharomyces ellips.), tandis qu'il ensemence l'autre avec un peu de levûre de bière. Lorsque le sucre a disparu, ce qui exige plusieurs semaines, il trouve :

	Alcool formé.	Sucre corresp. décomposé.	Levûre formée.
1) Sacch. ellip.	13,11ᵍʳ	25,6ᵍʳ	2,38ᵍʳ
2) Sacch. cerev.	15,2	29,7	2,04

Donc pour 100 de sucre décomposé il s'est formé :

Nᵒ 1	9,2	de levûre
Nᵒ 2	6,8	«

nombres beaucoup plus élevés que les résultats obtenus dans les fermentations faites dans d'autres conditions de milieu.

D'un autre côté, M. Pasteur a reconnu que dans les fermentations, en présence de matières azotées et minérales nutritives, il se forme à peu près 1 p. 100 du poids du sucre en levûre et produits solubles; un peu moins, par conséquent, que lorsqu'on opère avec de la levûre toute formée et de l'eau sucrée pure.

Ainsi 9ᵍʳ,899 de sucre candi pur dissous dans une quantité suffisante d'eau ont été additionnés de 20 cent. cubes d'eau de lavage bouillie et filtrée de levûre fraîche (contenant 0,334 de matière albuminoïde et minérale), on complète à 100 cent. c. et on ajoute une trace de levûre fraîche. La destruction du sucre est terminée au bout de 11 jours; on recueille 0,152 de levûre sèche. Le résidu azoté laissé par l'évaporation du liquide, déduction faite de la glycérine et de l'acide succinique, pèse 0,260.

On a employé 0ᵍʳ,334 de matières nutritives et on retrouve 0ᵍʳ,152 levûre + 0ᵍʳ,260 matières azoto minérales solubles; en tout, 0,412. La différence est de 0ᵍʳ,78.

Lorsque le sucre pur fermente avec une quantité limitée de levûre, celle-ci s'épuise et finit par devenir impropre à opérer

de nouvelles décompositions du sucre, en l'absence de matériaux nutritifs solubles. Il doit, en effet, en être ainsi. La
somme des matériaux nutritifs solubles, ou le devenant pendant la fermentation, contenue dans la levûre limitée, étant peu
à peu utilisée à la construction de nouveaux globules, il doit
arriver un moment où la vitalité de la levûre sera enrayée
faute d'aliments. Ce phénomène, de nutrition de la levûre à
ses propres dépens, n'exclut pas la présence de matières azotées dans le liquide sucré qui ne fermente plus, car il peut se
faire qu'une partie des principes azotés éliminés par la levûre
soit impropre à son alimentation, et ne représente plus que
des produits excrémentitiels. La leucine et la tyrosine paraissent appartenir à cet ordre de produits; en effet, des expériences directes de Mayer ont prouvé qu'elles sont impropres au
développement.

Dans une fermentation où l'on avait employé, pour faire fermenter 100 gr. de sucre, $1^{gr},198$ de levûre lavée (poids de
matière sèche, contenant $9^{gr},77$ p. 100 d'azote) on a recueilli
1,745 de levûre après fermentation; celle-ci contenait 5,5 p. 100
d'azote; le résidu extractif du liquide fermenté, déduction faite
de l'acide succinique et de la glycérine, pesait $0^{gr},600$ et renfermait 3,8 p. 100 d'azote. Dans ces conditions la levûre était
épuisée; c'est-à-dire que les principes solubles azotés contenus
dans le liquide étaient devenus impropres au développement
de nouvelles cellules et représentaient des produits excrémentitiels. Nous savons que parmi ces produits laissés indéter-
minés par M. Pasteur, il faut compter la leucine et la tyrosine.

Cette expérience nous montre la cause de la diminution d'a-
zote dans la levûre après fermentation. D'une part le poids
total de la levûre a augmenté par l'adjonction de principes
(cellulose) fournis par le sucre et non azotés, d'autre part la
levûre primitive a cédé au liquide des produits solubles azotés
et devenus impropres à sa nutrition. Ainsi s'explique d'une
manière très-naturelle la prétendue disparition ou diminution
de l'azote de la levûre pendant la fermentation avec sucre pur,
phénomène qui avait tant intrigué Thénard et que Doebereiner

avait cru, à tort, pouvoir attribuer à la formation de sels ammoniacaux. Nous avons déjà vu, d'après les expériences très-précises de Pasteur, que l'ammoniaque du liquide tend plutôt à disparaître qu'à augmenter pendant la fermentation.

D'après Dubrunfaut (Comp. rend., juillet 1871) le moût de bière qui, dans les conditions usuelles, reproduit sept fois le poids de la levûre employée, est tellement riche en matières reproductrices du ferment qu'il est loin d'être épuisé par ce travail. Une addition de sucre provoque un accroissement proportionnel au supplément de sucre ajouté. Si le sucre n'a pas été employé en excès, la constitution normale du ferment en azote n'a pas changé; dans le cas contraire, le titre en azote se place entre celui de la levûre féconde et de la levûre stérile. Toutes les levûres issues de fermentations autres que celles de bière de malt sont dans ce cas; elles donnent un titre en azote placé entre 0,10 et 0,05.

La levûre de bière, malgré la perte de poids que lui font subir les lavages, conserve son titre en azote, tandis que la richesse en sels passe de 0,10 à 0,02. Quelque multipliés que soient les lavages, on ne peut jamais obtenir une eau de lavage tout à fait exempte de matières albuminoïdes et salines; ce qui prouve que la levûre continue à vivre, même dans l'eau pure, et à y exercer ses fonctions vitales sur sa propre substance, comme le font les animaux condamnés à l'inanition.

Les cendres des eaux de lavage sont toujours alcalines; celles de la levûre lavée sont acides; ce qui conduit à faire admettre dans la levûre la présence du phosphate ammoniaco-magnésien, qui, vu son insolubilité, reste dans le ferment lavé. M. Dubrunfaut a, comme M. Pasteur, reconnu la disparition constante d'une certaine proportion d'ammoniaque du milieu, comme fait parallèle à la reproduction du ferment; mais en même temps les cendres devenaient plus acides. L'addition de sels ammoniacaux à des fermentations faites dans de mauvaises conditions, a eu pour résultat de faciliter la fermentation et la conservation du titre en azote, 0,1 de la levûre [1].

1. Ces dernières expérience. aur lent mieux trouvé leur place dans le chapitre

M. Dubrunfaut a institué une série d'expériences pour reconnaître le rôle que jouent les différents sels minéraux dans la fermentation du sucre, et le développement de la levûre. Il se servit, à cet effet, de dissolutions de sucre pur à 10 0/0, et les additionna de divers sels minéraux et de levûre en pâte, tous pris au poids de 0,05 du poids du sucre. Le ferment employé ne représentait donc en matière sèche que 0,01 du poids du sucre. On a essayé : 1° le nitrate de potasse; 2° le sulfate d'ammoniaque; 3° le sulfate de potasse; 4° le phosphate de chaux; 5° le sulfate de magnésie; 6° le sulfate de chaux; 7° le sulfate de soude; 8° un moût sans sels minéraux, comme témoin.

	Fractions de sucre décomposé en même temps.
Sulfate de soude................................	0,52
« de chaux....................................	0,62
« de magnésie...............................	0,73
Phosphate de chaux........................	0,80
Sulfate de potasse..........................	0,88
Sulfate d'ammoniaque.....................	0,04
Nitrate de potasse..........................	1,10

ou transformation complète et parfaite sans production d'acide.

Tous ces sels ont donné des résultats supérieurs à ceux du témoin qui n'a transformé que 0,50 de sucre en alcool.

L'acide nitrique, dans cette expérience, a complétement disparu. Il résulte donc des observations de Dubrunfaut que la levûre ne fait pas exception au point de vue de la facilité d'assimilation de l'acide nitrique.

concernant l'influence des sels et des matières azotées, sur le développement de la levûre. Nous ne les annexons ici que comme addition que le lecteur voudra bien reporter plus haut (sels, action nutritive).

CHAPITRE VI

ACTION DE DIVERS AGENTS CHIMIQUES ET PHYSIQUES SUR
LA FERMENTATION ALCOOLIQUE.

On savait depuis longtemps, que certains composés chimiques, surtout ceux qui coagulent les substances albuminoïdes, et désorganisent les tissus, ou qui par leur présence en quantités suffisantes sont incompatibles avec la vie, s'opposent à la fermentation ; tels sont les acides et les alcalis à doses convenables, le nitrate d'argent, le chlore, l'iode, les sels ferriques, cuivriques, plombiques solubles, le tannin, le phénol, la créosote, le chloroforme, l'essence de moutarde, l'alcool lorsque sa dose dépasse 20 p. 100, l'acide prussique et l'acide oxalique, même à doses assez faibles.

Des excès de sel neutre alcalin ou de sucre agissent de même en diminuant dans l'intérieur de la cellule la dose minima d'eau qui est nécessaire à la manifestation de son activité vitale.

L'oxyde rouge de mercure, le calomel, le peroxyde de manganèse, les sulfites et les sulfates alcalins, les essences de térébenthine et de citron, etc., entravent et enrayent également la fermentation alcoolique.

Les acides phosphorique et arsénieux sont, au contraire, sans action.

On doit à M. Dumas (Ann. chim. phys., 5e série, t. III, 1874, p. 81) un travail très-étendu sur la question qui nous occupe en ce moment ; nous en donnerons ici les principaux résultats. L'illustre chimiste a d'abord prouvé, par des expériences multiples, que la fermentation du sucre sous l'influence de la levûre est susceptible d'être étudiée comme un phénomène régulier qui, soumis à des perturbations déterminées, serait capable d'en traduire les influences avec précision.

Ainsi à 24 degrés, 20 grammes de levûre décomposent 1 gramme de sucre (glucose) en 23-24 minutes (moyenne de plusieurs essais concordants).

Dans une autre série d'expériences on a trouvé que 100 gr. de levûre décomposent à la même température 1 gramme de glucose en 24 minutes. Ainsi la levûre agit sur la glucose, avec la même rapidité à la dose de 20 gr. de levûre pour 1 de glucose, qu'à la dose de 100 pour 1.

Des expériences faites sur une même levûre, comparativement avec le sucre de canne et la glucose, ont montré que la destruction de 1 gr. de sucre de canne par 40 grammes de levûre avait une durée maximum de 34 minutes, tandis que 1 gr. de glucose n'exigeait que 16 à 17 minutes.

Si l'on délaye de la levûre de bière dans de l'eau et qu'on ajoute à des portions semblables d'un liquide contenant, par exemple, 150 cent. c. d'eau et 10 gr. de levûre, des quantités de sucre représentées par 0, 5, 1 gr., 2 gr., 4 gr., on trouve que le temps nécessaire à la destruction du sucre est exactement proportionnel à sa quantité, ou en d'autres termes, dans des circonstances identiques, la durée de la fermentation est proportionnelle à la quantité de sucre, la levûre étant en excès, bien entendu.

En prenant donc pour longueur de l'axe des abscisses les quantités de sucre et pour axe des ordonnées le nombre de minutes nécessaires pour la disparition du sucre, on obtient une ligne droite.

M. Dumas évalue approximativement, d'après ses résultats, que pour décomposer 1 gr. de sucre en 1 heure il faut 400 milliards de cellules, en les supposant toutes en activité.

Le fait découvert par Dumas, qu'à partir d'une certaine limite, un excès de levûre n'active pas la fermentation d'une même quantité de sucre est extrêmement important.

En effet, si la décomposition du sucre est un phénomène biologique qui se passe dans l'intérieur de chaque cellule, dans laquelle pénètre le sucre, s'il doit être attribué à la nutrition des globules de levûre, il semble que la rapidité de la décomposition d'une même quantité de sucre doit croître indéfiniment avec le nombre des cellules mises en jeu, de même que dans un repas la quantité d'aliments consommés croît avec le nombre des convives.

Température. Nous avons à déterminer trois données relatives au ferment alcoolique, en ce qui touche le calorique. 1° Quelles sont les deux limites, minima et maxima, compatibles avec la vie du ferment? 2° A quelle température la fermentation alcoolique, c'est-à-dire l'activité du ferment est-elle la plus grande ? La limite inférieure compatible avec la vie du saccharomyces n'est pas encore déterminée avec précision. Ce n'est guère que vers 8 à 10° que la cellule révèle son énergie chimique par des réactions sensibles (fermentation , absorption d'oxygène), mais elle peut impunément être refroidie vers zéro et même au-dessous, si l'on a soin de ne la soumettre après congélation qu'à des variations progressives très-lentes, pour amener la fusion de l'eau congelée dont elle est baignée.

La limite supérieure varie suivant que l'on opère sur de la levûre préalablement séchée ou encore humide.

Ainsi le ferment desséché avec précaution peut être chauffé jusque vers 100 degrés sans perdre sa vitalité.

La levûre humide perdrait son activité vers 53° (Mayer) ou tout au moins à une température moindre de 60°.

Quant aux conditions de température les plus favorables pour une bonne fermentation elles paraissent comprises entre 25 et 30 degrés, variant dans des limites peu étendues suivant la nature du milieu et celle du ferment ; même dans le voisinage de zéro degré la production d'alcool par la levûre n'est pas absolument enrayée.

Electricité. — Les étincelles d'une machine de Holtz, ou les étincelles d'induction passant à travers de l'eau contenant de la levûre ne modifient ni son pouvoir inversif ni son pouvoir comme ferment alcoolique.

Gaz. Lumière. — La marche des fermentations est plus lente dans l'obscurité. M. Dumas a placé de la levûre de bière en bouillie épaisse dans des flacons pleins d'oxygène, d'hydrogène, d'azote, d'oxyde de carbone, de protoxyde d'azote, d'hydrogène protocarboné. Au bout de trois jours cette levûre, mise en présence du sucre, agissait comme la levûre conservée à l'air et le microscope ne révélait aucune altération.

La fermentation alcoolique est plus lente dans le vide.

Soufre. — La présence du soufre en fleur en proportions même égales à celles de la levûre supposée sèche n'a pas entravé sensiblement la fermentation alcoolique, comme on l'avait annoncé, seulement l'acide carbonique qui se dégage contient de 1 à 2 p. 100 d'hydrogène sulfuré.

Action des acides. — La levûre est toujours acide. Si on neutralise l'acide libre qui s'y trouve par de l'eau de chaux, on trouve qu'au bout de quelque temps (5 minutes) l'acidité reparaît. On est conduit ainsi, pour obtenir une neutralité persistante, à ajouter par gramme de levûre essayée, une quantité de chaux équivalente à 0, 003 d'acide sulfurique normal. M. Dumas s'est demandé si l'acidité de la levûre peut être augmentée sans que son pouvoir en soit altéré et si la nature spécifique de l'acide exerce quelque influence sur le résultat.

Expérimentant sur les acides sulfurique, sulfureux, azotique, phosphorique, arsénieux, borique, acétique, oxalique et tartrique, il met en présence d'un mélange de sucre, d'eau et de levûre (5 gr. levûre, 10 gr. sucre, 25 gr. eau) des quantités respectives de ces divers acides, successivement équivalentes, décuples, centuples du pouvoir acide de la levûre.

L'addition de l'un de ces acides, même à faible dose, n'a

hâté ni le départ ni la fin de la fermentation. Elle a souvent arrêté la destruction du sucre. En général, lorsqu'on ajoute une quantité d'acide équivalant à 100 fois le poids de l'acide contenu dans la levûre, la fermentation n'a pas lieu. Pour l'acide chlorhydrique et l'acide tartrique, il a fallu en ajouter 200 équivalents pour atteindre ce résultat, quoique 10 équivalents de ces acides suffisent pour rendre la fermentation traînante et incomplète.

Action des bases. — M. Dumas ayant fait marcher ensemble huit expériences de fermentation ne différant entre elles que par des additions croissantes, depuis 0, d'ammoniaque (quantités équivalentes à 0, 1, 2, 3, 4, 8, 16, 24 fois l'acide de la levûre employée), a observé que dans les cinq premiers vases la fermentation était égale. Ce n'est que pour des doses égales à 8 et même 16 fois l'acide de la levûre qu'elle commence à se déclarer plus lentement, mais au bout de quelques heures la levûre est redevenue acide. Dans le flacon contenant une dose d'ammoniaque équivalente à 24 fois l'acidité de la levûre, il ne s'est manifesté aucune fermentation.

La levûre paraît jouir du pouvoir de produire ou d'exhaler un acide qui neutralise les bases en contact avec elle ; mais ce pouvoir est limité. En effet, en ajoutant de la chaux éteinte ou de la magnésie calcinée en quantités égales à la moitié du poids de la levûre, il n'y aura pas de fermentation. Les oxydes de zinc, de fer et même la litharge sont au contraire sans influence.

Les alcalis tendent à arrêter la fermentation, mais ne la suppriment qu'autant que leur dose est assez forte.

Le carbonate de soude n'agit que si on élève la dose à celle de 70 gr. pour 10 gr. de levûre et 200 cent. c. d'eau sucrée au 1/10. Le sous-carbonate de magnésie n'agit pas.

Action des sels. — M. Dumas a laissé séjourner la levûre pendant trois jours dans des solutions saturées de divers sels et a ensuite essayé son action sur la dissolution du sucre candi ; ses expériences l'ont conduit à classer les sels en quatre catégories, savoir :

1° La fermentation du sucre est totale, plus ou moins rapide.

Sulfate de potasse.
Chlorure de potassium.
Phosphate
Sulfovinate
Sulfométhylate $\Big\}$ de potasse.
Hyposulfate
Hyposulfite de chaux.
Formiate
Tartrate $\Big\}$ de potasse.
Bitartrate
Sulfocyanure
Cyanoferrure $\Big\}$ de potassium.
Cyanoferride

Phosphate
Sulfate
Bisulfate $\Big\}$ de soude.
Pyrophosphate
Lactate
Phosphate d'ammoniaque.
Sulfate de magnésie.
Chlorure de calcium.
Phosphate de chaux.
Sulfate de chaux.
Chlorure de strontium.
Alun.
Sulfate de zinc.

Sulfate de cuivre au $\frac{1}{40000}$

2° Fermentation partielle du sucre, et plus ou moins ralentie.

Bisulfite.
Nitrate
Butyrate
Iodure $\Big\}$ de potassium.
Arseniate
Sulfite de soude.
Hyposulfite de soude.
Hyposulfite de potasse.
Borax.

Savon blanc.
Nitrate d'ammoniaque.
Tartrate d'ammoniaque.
Sel de Seignette.
Chlorure de baryum.

Sulfate ferreux au $\frac{1}{350}$

Sulfate de manganèse au $\frac{1}{350}$

3° Interversion plus ou moins avancée du sucre, sans fermentation.

Azotite
Chromate $\Big\}$ de potasse.
Bichromate
Nitrate de soude.

Sel marin.
Acétate de soude.
Sel ammoniac.
Cyanure de mercure.

4° Ni interversion, ni fermentation.

Acétate de potasse.
Cyanure de potassium.

Monosulfure de sodium.

Ainsi, parmi les sels étudiés il en est qui favorisent jusqu'à un certain point la fermentation, ou qui du moins lui laissent parcourir son cours tout entier, sans contrariété ; tel est le tartrate de potasse. Il en est d'autres qui retardent la fermentation et qui la rendent incomplète, le phénomène s'arrêtant lorsque la liqueur renferme encore beaucoup de sucre interverti en sa présence.

Il en est qui ne lui permettent pas de s'établir, quoique le sucre ait été partiellement interverti.

Il en est enfin qui, non-seulement ne permettent pas à la fermentation de s'établir, mais qui s'opposent même à l'interversion du sucre.

La strychnine est sans action sur les propriétés de la levûre.

CHAPITRE VII

LA LEVURE ALCOOLIQUE PEUT-ELLE SEULE PROVOQUER LA FERMENTATION ALCOOLIQUE ?

Nous devons aborder maintenant une question d'une haute importance dans l'histoire des fermentations en général. Admettant avec M. Pasteur et tous ceux qui l'ont précédé et suivi dans cette voie, que la fermentation alcoolique et les autres phénomènes de même ordre, tels que les fermentations lactique, butyrique, etc., sont les manifestations palpables de certaines fonctions physiologiques des ferments ou êtres vivants d'un ordre inférieur, on peut se demander si le pouvoir de décomposer la glucose en alcool et acide carbonique, ou bien encore de la convertir en acide lactique, et celui-ci en un mélange d'hydrogène, d'acide carbonique et d'acide butyrique, n'appartient, pour chaque fermentation spéciale, qu'à un seul être vivant, à un seul ferment, ou tout au moins à des espèces très-voisines, comme nous l'avons vu pour les espèces du genre saccharomyces, ou bien si ces réactions sont des conséquences de la vie cellulaire en général, lorsque les cellules organisées sont placées dans des conditions spéciales. Dans cette hypothèse, les ferments n'auraient d'autre avantage par rapport aux cellules vivantes, que d'offrir ces manifestations à un degré plus énergique, plus intense.

Il est facile d'entrevoir à *priori* ce qu'une pareille idée, si elle était juste, ouvrirait d'horizons nouveaux pour la chimie biologique, et quel vaste champ d'expériences serait offert à la physiologie chimique.

Il n'est pas douteux que cette pensée a dû s'offrir, pour ainsi dire, d'elle-même à l'esprit des savants habitués à réfléchir sur ces questions délicates des réactions dans les organismes vivants, mais c'est à M. Pasteur que revient l'honneur de l'avoir formulée nettement, en s'appuyant sur des expériences positives. (Pasteur, Comp. rend. de l'Acad. des sciences, t. LXXV, p. 784). Ces expériences ont été instituées en vue de prouver que la fermentation alcoolique du sucre peut être provoquée par d'autres organismes que les cellules du saccharomyces, notamment par les cellules élémentaires des grands végétaux, telles qu'on les trouve dans les fruits, les feuilles, etc. Les travaux de MM. Lechartier et Bellamy sur la fermentation alcoolique des fruits (Compt. rendus de l'Académie, 1869 et 1872, t. LXXV, p. 1203, 1874, t. LXXIX, p. 949 et 1006) sont dirigés dans la même voie, et conduisent, comme nous allons le voir, à cette conséquence capitale, à savoir que les organes élémentaires des végétaux en général sont doués, quoiqu'à un moindre degré que les cellules de levûre, du pouvoir de provoquer la fermentation alcoolique.

Des faits analogues avaient été observés par d'autres expérimentateurs ; ainsi, M. Bérard nous a appris dès 1821, que lorsque des fruits sont placés dans l'air ou dans le gaz oxygène, il disparaît un certain volume de ce gaz, en même temps qu'il y a formation d'un volume à peu près égal de gaz acide carbonique. Si ces fruits sont abandonnés, au contraire, dans le gaz acide carbonique ou dans un autre gaz inerte, il y a encore formation de gaz carbonique en quantité notable, « comme par une sorte de fermentation. »

De son côté, M. Frémy avait montré que lorsqu'on abandonne des grains d'orge dans de l'eau sucrée, il se produit dans l'intérieur du fruit une fermentation intracellulaire incontestable (Comp. rend. de l'Ac. des sciences, t. LXXV, p. 976 et 1060).

Le même savant a observé la production d'alcool et d'acide carbonique dans l'intérieur des fruits (poires, cerises), mais guidé par des idées théoriques sur la fermentation, idées sur lesquelles nous insisterons tout à l'heure, il n'a pas donné à ses intéressantes observations l'interprétation qu'elles peuvent recevoir.

M. Frémy admet que les ferments se forment sous l'influence de l'organisme vivant. « Comme tous les organismes en voie de développement, dit-il, le ferment alcoolique peut se présenter sous les formes les plus diverses; il existe déjà, mais à l'état insaisissable, dans le suc du grain de raisin que l'on fait sortir du fruit par la pression et qui paraît clair; bientôt il apparaît sous l'aspect de petits corpuscules microscopiques très-ténus; prenant ensuite un nouveau développement, il se précipite au fond des liqueurs avec la forme bien connue des grains de levûre. J'ai examiné bien souvent au microscope les sucs et le parenchyme des fruits, avant ou après leur fermentation, et j'affirme que j'y ai trouvé une quantité innombrable de corpuscules qui présentent toute l'apparence de ferments organisés. »

Ainsi, on le voit d'après cette citation, la fermentation intracellulaire du fruit, ne serait pas une conséquence immédiate des fonctions biologiques de la cellule vivante; il y a un intermédiaire, le ferment, créé par l'organisme et qui provoque le dédoublement.

Au point de vue historique, nous devons relever que les expériences de MM. Lechartier et Bellamy ont précédé celles de M. Pasteur; nous résumerons ici les résultats observés par ces savants :

1° *Recherches de M. Lechartier.* — Cet observateur place les fruits (poires, pommes, citrons, cerises, châtaignes, nèfles, pommes de terre, graines de froment et de lin, groseilles), dans des éprouvettes à pieds qui communiquent avec des éprouvettes plus petites placées sur la cuve à mercure. Dans ces conditions, la totalité de l'oxygène de l'atmosphère confinée où les fruits sont conservés est absorbée. Cette absorption est accompagnée et suivie d'une production considérable de gaz carbonique. Le dégagement d'acide carbonique se partage généralement en deux périodes distinctes; dans la première, après l'absorption du gaz oxygène de l'air resté dans les éprouvettes, le dégagement de gaz acide carbonique s'effectue d'abord d'une manière régulière et uniforme, puis se ralentit et s'arrête pendant un certain temps pour reprendre ensuite avec des vitesses croissantes, supérieures à celles qu'on observe dans la première période. Celle-ci dure plusieurs mois. A ce moment, si l'on a pris la précaution d'opérer sur des fruits isolés les uns des autres et maintenus en dehors de tout contact avec les parois du vase qui les contenait, si, de plus, on a eu soin d'empêcher tout dépôt de liquide à la surface du fruit, on peut constater la production de quantités notables d'alcool, facile à séparer par distillation, après que le fruit mis en expérience a été écrasé en pulpe. De plus, l'examen microscopique attentif du parenchyme ne révèle aucune trace de ferment alcoolique. Ainsi :

Le 12 novembre, deux poires pesant l'une 157 grammes, la seconde 125 grammes, ont été suspendues isolément, chacune dans une éprouvette bien bouchée et munie d'un tube de dégagement. On avait d'abord mis du chlorure de calcium au fond des éprouvettes, afin de maintenir autour de ces fruits une atmosphère qui ne fût pas saturée de vapeur d'eau.

Les éprouvettes ont été ouvertes le 19 juillet. On a recueilli 1762 cent. c. de gaz et 2^{gr} 62 d'alcool. Les poires avaient conservé leur couleur; leur peau était ridée, mais non humide. Leur consistance et leur odeur étaient celles des poires blettes. Elles avaient perdu ensemble 134 grammes d'eau; cependant elles en contenaient encore 69 pour 100 de leur poids.

Des observations microscopiques, faites à différentes distances du centre, n'y ont pas fait découvrir de ferment alcoolique. Le dégagement d'acide carbonique ne s'est pas effectué d'une manière régulière; du 3 mars au 8 avril, il n'a été que de 28 centim. c., et, à partir du 8 avril jusqu'au 19 juillet, il a été complétement nul. L'existence du ferment alcoolique dans l'intérieur de la poire est incompatible avec la cessation de toute activité pendant un intervalle de temps aussi considérable. Ce fait vient donc à l'appui des résultats négatifs obtenus par l'inspection microscopique.

Dans d'autres expériences, instituées de même mais continuées plus longtemps, MM. Lechartier et Bellamy ont vu le dégagement d'acide carbonique reprendre avec une activité croissante, après une période plus ou moins longue d'arrêt. Dans ces cas, on peut constater très-nettement la présence du ferment. On peut supposer que les spores et les germes de levûre qui existent, la chose paraît incontestable maintenant, à la surface de tous les fruits, ont pu pénétrer dans l'intérieur du fruit par des fissures artificielles, et, y rencontrant un milieu approprié, y bourgeonner et déterminer la fermentation alcoolique due à la levûre.

Les divers fruits énumérés plus haut ont tous donné des résultats analogues, et l'expérience citée plus haut, peut servir de type pour les autres, très-nombreuses, publiées par les auteurs et que nous nous abstenons de reproduire ici.

L'arrêt du dégagement d'acide carbonique peut durer très-longtemps; ainsi, des poires ont été conservées inertes, à l'époque de l'année où la chaleur est la plus forte, pendant des temps variant, depuis 31 jusqu'à 272 jours; et au moment où on a mis fin aux expériences rien ne pouvait faire supposer que cet état de choses dût se modifier.

A la suite de ce travail interne, les fruits subissent de profondes modifications.

1° Dès que ces fruits sont exposés au contact de l'air, ils deviennent bruns dans toute leur masse, comme le sont les fruits blets ou pourris. Les feuilles prennent la couleur et l'aspect des feuilles mortes.

2° Le tissu cellulaire est en partie ou complétement désagrégé. Ainsi des poires duchesses au bout d'une année, ressemblaient à une masse de sirop revêtue d'un sac.

3° Le fruit qui a perdu son activité ne la reprend pas, même après avoir été mis de nouveau en présence de l'air.

4° Le germe contenu dans le fruit participe à son altération et la graine perd la propriété de germer.

Il semble donc, comme le disent les auteurs, qu'au moment où le fruit, la graine et la feuille sont détachés du végétal qui les porte, la vie n'est pas éteinte dans les cellules qui les composent. Cette vie s'accomplit à l'abri de l'air, en consommant du sucre et en produisant de l'alcool et de l'acide carbonique L'instant où cesse la production de l'acide carbonique est aussi celui où s'éteint dans leurs cellules toute vitalité. Les fruits, les graines et les feuilles peuvent alors rester en état indéfiniment inerte, si un ferment organisé ne se développe pas à leur intérieur.

Pour les betteraves et les pommes de terre, on a toujours observé un fait particulier qui mérite d'être relevé.

L'ensemble des phénomènes est le même que pour les poires et les pommes; lors de la période d'arrêt on n'observe pas de ferment alcoolique, mais, dans le liquide acide qui imprègne la masse de leurs tissus ramollis ou désagrégés on reconnaît des bactériums à divers degrés de grosseur et cependant on ne constate aucun dégagement de gaz carbonique.

2° *Expériences de M. Pasteur.* — Les expériences de M. Pasteur, tout en vérifiant les conclusions précédentes, ont été dirigées surtout dans le but d'établir des vues particulières sur les fermentations et une théorie générale de ces manifestations biologiques. Le moment est arrivé de les faire connaître et de les discuter. Nous ne pouvons mieux faire que de citer textuellement l'auteur.

(Pasteur, Comp. rendu de l'Académie des sciences, t. LXXV, p. 784 et suiv.)

« Depuis longtemps j'ai été conduit à envisager les fermentations proprement dites comme des phénomènes chimiques corrélatifs d'actions physiologiques d'une nature particulière. Non-seulement j'ai démontré que leurs ferments ne sont point des matières albuminoïdes mortes, mais bien des êtres vivants; j'ai provoqué, en outre, la fermentation du sucre, de l'acide lactique, de l'acide tartrique, de la glycérine et plus généralement de toutes les matières fermentescibles dans des milieux exclusivement minéraux, prouve incontestable que la décomposition de la matière fermentescible est corrélative de la vie du ferment, qu'elle est un de ses aliments essentiels; par exemple, dans les conditions que je rappelle, il est impossible que, dans la constitution des ferments qui prennent naissance, il y ait un seul atome de carbone qui ne soit enlevé à la matière fermentescible. »

« Ce qui sépare les phénomènes chimiques des fermentations d'une foule d'autres et particulièrement des actes de la vie commune, c'est le fait de la décomposition d'un poids de matière fermentescible bien supérieur au poids du ferment en action. »

« Je soupçonne depuis longtemps que ce caractère particulier doit être lié à celui de la nutrition en dehors du contact de l'oxygène libre. Les ferments seraient des êtres vivants, mais d'une nature à part, en ce sens qu'ils jouiraient de la propriété d'accomplir tous les actes de leur vie, y compris celui de leur multiplication [1], sans mettre en œuvre d'une manière nécessaire, l'oxygène de l'air atmosphérique. Qu'on se souvienne de ces singuliers infusoires qui provoquent la fermentation butyrique, ou la fermentation tartrique, ou certaines putréfactions, et qui non-seulement peuvent vivre et se multiplier à l'abri du contact de l'oxygène, mais qui périssent et cessent de provoquer la fermentation si l'on vient à faire dissoudre ce gaz dans le milieu où ils se nourrissent. Ce n'est pas tout. Par des expériences précises, faites avec de la levûre de bière, j'ai montré que, si la vie de ce ferment avait lieu partiellement par l'influence du gaz oxygène libre, cette petite plante cellulaire perdait, en proportion de l'intensité de cette influence, une partie de son caractère ferment, *c'est-à-dire que le poids de levûre, qui prend naissance dans ces conditions pendant la décomposition du sucre, s'élève progressivement et se rapproche du poids du sucre décomposé au fur et à mesure*

1. Non celui de la sporulation. (Note de l'auteur.)

que la vie se manifeste en présence de quantités croissantes de gaz oxygène libre. »

« Guidé par tous ces faits, j'ai été conduit peu à peu à envisager la fermentation comme une conséquence obligée de la manifestation de la vie, quand la vie s'accomplit en dehors des combustions directes dues au gaz oxygène libre. »

« On peut entrevoir, comme conséquence de cette théorie, que tout être, tout organe, toute cellule qui vit ou qui continue sa vie sans mettre en œuvre l'oxygène de l'air atmosphérique, ou qui le met en œuvre d'une manière insuffisante pour l'ensemble des phénomènes de sa propre nutrition, doit posséder le caractère ferment pour la matière qui lui sert de source de chaleur totale ou complémentaire. Cette matière paraît devoir être forcément oxygénée et carbonée, puisque, comme je le rappelais tout à l'heure, elle sert d'aliment au ferment. Je viens apporter à cette théorie nouvelle que j'ai déjà proposée à diverses reprises quoique timidement, depuis l'année 1861, l'appui de faits nouveaux qui cette fois, je l'espère, entraîneront les convictions. »

Dans un liquide sucré, propre à la nourriture des ferments, contenu dans un vase qui permet l'ensemencement artificiel, en évitant l'ensemencement spontané par les germes aériens, M. Pasteur dépose à la surface une trace de *mycoderma vini* pur [1]. Les jours suivants, la moisissure recouvre peu à peu tout le liquide sous forme d'un voile continu. On constate facilement que le développement du mycoderme, dans ces conditions, donne lieu à une absorption de gaz oxygène atmosphérique, qui est remplacé par un volume à peu près égal d'acide carbonique, et, d'autre part, qu'il ne se forme pas du tout d'alcool.

M. Pasteur ayant fait remarquer lui-même que le mycoderma vini a la propriété, lorsqu'il végète à la surface d'un

---

1. Dans une publication antérieure à celle-ci, M. Pasteur avait annoncé que la levûre inférieure était produite par le *mycoderma vini*, privé du contact de l'oxygène; M. Pasteur revient aujourd'hui sur cette opinion qu'il ne considère plus comme entièrement fondée.

liquide alcoolique, de brûler l'alcool tout formé en donnant, non de l'acide acétique ou de l'aldéhyde, mais de l'eau et de l'acide carbonique, il nous semble, que de l'absence d'alcool constatée dans l'expérience on ne peut pas conclure qu'il ne s'en est pas formé. Celui-ci a pu fort bien subir une combustion complète en même temps qu'il prenait naissance. Le volume de l'acide carbonique dégagé dans l'expérience était à peu près égal au volume de l'oxygène consommé ; or, à moins de supposer que la combustion ne portait que sur des substances hydro-carbonées ou sur du carbone, on ne s'explique pas cette égalité ; elle pourrait être due au dégagement d'acide carbonique sous l'influence d'une fermentation alcoolique, dont l'un des éléments caractéristiques (l'alcool) serait brûlé, au fur et à mesure de sa production. Quoi qu'il en soit, revenons à l'expérience de M. Pasteur. Répétons celle-ci exactement dans les mêmes conditions, avec cette seule différence que, quand le voile sera continu, on agite le vase pour disloquer le voile et le submerger, autant que cela est possible, car les *matières grasses* dont il est accompagné empêchent qu'il ne soit mouillé en totalité.

Le lendemain, souvent après quelques heures déjà, lorsqu'on opère à la température de 25 à 30 degrés, on voit s'élever sans cesse du fond du vase de petites bulles de gaz qui annoncent que la fermentation du liquide sucré a commencé. Elle continue les jours suivants, quoique toujours faible, et il est facile de constater dans le liquide la présence d'une quantité sensible d'alcool. Une observation attentive au microscope des cellules ou articles du mycoderme submergé, montre que ces articles ne se reproduisent pas.

Ce dernier fait semble en désaccord avec l'opinion émise maintes fois ailleurs par l'auteur, que la fermentation alcoolique est toujours accompagnée du développement et de la multiplication de la levûre et qu'elle est une conséquence du bourgeonnement.

L'expérience dont nous venons de donner les détails, en citant presque textuellement la description de l'auteur, permet de conclure avec certitude que le mycoderma vini peut jouer le rôle de ferment alcoolique, lorsqu'il est placé en contact avec un milieu sucré, mais nous ne pouvons admettre les autres conséquences que M. Pasteur cherche à en tirer, comme preuves de la théorie citée plus haut.

Nous dirons la même chose des expériences sur les fruits placés immédiatement, comme l'a fait M. Pasteur, dans une atmosphère d'acide carbonique, ou celles de M. Lechartier dans lesquelles cette condition se trouve rapidement remplie par l'absorption de l'oxygène de l'atmosphère ambiante.

Elles prouvent péremptoirement que les cellules végétales peuvent produire de l'alcool et de l'acide carbonique aux dépens du sucre, et agir comme la levûre de bière, quoique moins énergiquement ; mais rien dans la description donnée par M. Pasteur et par M. Lechartier de leurs essais ne peut entraîner, pour le lecteur, la conviction que cette production d'alcool, cette fermentation cellulaire ne commence qu'à partir du moment où la cellule est entièrement ou partiellement privée du contact de l'oxygène.

En admettant même, ce qu'ils ne disent pas, que les auteurs cités aient directement constaté l'absence d'alcool dans le fruit tant qu'il n'a pas été privé de l'influence de l'oxygène, il me reste toujours cette arrière-pensée que l'alcool formé a pu être brûlé et disparaître sous forme d'eau et d'acide carbonique. Du reste la levûre de bière, la cellule du saccharomyces cerevisiæ nous offre l'exemple le plus frappant, le plus incontesté, d'une cellule qui provoque la fermentation alcoolique, même en présence de l'oxygène libre, dissous dans le milieu ; et maintenant qu'elle est détrônée comme facteur unique de la fermentation alcoolique, je ne vois pas pourquoi on voudrait lui conserver un caractère aussi exceptionnel, d'être seule à la provoquer en présence de l'oxygène. Quant à ce dernier fait, nous n'avons, pour en prouver la réalité, qu'à citer M. Pasteur lui-même. (Bullet. soc. chimique, 1861, p. 621). « La levûre toute formée peut bourgeonner et se développer dans un liquide sucré et albumineux en l'absence complète d'oxygène ou d'air. Il se forme peu de levûre dans ce cas, et il disparaît comparativement une grande quantité de sucre, 60 ou 80 parties pour une de levûre formée. *La fermentation est très-lente dans ces conditions.* Si l'expérience est faite au contact de l'air et sur une grande surface, *la fermentation est rapide.* Pour la même quantité de sucre disparu, il se fait beaucoup plus de levûre. Celle-ci se développe énergiquement, mais son caractère de ferment tend à disparaître dans ces conditions. On trouve, en effet, que pour 1 partie de levûre formée, il n'y aura que 4 à 10 parties de sucre transformé. Le rôle de ferment de cette levûre subsiste néanmoins et se montre même *fort exalté* si l'on vient à la faire agir sur le sucre en dehors de l'influence du gaz oxygène libre. »

M. Pasteur explique le fait d'une activité tumultueuse à l'origine des fermentations par l'influence de l'oxygène de l'air qui est en dissolution dans les liquides, quand l'action commence.

Il semble qu'il y a contradiction entre les conclusions et les faits. D'une part, on constate que les fermentations en présence de l'oxygène libre sont très-rapides, tumultueuses; d'autre part, on conclut que la levûre perd son caractère ferment en présence de l'oxygène. En réalité la contradiction disparaît si nous mesurons avec M. Pasteur le pouvoir du ferment, non par la quantité de sucre décomposé par l'unité de poids de levûre, dans l'unité de temps, ce qui nous conduirait à des conséquences inverses de celles de ce savant, mais par le rapport entre le poids de sucre décomposé et le poids de levûre formée par bourgeonnement. Pour M. Pasteur, la fermentation est une conséquence du bourgeonnement et l'un des phénomènes peut mesurer l'autre.

Ainsi, en constatant que dans la fermentation sans oxygène le rapport entre le sucre décomposé et la levûre formée est de 60 ou 80 à 1, tandis que dans la fermentation en présence de l'oxygène, il n'est que de 4 ou 10 à 1, M. Pasteur se croit en droit de conclure, bien que dans ce dernier cas la fermentation soit plus active, que le caractère ferment de la levûre a été abaissé.

Nous remarquerons d'abord que pour mesurer l'énergie du ferment M. Pasteur se sert ici d'une hypothèse qui peut être discutée.

N'est-il pas plus naturel de mesurer l'énergie d'un ferment par l'effet qu'il produit et, dans le cas actuel, par la quantité de sucre décomposée dans l'unité de temps et par l'unité de poids ?

Ce qui ressort clairement des faits intéressants observés par M. Pasteur, c'est que la levûre peut se multiplier dans un milieu sucré albumineux convenable avec ou sans la présence de l'oxygène libre ; la multiplication est favorisée dans une forte proportion par l'oxygène, ce qui explique pourquoi le rapport entre le sucre dédoublé et la levûre formée passe de 80 : 1 à 4 : 1, mais en même temps l'activité du ferment est notablement accrue, les fermentations sont rapides et tumultueuses.

L'expérience suivante est, du reste, contraire à mon avis à la théorie de M. Pasteur. J'ai étudié avec soin, au moyen d'un procédé de dosage rapide et exact de l'oxygène dissous, décrit ailleurs, les phénomènes respiratoires de la levûre. J'ai pu constater ainsi que dans un milieu liquide tenant de l'oxygène en dissolution, la quantité d'oxygène absorbée par 1 gramme de levûre, dans l'unité de temps, et à la même température, était constante, que le liquide soit saturé d'oxygène, sursaturé, ou contienne une dose d'oxygène plus faible que celle exigée par la saturation. Ainsi en délayant 1 à 2 grammes de levûre dans un litre d'eau aérée, on n'observe un abaissement sensible dans la puissance respiratoire que lorsque la dose d'oxygène descend au-dessous de celle de 1^{cc} par litre. D'un autre côté ces phénomènes respiratoires suivent les mêmes lois dans un milieu sucré et oxygéné renfermant des matières albuminoïdes nutritives, mais l'intensité respiratoire s'élève ; c'est-à-dire que la dose d'oxygène absorbée dans l'unité de temps par l'unité de poids est plus considérable, à la même température, que dans l'eau pure. Enfin j'ai dosé l'alcool produit dans un temps donné, dans deux fermentations placées identiquement dans les mêmes conditions et offrant cette seule différence, que dans l'une on maintenait constamment de l'oxygène dissous. La proportion d'alcool a été trouvée, dans ce cas, sensiblement supérieure, ce qui est conforme aux expériences de Pasteur ; pendant toute la durée de la fermentation, on a pu constater une absorption rapide de l'oxygène, dont l'intensité répondait aux résultats généraux obtenus dans mainte expérience.

Si, comme le veut M. Pasteur, la décomposition du sucre était la conséquence d'une respiration des cellules de levûre aux dépens de l'oxygène combiné, suppléant l'oxygène libre, il semble évident que la fermentation ne devrait pas avoir lieu, ou tout au moins devrait être singulièrement ralentie, en présence de l'oxygène ; or, c'est l'inverse qui est vrai. Le pouvoir respiratoire de la levûre est indépendant de la dose d'oxygène contenue dans le milieu où elle vit ; elle ne varie qu'avec la température et les conditions plus ou moins favorables de nutrition, ainsi qu'avec l'état de santé plus ou moins parfait de la cellule. La levûre placée dans un milieu sucré et oxygéné respire aussi activement et même plus activement que dans l'eau pure, elle satisfait donc pleinement son pouvoir respiratoire aux dépens de l'oxygène libre et cependant elle provoque la fermentation du sucre aussi et même plus activement que dans un milieu non oxygéné. La conclusion de ceci est facile à tirer : le pouvoir respiratoire et le pouvoir comme ferment sont deux qualités inhérentes à la cellule de saccharomyces, mais indépendants l'un de l'autre, en ce sens que l'un des phénomènes n'est pas la conséquence de l'autre. L'énergie de ces deux pouvoirs dépend des conditions plus ou moins favorables à la nutrition et au développement de la levûre ; il n'est donc pas étonnant de les voir s'accroître ou s'affaiblir parallèlement. En d'autres mots, ce ne sont pas, comme le voudrait M. Pasteur, les deux termes variables d'une somme constante, dont l'un est nul quand l'autre a atteint sa valeur maximum ; au contraire, tous les faits tendent à établir que ces deux valeurs s'affaiblissent, s'annulent ou atteignent leur plus grande valeur en même temps, sous l'influence des mêmes causes. En affaiblissant la vitalité de la levûre, on diminue à la fois sa puissance respiratoire et sa puissance comme ferment ; en plaçant au contraire la levûre dans les meilleures conditions physiques et chimiques de nutrition, on voit les deux facteurs croître parallèlement et atteindre ensemble leur maximum. Hâtons-nous cependant d'ajouter que les deux phénomènes sont forcément en dépendance l'un vis-à-vis de l'autre et nous ne pourrions le nier sans être en contradiction avec ce que nous venons de dire. En effet, le sucre est un aliment nécessaire au développement des cellules du saccharomyces, sa présence est donc indispensable à la nutrition de ces cellules. Priver la levûre de sucre ou, ce qui revient au même, la mettre dans l'impossibilité d'agir comme ferment, c'est diminuer sa vitalité, la placer dans un état comparable à l'inanition ; aussi n'est-il pas étonnant de voir diminuer sa puissance respiratoire, toutes choses égales d'ailleurs. Réciproquement, empêcher la levûre de respirer l'oxygène libre, c'est la priver de l'une de ses fonctions les plus importantes, c'est encore la mettre dans des conditions pathologiques ; et son activité comme ferment en sera atteinte comme le constate M. Pasteur lui-même.

Les expériences suivantes viennent toutes à l'appui de cette manière de voir. On sait par les travaux de M. Béchamp que la levûre de bière placée dans les conditions d'inanition, c'est-à-dire conservée sans le contact d'un liquide sucré, subit une modification profonde, qui n'a aucun rapport avec la putréfaction. Elle se ramollit et convertit son protoplasma et une partie de son contenu en principes solubles, parmi lesquels M. Béchamp signale de la leucine et de la tyrosine, une matière albumineuse soluble coagulable par la chaleur, un ferment inversif, une substance gommeuse, des phosphates et de l'acide acétique ; ces phénomènes sont en outre accompagnés d'une production d'alcool et d'acide carbonique, ainsi que d'un dégagement d'azote pur. J'ai moi-même examiné de près cette singulière réaction, et j'ai pu démontrer, dans l'extrait de levûre ramollie, la présence de la xanthine, de l'hypoxanthine, de la carnine, de la guanine.

A la suite de ces premières recherches j'ai cru intéressant

d'étudier les modifications qu'éprouvait la levûre ainsi altérée au point de vue de ses fonctions respiratoires. Je me suis servi, à cet effet, des méthodes décrites ailleurs à propos de l'étude de l'intensité respiratoire de la levûre. Un poids connu de levûre est délayé dans un volume déterminé d'eau aérée, dont on connaît le degré oxymétrique initial ; ce degré est mesuré après 1/4 d'heure ou une demi-heure de respiration. Voici les faits que j'ai observés :

400 grammes de levûre fraîche renfermant 28 gr. 94 pour 100 de matériaux solides fixes, ont été délayés dans de l'eau distillée, de manière à former 2 litres. Cette bouillie homogène a été partagée en 10 parties égales introduites dans des flacons à peu près remplis. Ces flacons ont été abandonnés à eux-mêmes à l'étuve à 20 degrés centigrades.

Je n'ai pas cru devoir employer dans ces expériences l'eau créosotée recommandée par M. Béchamp et dont j'ignorais l'influence dans les titrages oxymétriques ou sur le pouvoir respiratoire. Je courais ainsi le risque de voir apparaître quelques productions végétales étrangères à la levûre, mais dont la faible proportion, par rapport à la levûre, ne pouvait pas entacher les résultats d'une grande erreur.

Au bout de trois jours d'inanition, le premier et le second flacons ont été vidés sur un filtre taré d'avance ; le résidu sur le filtre a été dans ce cas bien lavé à l'eau à 30° jusqu'à épuisement, puis séché et pesé. Déduction faite du poids du filtre, on a trouvé pour les 40 gr. de levûre primitive 5 gr. 37, soit 13, 40 p. 100 de matière solide fixe. Le contenu du second flacon a été bouilli avec de l'eau avant filtration ; le résidu fixe trouvé était de 5 gr. 73, soit 14, 0 0/0.

Après une digestion de cinq jours, suivie d'une ébullition, le 3ᵉ flacon a donné un résidu fixe sec de 4 gr. 16 ou de 10, 4 p. 100.

Après un temps plus long, la diminution de poids des matériaux solides non solubles de la levûre s'affaiblit de plus en plus et devient insensible. La levûre fraîche, lavée à l'eau tiède, perd environ 9 ᵍʳ, 5 0/0 de matériaux solubles. Ainsi en cinq jours la levûre maintenue en inanition transforme en produits solubles, 18, 5 — 9,5 ou 9,5 gr de matériaux insolubles et qui résistent au lavage immédiat.

Arrivée à cette limite, et bien lavée à l'eau tiède jusqu'à épuisement, la levûre se montre presque complétement inerte vis-à-vis de l'oxygène. Ainsi la levûre fraîche respirait à 20 degrés centigrades, par gramme et par heure, 1 cc,4, tandis qu'après épuisement l'absorption d'oxygène dans les mêmes conditions ne s'élevait plus qu'à 0 cc,23. La levûre digérée à jeun pendant 48 heures et bien lavée, étant placée dans un milieu sucré pur, n'y provoque plus qu'une fermentation très-lente, à peine sensible, comme l'a déjà observé M. Béchamp.

Ainsi la digestion à jeun, suffisamment prolongée, et suivie d'un lavage complet, nous fournit un moyen très-simple d'enrayer à peu près en entier, et simultanément, les deux manifestations biologiques les plus caractéristiques de la cellule de levûre. Cependant sa vitalité n'est pas détruite, si toutefois l'expérience n'a pas été poussée trop loin.

A l'eau aérée, contenant la levûre digérée et lavée, qui n'agit plus sur l'oxygène que d'une manière presque insensible, ajoutons de l'eau de lavage de levûre digérée, et nous verrons le phénomène respiratoire, d'abord très-faible, s'accentuer de plus en plus, et reprendre une activité égale et même supérieure à celle de la levûre fraîche simplement délayée dans l'eau pure. La levûre fraîche elle-même respire plus énergiquement, si au lieu d'eau aérée pure, on emploie de l'eau aérée contenant des produits solubles, provenant de la digestion de la levûre.

D'un autre côté, si au mélange de levûre digérée lavée et d'eau sucrée, mélange qui ne révèle qu'une fermentation insensible, nous apportons les produits solubles de la levûre, nous voyons en très-peu de temps la décomposition du sucre s'accuser par un dégagement de plus en plus abondant d'acide carbonique.

Il résulte de l'ensemble de tous les faits signalés dans ce chapitre qu'il n'est plus possible d'envisager la fermentation alcoolique comme le résultat unique de l'intervention biologique d'un être vivant, spécial, caractérisé par sa forme et les conditions de son développement, qui seul aurait le pouvoir de dédoubler tel ou tel composé organique, suivant telle ou telle direction.

Les fermentations nous apparaissent de plus en plus comme des cas particuliers de l'activité chimique des cellules vivantes, et les idées placées en tête de cet ouvrage sur les fermentations trouvent dans les faits nouveaux étudiés dans ce chapitre, une confirmation complète.

M. A. Fitz (Soc. ch. de Berlin, janvier et février 1873) a publié un mémoire étendu sur la fermentation alcoolique produite par le *mucor racemosus*.

Le rapport de l'alcool à l'acide carbonique a été trouvé, comme moyenne de plusieurs déterminations, égal à $\frac{100}{123,1}$, tandis que dans la fermentation alcoolique par la levûre de bière, il est de $\frac{100}{96,3}$.

L'alcool distillé contient un peu d'aldéhyde; le résidu renferme de l'acide succinique; quant à la glycérine, sa présence est douteuse. La dextrine, l'inuline, le sucre de lait, ne fermentent pas alcooliquement en présence du *mucor racemosus*.

Avec le sucre interverti, la fermentation provoquée par le *mucor racemosus* s'arrête après un temps assez court, de sorte que la moitié du sucre reste intacte, si le liquide contenait au début 15 0/0 de sucre.

La cause de cet arrêt rapide dans la fermentation n'est autre que la sensibilité de cette levûre vis-à-vis de l'alcool. M. Fitz a démontré en effet que la fermentation cesse lorsque la teneur en alcool du liquide atteint 3 1/2 à 4 0/0 en poids.

Sous tous les autres rapports le *mucor racemosus* se comporte comme la levûre; il intervertit le sucre, assimile l'azote des sels ammoniacaux et se multiplie aux dépens du sucre (1, 8 p. 100 du sucre décomposé).

M. Traube (Soc. chim. de Berlin, t. VII, p. 887, 1874) a étudié l'action des milieux privés d'oxygène sur le ferment alcoolique.

Les expériences de ce savant le conduisent aux conclusions suivantes.

La cellule du ferment ne se développe pas en l'absence d'oxygène libre, même dans son milieu le plus favorable, le moût de raisin.

La levûre en voie de développement continue à s'accroître dans les milieux appropriés, même en l'absence de toute trace d'oxygène, ainsi que l'a déjà constaté M. Pasteur. Les assertions contraires de Brefeld sont erronées.

La théorie de M. Pasteur, d'après laquelle la levûre, en l'absence de l'air, emprunte au sucre l'oxygène nécessaire à son développement, n'est pas fondée; en effet, ce développement s'arrête longtemps avant que la majeure partie du sucre soit décomposée. C'est aux matières albuminoïdes que la levûre emprunte cet oxygène en l'absence de l'air (?).

La levûre détermine la fermentation alcoolique d'une solution de sucre pur, en l'absence de toute trace d'oxygène, mais sans se développer. Ceci est contraire à l'affirmation de M. Pasteur, que la fermentation est liée à l'organisation de la levûre et un phénomène corrélatif de l'activité vitale des cellules.

CHAPITRE VIII

FERMENTATION VISQUEUSE OU MANNITIQUE DES SUCRES.

Comme tous les phénomènes qui se produisent spontanément
dans les conditions ordinaires de la vie humaine, la fermentation visqueuse est connue depuis longtemps, car elle se développe dans certains vins et certains jus sucrés naturels (jus de
betteraves, de carottes, d'oignons, dans certaines potions et
juleps renfermant du sucre et des matières azotées) et devient
apparente par la viscosité du liquide.

Cette réaction a été étudiée par Braconnot (Ann. de chim. (1)
LXXXVI, p. 97, 1813), Desfosse (Journ. de pharm., XV, p. 604),
François (Ann. de chim. et de phys. (2) T. XLVI, p. 212,
1829), Pelouze et Jules Gay-Lussac (Ann. de chim. et de
phys. (2) LII, p. 410, 1833), Kircher (Annalen, Ch. Pharm.
XXXI, p. 337), Tilley et Maclagan (Philos. magaz. XXVIII,
p. 12), Boutron-Charlard et Fremy (Comp. rend. XII, p. 708,
1841) et enfin par Pasteur (Bulletin soc. chim. Paris, 1861,
p. 30).

La fermentation visqueuse est provoquée, d'après Pasteur,
par une levûre spéciale agissant sur la glucose ou le sucre de
canne préalablement interverti, et les transformant en une
espèce de gomme ou de dextrine; en mannite et en acide car-

bonique. La gomme, la mannite et l'acide carbonique sont les seuls termes constants de cette réaction ; l'acide lactique, l'acide butyrique et l'hydrogène que l'on voit souvent apparaître en même temps, sont des produits d'autres fermentations, dues à des levûres étrangères.

M. Péligot (Traité de chimie de Dumas, t. VI, p. 335, 1843) signala le premier un ferment spécial, capable d'engendrer la fermentation visqueuse dans les dissolutions sucrées auxquelles on l'ajoute. Pasteur reconnut plus tard que ce ferment est constitué par des petits globules réunis en chapelet, dont le diamètre varie de 0^{mm},0012 à 0^{mm},0014, fig. 20. Ces globules

Fig. 20. — Ferment visqueux du vin.

semés dans un liquide sucré contenant des matières azotées nutritives et des substances minérales, donnent toujours lieu à la fermentation visqueuse. 100 parties de sucre fournissent environ 51,09 de mannite et 45,5 de gomme; de plus il se dégage de l'acide carbonique. Ces résultats peuvent se traduire par l'équation :

$$\text{N° 1} \quad 25(C^{12}H^{22}O^{11}) + 25(H^2O) = 12[C^{12}H^{20}O^{10}] + 24(C^6H^{14}O^6)$$
$$\text{Gomme.} \qquad \text{Mannite.}$$

$$+ \ 12 \ CO^2 + 12 \ H^2O$$

Celle-ci exige pour 100 de sucre :

Mannite	51,09
Gomme	45,48
Ac. carbonique	6,18

M. Monoyer (Thèse pour le doctorat en médecine, Strasbourg, 1862) propose de représenter la production de la mannite et de la gomme par deux équations séparées, s'appliquant à deux phénomènes distincts et indépendants l'un de l'autre.

$$N^o 2 \quad 13\,(C^{12}H^{24}O^{12}) + 12\,H^2O = 24\,(C^6H^{14}O^6) + 12\,CO^2$$
$$N^o 3 \quad 12\,(C^{12}H^{24}O^{12}) = 12\,[C^{12}H^{20}O^{10}] + 24\,H^2O$$

qui, ajoutées ensemble, reproduisent l'équation n° 1. Les proportions respectives de gomme et de mannite correspondantes aux résultats précédents, s'obtiennent généralement et avec constance lorsqu'on fait intervenir l'ensemencement du ferment décrit plus haut.

Dans certaines fermentations visqueuses cependant, la proportion de gomme l'emporte sur celle de la mannite. Dans ce cas on s'aperçoit, selon M. Pasteur, de la présence dans le liquide, de globules plus gros et d'une nature différente. Le même auteur ajoute qu'il serait possible que ce second ferment transformât le sucre en gomme seulement, sans qu'il y eût alors fermentation de mannite. Pour prouver l'exactitude de cette vu il faudrait pouvoir isoler le second ferment du premier et le faire agir seul ; jusqu'à présent on n'a pu encore réussir cette séparation. Quoi qu'il en soit, cette variabilité dans la proportion de gomme plaide en faveur de l'opinion de M. Monoyer.

Les liquides les plus aptes à produire la fermentation visqueuse [1], peuvent aussi subir les fermentations lactique et butyrique ; mais, dans ce cas, les êtres organisés qui se développent dans le liquide sont de nature différente.

La gomme qui se forme dans ces conditions est plus rapprochée, par ses caractères, de la dextrine que de la gomme arabique. L'acide azotique la convertit en acide oxalique, sans production d'acide mucique. Les conditions d'action dues à ces ferments gummiques et mannitiques sont les mêmes que celles qui conviennent au ferment alcoolique. La température la plus favorable est de 30 degrés.

---

1. Décoction de levûre de bière filtrée et additionnée de sucre, eaux de farine, d'orge, de riz avec addition de sucre. Les vins blancs sont plus sujets que les vins rouges à cette altération appelée graisse des vins ; cette différence paraît tenir à l'absence de tannin dans les premiers. M. François a proposé l'addition de tannin au vin blanc, comme remède à la maladie graisseuse.

CHAPITRE IX

FERMENTATION LACTIQUE.

Les développements étendus, que nous avons donnés à propos de l'histoire de la fermentation alcoolique, nous permettent d'être beaucoup plus courts en ce qui touche les autres phénomènes de cet ordre attribués assez généralement, depuis les travaux de Pasteur, à l'intervention d'organismes inférieurs. Sauf la réaction chimique et la forme du ferment, les caractères généraux de ces fermentations sont les mêmes, par la raison bien simple que les conditions de nutrition et de développement des ferments organisés ne varient pas dans des limites très-étendues.

Par fermentation lactique, on entend la transformation de certains sucres, sucre de lait, sucre de raisin, en un acide sirupeux, soluble dans l'eau, l'acide lactique. En comparant les formules du sucre qui fermente et de l'acide lactique produit unique de sa fermentation, on voit qu'il s'agit ici d'une simple transformation moléculaire ou plutôt du dédoublement d'une molécule en deux molécules équivalentes plus simples.

On a, en effet :

$$C^6H^{12}O^6 = 2\ C^3H^6O^3$$

Sucre.   Acide lactique.

Cette transformation a été observée depuis longtemps dans une foule de circonstances.

MM. Boutron et Frémy la considérèrent les premiers comme le résultat d'une fermentation spéciale, indépendante de la fermentation visqueuse avec laquelle elle était confondue (Ann. ch. phys. (3), t. II, p. 257, 271).

Lorsque le lait s'aigrit spontanément, c'est le sucre de lait qu'il contient qui se convertit en acide lactique, et c'est du petit-lait aigri que Scheele retirait pour la première fois l'acide lactique, dès 1780. Braconnot rencontra le même acide dans le riz abandonné sous l'eau en fermentation, dans le jus de betterave qui, après avoir éprouvé la fermentation visqueuse et un mouvement de fermentation alcoolique, devient aigre et donne de l'acide lactique et de la mannite ; dans l'eau de fermentation de pois et de haricots bouillis, dans l'eau sure du levain des boulangers. On retrouve le même produit dans l'eau sure des amidonniers et la choucroute. MM. Frémy et Boutron, Pelouze et Gélis ont fixé les meilleures conditions pour amener la transformation rapide du sucre en acide lactique. D'après leurs recherches, la fermentation lactique exige la présence de matières azotées albuminoïdes en voie de décomposition, et ne peut se continuer que si l'on empêche le degré d'acidité de la liqueur de dépasser certaines limites. On atteint le mieux le but, soit en saturant de temps en temps avec du carbonate de soude, soit en ajoutant préalablement une quantité de craie suffisante pour neutraliser tout l'acide qui pourra se former aux dépens du sucre.

Voici brièvement les meilleurs procédés publiés par les auteurs qui se sont occupés de cette question. On prend 3 ou 4 litres de lait, auquel on ajoute une dissolution de 200 ou 300 grammes de sucre de lait ; on abandonne la liqueur à l'air, dans un vase ouvert, pendant quelques jours, entre 15 et 20 degrés. On reconnaît, après ce temps, que la liqueur est devenue acide ; on la sature par du carbonate de soude, et on continue ces saturations successives, de 24 heures en 24 heures, jusqu'à ce que tout le sucre de lait soit transformé. A ce moment, on fait bouillir, on filtre et on évapore à sirop avec ménagements. Le résidu est repris par l'alcool à 38°, qui dissout le lactate de soude. Cette solution est précipitée par une quantité convenable d'acide sulfurique, qui précipite la soude; on filtre et on évapore. Le résidu saturé par la craie donnera des cristaux mamelonnés de lactate de chaux pur. (Boutron et Frémy.)

Le procédé de Bensch est aussi très-recommandable. Il consiste à faire dissoudre 3 ^{k} de sucre de canne et 15 ^{gr} d'acide tartrique dans 13 ^{k} d'eau bouillante. La solution est abandonnée à elle-même pendant quelques jours; après quoi on y ajoute 60 ^{gr} de vieux fromage pourri, délayé dans 4 kilog. de lait caillé et écrémé, ainsi que 1^k 1/2 de craie lavée. Le tout est mis dans un lieu chaud (30-35°) et remué de temps en temps. Après 8 ou 10 jours le liquide se prend en masse de lactate de chaux. On ajoute 10 ^{k} d'eau bouillante et 15 grammes de chaux éteinte; on fait bouillir et on passe par une toile; on évapore et on laisse cristalliser. Les cristaux sont exprimés et purifiés par de nouvelles cristallisations. Le lactate de chaux est ensuite dissous dans l'eau, précipité par une quantité convenable d'acide sulfurique (210 grammes pour 1 ^{k} de lactate); on sépare le sulfate de chaux et on neutralise le liquide par le carbonate de zinc; on obtient ainsi du lactate de zinc facile à purifier par cristallisation, que l'hydrogène sulfuré décompose aisément en acide lactique et en sulfure de zinc insoluble. 9 kil. de sucre donnent ainsi facilement 10 1/2 kilogr. de lactate de chaux.

Le jus de betterave fermenté (Pelouze et J. Gay-Lussac), l'eau de lavage de la choucroute (Liebig) peuvent également servir à l'extraction de l'acide lactique par des méthodes analogues (emploi de la craie ou du carbonate de zinc). On connaissait donc bien les termes de la réaction et les conditions favorables à sa production, mais avant les travaux de Pasteur on n'avait que des idées vagues et mal assises sur la cause provocatrice du phénomène. L'absence apparente d'un ferment organisé que l'on n'avait pu observer [1] prêtait un puissant

1. Le véritable ferment lactique avait cependant été déjà entrevu par le

appui aux idées de Liebig. La caséine ou la matière albuminoïde semblait n'agir sur le sucre qu'en se décomposant elle-même, et l'on pouvait supposer que le mouvement moléculaire, suite de cette altération spontanée, était capable de se transmettre aux principes sucrés contenus dans la liqueur.

M. Pasteur, dès 1857, guidé par des idées bien arrêtées sur les causes de la fermentation alcoolique et des fermentations en général, chercha la levûre lactique, c'est-à-dire l'organisme qui transforme le sucre en acide lactique par l'effet de sa nutrition et de son développement, et parvint à la découvrir et à l'étudier, bien qu'elle n'apparaisse pas avec la même netteté que la levûre alcoolique.

« Si l'on examine, dit-il (Ann. de chim. et de phys. (3) t. LII, p. 407, mémoire sur la fermentation appelée lactique), avec attention une fermentation lactique ordinaire, il y a des cas où l'on peut reconnaître au-dessus du dépôt de la craie et de la matière azotée des taches d'une substance grise formant quelquefois zone à la surface du dépôt. Cette matière se trouve d'autres fois collée aux parois supérieures du vase, où elle a été emportée par le mouvement gazeux. Son examen au microscope ne permet guère, lorsqu'on n'est pas prévenu, de la distinguer du caséum, du gluten désagrégé, etc., de telle sorte que rien n'indique que ce soit une matière spéciale, ni qu'elle ait pris naissance pendant la fermentation. Son poids apparent est toujours très-faible, comparé à celui de la matière azotée primitivement nécessaire à l'accomplissement du phénomène. Enfin, très-souvent, elle est tellement mélangée à la masse de caséum et de craie, qu'il n'y aurait pas lieu de croire

Dr Remak (Remak Canstatt's Jahersbericht. I, 1811), et caractérisé en partie par Blondeau (1848), Journ. de pharm. (3), XII, 244 et 336.

Remak avait observé que les globules de levûre de bière sont souvent mélangés à des globules plus petits qui donnent lieu à une fermentation spéciale, et ne peuvent en aucun cas se transformer en globules de levûre de bière.

Blondeau indique dans la levûre de bière, deux espèces de cellules, les cellules ordinaires de 0m,01 de diamètre, déterminant la fermentation alcoolique et des cellules environ quatre fois plus petites, et déterminant la fermentation lactique. Blondeau leur attribue également la fermentation butyrique et la fermentation ammoniacale de l'urée; en cela il se trompait.

à son existence. C'est elle néanmoins qui joue le principal rôle. »

Pour le prouver, M. Pasteur épuise de la levûre fraîche par quinze à vingt fois son poids d'eau bouillante. Le liquide filtré avec soin renfermant l'aliment azoté et minéral le plus approprié à la nutrition des ferments organisés, est additionné de 50 à 100 grammes de sucre par litre et de craie. On y sème une trace de la matière grise indiquée plus haut, on remplace l'air par de l'acide carbonique et on maintient le tout à 30 ou 35 degrés. On voit en peu de temps se développer tous les symptômes d'une fermentation lactique, accompagnée de ceux d'une faible fermentation butyrique.

Lorsque la craie a disparu, le liquide concentré fournit une abondante cristallisation de lactate de chaux, tandis que l'eau mère retient du butyrate de chaux. Quelquefois la liqueur devient très-visqueuse. En un mot, on a sous les yeux une fermentation lactique des mieux caractérisées, avec tous les accidents et toute la complication habituelle de ce phénomène. En même temps que se passent les réactions décrites, le liquide, limpide à l'origine, se trouble ; un dépôt apparaît qui augmente continuellement à mesure que la craie se dissout. On peut dans cette expérience remplacer la décoction de levûre par celle de toute matière azotée plastique, fraîche ou altérée.

La substance qui s'est déposée et dont la production est corrélative des réactions connues sous le nom de fermentation

Fig. 21. — Levûre lactique.

lactique, ressemble tout à fait, prise en masse, à de la levûre ordinaire, égouttée et pressée. Elle est un peu visqueuse, de couleur grise. Au microscope, elle apparaît comme formée de petits globules ou d'articles très-courts, isolés ou en amas, constituant des flocons ressemblant à ceux de certains précipités amorphes. (Fig. 21.) Les globules, beaucoup plus petits que ceux de levûre de bière, sont agités vivement, lorsqu'ils sont isolés, du mouvement brownien. Lavée à grande eau par décantation, puis délayée dans de l'eau sucrée pure, elle l'acidifie immédiatement, progressivement, mais avec une grande lenteur, parce que l'acidité gêne beaucoup son action. Si l'on fait intervenir la craie, qui maintient la neutralité du milieu, la transformation du sucre est sensiblement accélérée; au bout d'une heure le dégagement de gaz est manifeste; la liqueur se charge de lactate et de butyrate de chaux en quantités variables.

Dans le cas où la solution de sucre renferme une matière azotée et des sels convenables à la nutrition des ferments, la levûre lactique se développe et l'on en recueille des quantités qui n'ont de limites que dans les poids du sucre et de la matière albuminoïde employés. Il faut très-peu de cette levûre pour transformer un poids considérable de sucre. Son activité n'est qu'affaiblie quand on la dessèche ou qu'on la fait bouillir avec de l'eau. La fermentation doit s'effectuer de préférence à l'abri de l'air, pour ne pas être gênée par les végétations et les infusoires étrangers.

La fermentation lactique, dans les conditions indiquées plus haut par M. Pasteur, *lorsque le ferment lactique se développe seul*, est souvent plus rapide que la fermentation alcoolique et moins longue que dans la pratique ordinaire (procédés Boutron et Frémy, Bensch, etc.).

La température la plus favorable paraît être de 35 degrés centigrades environ.

Si, sans rien changer aux conditions du milieu sucré qui, ensemencé avec la levûre lactique, donne une fermentation lactique, on ensemence ce milieu avec des globules de levûre, on voit apparaître la fermentation alcoolique et le développement de la levûre alcoolique.

Enfin, pour compléter l'analogie entre les deux espèces de fermentations, M. Pasteur fait ressortir que le ferment lactique peut, comme la levûre alcoolique, se produire spontanément en apparence dans les liquides sucrés d'une composition appropriée à son développement. Ainsi, dans les fermentations alcooliques dans un milieu artificiel, ensemencé de traces de levûre alcoolique, M. Pasteur a presque toujours vu apparaître la levûre et la fermentation lactiques, à côté de la levûre et de la fermentation alcooliques.

Dans ces cas de production spontanée de levûre lactique, en présence de levûre alcoolique, la prédominance de l'un ou de l'autre organisme, et par conséquent de ses effets, dépend de la composition du milieu, plus ou moins appropriée à l'une ou à l'autre levûre, et notamment des conditions de neutralité du liquide.

Ainsi, si à un mélange d'eau sucrée et de levûre de bière on ajoute de la magnésie, il y aura à la fois fermentation alcoolique et fermentation lactique avec précipitation de lactate de magnésie, et l'on verra, mêlés aux globules de levûre de bière, une quantité considérable de petits globules de ferment lactique. Un milieu légèrement alcalin convient le mieux au développement de la nouvelle levûre; il en est de même, du reste, pour le ferment alcoolique.

Le développement concomitant de la levûre alcoolique et du ferment lactique explique pourquoi on a pu, à plusieurs reprises, signaler la présence de l'acide lactique comme l'un des produits de la décomposition du sucre sous l'influence de la levûre de bière.

Les expériences les plus précises et les plus multipliées ont prouvé à M. Pasteur qu'il ne se forme pas la plus petite quantité d'acide lactique dans les fermentations alcooliques normales.

Lorsqu'il y apparaît, ce qui est fort rare, à moins qu'on ne choisisse les conditions favorables, on peut être assuré que la levûre de bière est mêlée de levûre lactique facile à reconnaître par sa forme, son volume, son fourmillement.

Pour s'assurer de la présence ou de l'absence de l'acide lactique, on opère comme nous l'avons dit plus haut, page 25, pour la recherche de l'acide succinique et de la glycérine. La solution éthérée alcoolique de l'extrait du liquide fermenté est évaporée ; le résidu est saturé par l'eau de chaux ; le liquide est évaporé à nouveau, et le résidu est repris par l'alcool éthéré. Le résidu est enfin épuisé par l'alcool bouillant à 95 p. 100 qui dissout le lactate de chaux.

Sont susceptibles de subir la fermentation lactique : les glucoses et les substances conversibles en glucoses. Les saccharoses qui subissent le plus facilement la fermentation alcoolique sont celles qui ont le plus de peine à se transformer en acide lactique et réciproquement. Le sucre de lait donne très-difficilement lieu à la production d'alcool, tandis qu'il se convertit beaucoup mieux en acide lactique, bien que d'après Lubolt (Journ. J. Prakt. Chem. LXXVII, 282) et Proust (Ann. ch. phys. (2) X, 29) l'action soit très-lente, le sucre de lait se retrouvant dans la liqueur jusqu'à la fin de la fermentation.

La sorbine, l'inosite, la mannite, la dulcite ne subissent pas la fermentation alcoolique, mais sont entamées par le ferment lactique.

Le malate de chaux et, en général, toutes les substances dont la fermentation produit de l'acide butyrique, semblent pouvoir donner de l'acide lactique.

Dans la fermentation du malate de chaux, il se dégage de l'acide carbonique.

$$C^4H^6O^5 = C^3H^6O^3 + CO^2$$

Acide malique.   Acide lactique.

CHAPITRE X

L'urée CH^4Az^2O est, comme on le sait, l'un des principes constitutifs les plus importants de l'urine. Il y apparaît comme la principale forme sous laquelle l'azote est éliminé de l'organisme animal.

Ce corps de composition simple, cristallisable en prismes volumineux, ne diffère du carbonate d'ammoniaque que par les éléments de l'eau.

On a, en effet :

$$CH^4Az^2O + H^2O = CO^2 + 2AzH^3$$

Par l'ébullition avec de l'eau alcaline ou avec l'eau seule, ce phénomène d'hydratation se produit plus ou moins vite. On l'observe même avec les composés plus complexes connus sous le nom d'uréides et dans lesquels on doit admettre la molécule de l'urée associée à d'autres groupements organiques ; tels sont l'acide urique, l'alloxane, la créatine, etc.

Une solution d'urée pure dans l'eau se conserve sans altération pendant longtemps. Il n'en est pas de même des solutions naturelles d'urée, telles que l'urine, qui contient des sels et d'autres principes azotés plus rapprochés des matières albu-minoïdes.

Tout le monde sait qu'au bout d'un temps plus ou moins long, suivant les conditions de température et l'état de santé de l'individu qui a excrété l'urine, ce liquide, après son émission, devient alcalin, d'acide qu'il était auparavant; en même temps il exhale une odeur très-prononcée d'ammoniaque; à ce moment l'urée a disparu, ou est sur le point de disparaître complètement; à sa place on trouve une quantité équivalente de carbonate d'ammoniaque.

Dans certains cas, l'urine est déjà alcaline et ammoniacale dans la vessie.

C'est à ce phénomène, à cette transformation spontanée que l'on a donné le nom de fermentation ammoniacale. (Dumas, Traité de chimie, VI, p. 380.)

D'après les observations de Müller (1860, Journ. für prakt. Ohem. LXXXI, p. 467), et de Pasteur (Compt. rend. L, 869, mai 1860), la transformation de l'urée en ammoniaque et acide carbonique est due à l'intervention d'un ferment organisé spécial, constitué par une *torulacée* et formé de chapelets de globules très-semblables à ceux de la levûre de bière, mais beaucoup plus petits; leur diamètre est d'environ 1,5 millième de millimètre. M. Van Tieghem a fait une étude très-complète de ce ferment. Il se trouve dans le dépôt blanc réuni au fond des urinoirs. M. Jaquemart (Ann. chim. phys. (3) VII, p. 149, 1843) avait déjà signalé ce dépôt comme particulièrement apte à provoquer la transformation.

L'étude, longuement poursuivie, des productions organisées qui se développent dans l'urine exposée à l'air, a convaincu M. Van Tieghem de la présence constante du ferment (toru-lacée), toutes les fois que l'urée fermente, et de la corrélation intime qui lie son développement facile ou pénible, à la trans-formation rapide ou lente de l'urée.

« Dans le cas, exceptionnellement réalisé, où cette torulacée se développe seule, le liquide reste limpide, la fermentation est prompte et le dépôt qui se forme au fond du vase est exclusivement constitué par les chapelets et les amas de globules mêlés aux cristaux d'urates et de phosphate ammoniaco-magnésien. Si la torulacée n'est accompagnée que d'infusoires, ce qui est le cas le plus général, la fermentation, quoique un peu ralentie, est encore facile; mais s'il apparaît, outre les infusoires, des productions végétales dans le liquide et à la surface, la torulacée se développe péniblement et la transformation est très-lente, le liquide pouvant rester acide ou neutre pendant des mois entiers. Si, au lieu d'abandonner l'urine aux chances variables qu'y introduit l'ordre d'apparition des germes de l'air, on la place à l'étuve dans un flacon bouché, en y ajoutant une trace du dépôt d'une bonne fermentation, toutes les variations accidentelles disparaissent et le phénomène s'accomplit toujours de la même manière : un ou deux jours suffisent pour que l'urée disparaisse, et en même temps la torulacée se développe seule. La transformation de l'urée dans l'urine est donc corrélative de la vie et du développement d'un ferment organisé végétal. Ce ferment qui se développe au sein du liquide et surtout au fond du vase où, en s'accumulant, il forme un dépôt blanchâtre, est constitué par des chapelets ou de petits amas de globules sphériques, sans granulations, sans enveloppe distincte du contenu et qui paraissent se développer par bourgeonnement; leur diamètre est de $0^m,0015$ environ. »

Par des expériences directes M. Van Tieghem pense avoir démontré que le dédoublement par hydratation de l'acide hippurique, en acide benzoïque et glycocolle, qui s'observe dans l'urine des herbivores après son émission, est dû à une fermentation analogue à celle qui dédouble l'urée. Le ferment actif serait identique avec le ferment ammoniacal. Ainsi, l'hippurate d'ammoniaque dissous, soit dans l'eau de levûre, soit dans de l'eau sucrée contenant des phosphates, se dédouble toujours comme conséquence du développement d'un végétal microscopique identique avec la torulacée décrite ci-dessus.

(Comptes-rendus de l'acad. des sc., t. LVIII, p. 533.)

D'après Müller l'activité du phénomène est proportionnelle au nombre des globules. Lorsqu'à un mélange de sucre et d'urée en solution aqueuse on ajoute de la levûre de bière, on voit toujours apparaître les petits globules de levûre ammoniacale, dès que le liquide prend une réaction alcaline (Pasteur). La levûre de bière seule décompose le sucre sans provoquer la transformation de l'urée. La température la plus convenable est celle du corps humain (37°).

Enfin, comme pour le moût de raisin et de bière, le ferment ne préexisterait pas dans l'urine; il y serait apporté du dehors sous forme de germes.

La nécessité du ferment ammoniacal, pour la transformation de l'urée dans l'urine, dans les conditions ordinaires de température, soulève une question médicale d'une grande importance. En effet, on a observé de nombreux cas pathologiques où l'urine était déjà plus ou moins fortement ammoniacale dans la vessie. Cette altération accompagne généralement, soit des lésions vésicales ou rénales, soit des maladies générales, graves, telles que la fièvre typhoïde.

Lorsque l'urine est ammoniacale après un sondage, on peut craindre que la sonde n'ait servi de véhicule, et n'ait apporté dans la vessie les germes de la torulacée, en provoquant ainsi l'infection. Une urine ammoniacale provenant d'un malade de la Charité, a été examinée par M. Gayon, à l'instant même de son émission; on y a constaté la présence d'innombrables organismes; l'examen avait eu lieu quelques jours après un sondage.

Cependant, d'après l'avis des chirurgiens, l'urine se présente souvent ammoniacale sans sondage préalable; par exemple, dans les rétentions, bien que le séjour prolongé du liquide dans la vessie ne soit pas la seule condition du phénomène. En effet, M. Verneuil n'a pas trouvé l'urine ammoniacale chez une jeune fille hystérique, sondée après plusieurs jours de rétention.

Comme l'a dit M. Pasteur, le canal de l'urètre, relativement aux infiniment petits qui agissent comme ferment, est comparable au tunnel de la Tamise où ils peuvent circuler facilement.

Si donc, l'on doit s'étonner de quelque chose, c'est plutôt de ne voir apparaître que si rarement l'infection ammoniacale. C'est peut-être parce que l'urine est ordinairement acide et que cette acidité nuit au développement des germes de la fermentation.

Quoi qu'il en soit, M. Pasteur, sans pouvoir en donner la démonstration positive, est porté à croire que le dédoublement de l'urée n'est pas possible sans la présence d'un ferment particulier, et qu'il n'y a pas dans le corps humain de réaction purement chimique, capable de donner naissance à du carbonate d'ammoniaque dans les urines. C'est pour lui une impression née de ses études prolongées sur les ferments et de sa longue expérience. Il avoue cependant que la solution définitive est encore à venir. (Voir à ce sujet la discussion sur les urines ammoniacales à l'académie de médecine, Moniteur scientifique (3), t. IX, p. 143).

En résumé, le dédoublement de l'urée dans l'urine, à la température ordinaire, peut certainement être provoqué par un ferment spécial.

La présence du ferment est-elle indispensable ? cela es possible mais non encore certain.

CHAPITRE XI

Un grand nombre de composés chimiques sont susceptibles de fermenter butyriquement, c'est-à-dire de fournir de l'acide butyrique, comme produit de leur transformation, lorsqu'on les place dans des conditions convenables.

Tels sont l'acide lactique et toutes les substances susceptibles de subir la fermentation lactique, sucres, matières amylacées; les acides tartrique, citrique, malique, mucique, les matières albuminoïdes.

Rien n'est plus facile que de représenter par des équations la production de l'acide butyrique aux dépens de la plupart de ces corps bien définis et de composition connue.

Ainsi, le sucre et l'acide lactique donneraient :

$$C^6H^{12}O^6 = 2\ C^3H^6O^3 = C^4H^8O^2 + 2\ CO^2 + H^4.$$

Glucose.   Acide lactique.   Acide butyrique. Acide carb. Hydrogène.

Pour l'acide malique, on aurait :

$$2\ C^4H^6O^5 = 2\ C^3H^6O^3 + 2\ CO^2 = C^4H^8O^2 + 4\ CO^2 + H^4.$$

Ac. malique.   Ac. lactique.   Ac. carbon.   Ac. butyrique.   Ac. carb. Hydrogène.

L'acide tartrique se dédoublerait en acides butyrique, carbonique et en eau :

$$2\ C^4H^6O^6 = C^4H^8O^2 + 4\ CO^2 + 2\ H^2O.$$

Acide tartrique. Acide butyrique. Acide carb. Hydrogène.

Peut-être se forme-t-il préalablement de l'acide lactique :

$$3\ C^4H^6O^6 = 2\ C^3H^6O^3 + 6\ CO^2 + H^6.$$

Acide tartrique. Acide lactique. Acide carb. Hydrogène.

Suivant M. Personne, l'acide citrique se transformerait préalablement en acides lactique et acétique :

$$4\ C^6H^8O^7 + 2\ H^2O = 3\ C^2H^4O^2 + 4\ C^3H^6O^3 + 6\ CO^2.$$

L'acide mucique qui ne diffère de l'acide citrique que par de l'eau en plus, se dédouble comme lui en acides acétique, butyrique, carbonique et en hydrogène.

$$3\ C^6H^{10}O^8 = 3\ C^2H^4O^2 + C^4H^8O^2 + 8\ CO^2 + H^{10}.$$

Ac. mucique. Ac. acétique. Ac. butyrique. Ac. carb. Hydrogène.

Dans d'autres phénomènes analogues qui s'exercent aux dépens des mêmes substances, on voit apparaître des acides homologues de l'acide butyrique; de même que dans la fermentation alcoolique il se forme des alcools à équivalents plus élevés que celui de l'alcool éthylique.

Ainsi dans les conditions de la fermentation lactique, on voit se former de l'acide propionique, de l'acide acétique, de l'acide valérique aux dépens du sucre ou de l'amidon.

La glycérine mise en contact prolongé avec la levure de bière fournit aussi de l'acide propionique mêlé d'acides formique et acétique. M. Monoyer représente d'une manière générale la production des acides gras aux dépens du sucre par l'équation :

$$\frac{n-1}{8}\ (C^6H^{12}O^6) = \left[\ C^nH^{2n}O^2\ \right] + (n-2)\ CH^2O^2.$$

Acide gras.   Acide formique.

L'acide formique se décomposerait lui-même en acide carbonique et hydrogène.

Le tartrate de chaux brut, mêlé à des matières organiques et abandonné en été sous l'eau, fermente et fournit un acide qui fut d'abord identifié avec l'acide propionique, mais qui d'après Limpricht et von Uslar serait isomère de l'acide propionique ordinaire.

Le tartre brut, sans addition de chaux, ne donne que de l'acide acétique. On a :

$$2\ C^4H^6O^6 = C^3H^6O^2 + 5\ CO^2 + H^6.$$
Acide tartrique.   Acide propionique.

$$C^4H^6O^6 = C^2H^4O^2 + 2\ CO^2 + H^2.$$
Acide acétique.

Dans la fermentation de l'acide mucique, dont nous avons parlé plus haut, l'acide butyrique, qui n'apparaît que tardivement et en petite quantité, doit être considéré comme un terme secondaire. Le phénomène principal se résume au point de vue chimique par l'équation :

$$C^6H^{10}O^8 = 2\ C^2H^4O^2 + 2\ CO^2 + H^2.$$

Tous les composés du groupe malique, les acides malique, fumarique, aconitique, aspartique et l'asparagine subissent, sous forme de sels de chaux et en présence des matières animales en voie de décomposition, une transformation en divers produits parmi lesquels il convient de signaler l'acide succinique comme terme principal.

Avec l'acide malique on aurait :

$$2\ C^4H^6O^5 = C^4H^6O^4 + C^2H^4O^2 + 2\ CO^2 + H^2.$$
Acide malique.   Acide succinique.   Acide acétique.

La somme des trois derniers termes du second membre donne la composition de l'acide tartrique; on pourrait donc envisager la fermentation succinique comme le résultat de deux réactions. Dans la première, deux molécules d'acide malique

se convertiraient en une molécule d'acide tartrique et une molécule d'acide succinique.

$$2\ C^4H^6O^5 = C^4H^6O^4 + C^4H^6C^6,$$

Acide malique.   Acide succinique.   Acide tartrique.

La seconde réaction serait la fermentation de l'acide tartrique
formulée plus haut.

La production de l'acide valérique dans la fermentation succinique du malate de chaux s'explique par l'équation :

$$2\ (C^4H^6O^4) = C^5H^{10}O^2 + 3\ CO^2 + H^2.$$

Acide succinique.   Acide valérique.

Les acides maléique, fumarique, aconitique, ne différant de
l'acide malique que par de l'eau en moins, leur transformation
en acide succinique s'explique de la même manière.

Enfin l'acide aspartique pouvant être considéré comme de
l'acide amido-succinique, et l'asparagine comme de l'acide
amido-succinamique, la production de l'acide succinique à leurs
dépens ne peut pas surprendre.

Nous venons de passer en revue un grand nombre de réactions; toutes elles appartiennent à la classe des fermentations,
parce qu'elles sont provoquées par certains corps qui n'agissent
que par leur présence.

Elles ont en outre un côté commun, la formation d'acides de
la série grasse.

La cause de ces fermentations doit-elle être attribuée à la
présence d'un ferment spécial pour chacune d'elles, comme on
l'a vu pour les fermentations lactique et alcoolique? Nous ne
pouvons que rester à ce sujet dans le vague et l'incertain.

En effet, cette cause n'a été bien étudiée et déterminée par
Pasteur que pour la fermentation butyrique du sucre et du lactate de chaux.

Dans la fermentation du tartrate d'ammoniaque M. Pasteur
a trouvé un ferment semblable au ferment lactique, qui en
agissant sur le paratartrate d'ammoniaque fait subir la dé-

composition au tartrate gauche; ce qui constitue un nouvel exemple de fermentation élective, comparable à celle que nous avons observée pour la lévulose et la glucose.

Pour M. Pasteur, la décomposition butyrique du lactate de chaux est due à la présence dans le liquide d'un ferment spécial, *fermentum butyricum.*

« Le ferment butyrique est constitué par de petites baguettes cylindriques arrondies à leurs extrémités, ordinairement droites, isolées ou réunies par chaîne de 2, 3, 4 articles et même davantage. La largeur de ces bâtonnets est en moyenne de 2 millièmes de millimètre et la longueur des articles isolés varie de 2 à 20 millièmes de millimètre. Ces organismes s'avancent en glissant. Pendant ce mouvement, leur corps reste rigide ou éprouve de légères ondulations; ils pirouettent, se balancent et font trembler leurs extrémités; souvent ils sont recourbés. Ces êtres singuliers se reproduisent par fissiparité.

Le ferment butyrique est donc un infusoire du genre vibrion. » (Pasteur, Comp. rend. LII, p. 344, février 1861.)

Le même auteur a constaté que ce ferment, placé dans une solution de sucre contenant des phosphates et des sels ammoniacaux, se reproduit et détermine la fermentation butyrique.

Les conditions de son développement sont celles de la fermentation lactique.

Température la plus favorable : 40 degrés; milieu neutre ou légèrement alcalin. Un milieu acide s'oppose au développement des germes du ferment butyrique. Cependant, une fois formé, il peut vivre et provoquer la décomposition du sucre ou de l'acide lactique dans un milieu acide, pourvu qu'il n'y ait pas excès d'acidité.

M. Pasteur avait d'abord avancé que les vibrions butyriques non-seulement vivent sans oxygène libre (1), mais que l'oxygène les tue. La théorie respiratoire des fermentations, proposée depuis par ce savant, ne s'accorde pas avec ce fait. Si la fermentation est le résultat d'un tel besoin d'oxygène, que le

____

1. Les ferments alcoolique et lactique sont dans le même cas.

ferment l'enlève aux composés organiques, en provoquant leur décomposition par rupture d'équilibre, on ne comprend plus que l'oxygène soit un poison pour le ferment. Je ne sais du reste pas si M. Pasteur a maintenu depuis cette opinion que l'oxygène tue les vibrions butyriques.

Les conditions de nutrition du ferment butyrique sont, d'après Pasteur, les mêmes que celles de tous les ferments en général. Cependant, vu son apparition plus tardive, par rapport au ferment lactique, dans les mélanges qui subissent la décomposition lacto-butyrique, on peut admettre qu'il a besoin pour se nourrir de substances albuminoïdes en voie d'altération plus avancée.

Généralement avec le sucre, on voit apparaître successivement les fermentations visqueuses, lactique et butyrique. Cependant il n'est pas encore prouvé que la fermentation butyrique ne puisse apparaître avant la fermentation lactique et s'exercer sur le sucre lui-même.

Putréfaction. — Fermentation putride. — Les matières albuminoïdes et les corps voisins, qui entrent dans la constitution des organismes vivants, jouissent depuis longtemps d'une réputation d'instabilité toute spéciale, variable du reste avec la nature du corps. Avant les travaux de Pasteur, on admettait généralement que ces produits, dès qu'ils sont soustraits à l'influence de la vie, de la force vitale qui seule serait capable de les maintenir dans leur intégrité, commencent à se transformer, à s'altérer et à se décomposer en divers principes, parmi lesquels se trouvent des composés à odeur forte et putride.

Les remarquables travaux d'Appert sur la conservation des substances animales, ceux de Gay-Lussac sur la fermentation du moût de raisin, avaient fait penser que l'intervention momentanée de l'oxygène est nécessaire pour provoquer un premier mouvement d'altération. Cette impulsion initiale une fois donnée, le phénomène de décomposition se poursuit spontanément; et la matière organique en voie de transformation est même susceptible de transmettre le mouvement moléculaire dont elle est animée à des corps plus stables, tels que le sucre, qui par eux-mêmes ne subissent aucune modification. C'est, comme nous l'avons déjà vu, la théorie de la fermentation empruntée par Liebig à Stahl et à Willis, avec certaines modifications de formes.

Cependant Schwann (Ann. de Poggend., XLI, p. 184), Uré (Journal. prakt. Chem., XIX, 186), Helmholtz (J. f. pra. Ch., XXXI, p. 429) avaient démontré que la plupart des substances altérables, chauffées dans un ballon avec de l'eau, de manière à chasser tout l'air par l'ébullition, ne s'altèrent plus lorsqu'au lieu de laisser rentrer de l'air ordinaire dans le matras qui se refroidit, on a soin de n'y faire pénétrer que de l'air préalablement chauffé au rouge. Dans ces conditions, la putréfaction n'apparaît pas et l'on n'observe pas non plus le développement d'infusoires ou de moisissures.

La présence abondante des infusoires et des moisissures dans la putréfaction était connue depuis longtemps, mais on ne pensait pas que ces êtres microscopiques étaient les vraies causes déterminantes des altérations. Ils se développent, disait-on, grâce aux germes apportés par l'air ou déjà contenus dans les corps altérables ou par génération spontanée, et parce qu'ils rencontrent un terrain favorable à leur nutrition. Entre leur apparition et la putréfaction il n'y a qu'un lien de concomitance.

Schwann et les auteurs cités plus haut pensaient, au contraire, que les germes des infusoires et des moisissures provoquent la putréfaction en se développant, et comme preuve ils présentaient leurs expériences où la putréfaction ne se produisait plus lorsqu'on détruisait les germes préexistants et qu'on empêchait leur introduction par l'air.

Comme la calcination de l'air donnait lieu à quelques objections, notamment à celle d'une altération possible des principes constitutifs de ce gaz, Schrœder et Th. v. Dusch (Ann. der Chem. und. Phar., t. LXXXIX, p. 232) reprirent les expériences de Schwann, avec cette différence qu'au lieu de laisser rentrer de l'air calciné dans les matras, où la substance organique avait été bouillie, ils firent simplement filtrer l'air à travers une couche suffisamment épaisse de coton cardé ; on arrive ainsi à arrêter mécaniquement les germes et les particules solides tenues en suspension, mais sans porter atteinte en quoi que ce soit aux propriétés et à la composition de l'air. Le moût de bière, le bouillon, la viande récemment bouillie dans l'eau, se conservent alors très-bien, même pendant les chaleurs de l'été.

Quelques faits contradictoires venaient cependant prêter des arguments aux adversaires de la théorie de la putréfaction sous l'influence des infusoires. Ainsi les auteurs des expériences citées tout à l'heure avaient eux-mêmes reconnu que le lait récemment bouilli se coagule, s'aigrit et se putréfie tout aussi bien dans l'air tamisé que dans l'air ordinaire ; la viande non trempée dans l'eau, mais simplement chauffée au bain-marie ne se conserve pas non plus dans l'air tamisé ; dans ces deux cas on n'observe ni infusoires ni moisissures et cependant l'altération se produit.

Il est donc évident, disait-on (Gerhardt, Chimie organ., t. IV, p. 545), que c'est bien l'air qui apporte et dépose dans les matières en putréfaction les germes des êtres organisés, mais il n'est pas moins certain que ceux-ci ne sont pas la cause première de la décomposition, puisqu'elle peut s'effectuer sans leur concours. Si l'air calciné ou tamisé est moins actif, dans beaucoup d'expériences, que l'air ordinaire, c'est qu'on lui enlève par ces opérations non-seulement les germes des infusoires, mais encore les débris des matières en décomposition qui y sont suspendus, c'est-à-dire les ferments dont l'activité viendrait s'ajouter à celle de l'oxygène.

La question en était là, lorsque Pasteur reprit l'étude de la putréfaction en se plaçant au point de vue qui l'avait guidé dans ses recherches sur les fermentations. Soutenu par l'idée que tous ces phénomènes trouvent leur explication dans la présence, le développement et la multiplication de végétaux ou d'animaux microscopiques, il cherche à établir qu'il en est de même dans la putréfaction des substances azotées animales.

Ses expériences sont dirigées dans deux voies qui conduisent au même but et se confirment l'une l'autre.

D'une part, elles tendent à démontrer que la putréfaction est toujours accompagnée de la présence, du développement et de la multiplication d'êtres vivants, organisés, infiniment petits.

D'un autre côté, elles établissent que toutes les fois que l'on se place dans des conditions convenables pour éviter la présence de germes d'organismes au début de l'expérience, l'altération n'apparaît pas, *même dans les produits les plus altérables*. Elles sont de nature, par leur précision et leur portée, à écarter les objections que soulèvent les altérations partielles, observées par ses devanciers, Schroeder et v. Dusch, et dont il a été question plus haut.

Nous parlerons de la seconde série d'expériences à propos de l'origine des ferments, nous contentant de dire ici que tous les essais si multipliés de Pasteur conduisent à une solution positive. En empêchant le contact des germes avec la matière animale, on empêche en même temps toute trace de fermentation et d'altération.

M. Pasteur distingue deux ordres de phénomènes dans la putréfaction : les uns se produisent sous l'influence de ferments organisés qui vivent sans le concours de l'oxygène, comme le ferment butyrique ; dans les autres, au contraire, l'oxygène intervient, comme élément essentiel, comburant ; l'oxydation est également provoquée par des organismes.

Il sera traité des combustions lentes dans le chapitre de la fermentation acétique ; cette fermentation nous offrira un exemple simple et net des réactions de ce groupe, et pourra être considéré comme type des combustions lentes. Nous n'avons rien à ajouter ici à ce qui sera dit à ce sujet, et il ne nous reste qu'à parler des putréfactions à l'abri de l'oxygène ou de la *fermentation putride*.

Lorsque dans un liquide putrescible, contenant des matières organiques albuminoïdes, l'oxygène dissous a été absorbé et a disparu complétement sous l'influence des premiers infusoires développés, tels que le monas crepusculum et le bactérium termo, « les vibrions ferments qui n'ont pas besoin de ce gaz pour vivre, commencent à se montrer et la putréfaction se déclare aussitôt. Elle s'accélère peu à peu, en suivant la marche progressive du développement des vibrions. Quant à la putridité, elle devient si intense que l'examen au microscope d'une seule goutte de liquide est chose très-pénible.

Il résulte de ce qui précède que le contact de l'air n'est aucunement nécessaire au développement de la putréfaction. Bien au contraire, si l'oxygène dissous dans un liquide putrescible n'était pas tout d'abord soustrait par l'action d'êtres spéciaux, la putréfaction n'aurait pas lieu ; l'oxygène ferait périr les vibrions qui tenteraient de se développer à l'origine. »

Lorsque le liquide putrescible est exposé à l'air, on observe simultanément les deux ordres de réactions; il se forme à la surface un véritable voile composé de bactériums, de mucors et de mucidinées, qui arrête l'oxygène et l'empêche de pénétrer dans le liquide. Les vibrions qui s'y multiplient, à l'abri de ce rempart, transforment par fermentation les matières albuminoïdes en produits plus simples, tandis que les bactériums et les mucors provoquent la combustion de ces produits et les ramènent à l'état des combinaisons les moins complexes de la chimie. Tel est le tableau, dessiné par M. Pasteur (Compte-rend. juin 1863), de l'ensemble des phénomènes putrides.

Nous avons déjà fait des réserves plus haut relativement à cette singulière propriété des vibrions de ne pouvoir supporter la présence de l'oxygène.

L'opinion de Schwann, Ure, Helmholtz, Schroeder et v. Dusch, et enfin de Pasteur, relative à la cause des putréfactions, est corroborée par les procédés mêmes que l'on peut mettre en œuvre pour préserver les corps altérables. Les conditions de conservation sont précisément celles qui s'opposent au développement des êtres organisés.

Tels sont l'emploi du froid (0 degré et au-dessous), d'une température suffisamment élevée. Les matières albuminoïdes cuites résistent plus longtemps à la putréfaction parce que l'on a tué les germes qui s'y trouvaient, mais l'altération se manifestera néanmoins si l'on ne se gare pas convenablement des effets du dehors. Le procédé d'Appert, qui consiste à cuire les viandes ou les substances alimentaires altérables dans des boîtes en fer hermétiquement scellées, réalise ces conditions. On tue les germes sans qu'il puisse en arriver de nouveaux. Comme, en même temps, la petite quantité d'air contenue dans la boîte perd son oxygène, on avait pensé que la conservation dépendait de cette élimination complète de l'oxygène à 100 degrés.

La privation totale d'eau s'oppose très-efficacement au développement d'êtres vivants. Aussi peut-on conserver, pour ainsi dire indéfiniment, la viande et les légumes desséchés.

Toutes les substances connues comme antiseptiques sont en même temps les ennemis des ferments. Ainsi le sel marin ordinaire, l'alcool, la créosote, le phénol, l'acide salycilique, l'acide sulfureux, les sulfites, l'acétate de potasse (Sacc), l'acide carbonique, le tannin, les acides, beaucoup de sels métalliques (sels de cuivre, de mercure, de fer, d'alumine, chromates de potasse), l'acide arsénieux, l'acide prussique, l'eau de chaux dont les propriétés anti-putrides sont connues et expérimentées, sont aussi, aux doses où ils agissent, des poisons pour les ferments de divers ordres.

L'action préservatrice de l'huile, de la graisse, des cendres, du sable fin, du son, de la sciure de bois, de la paraffine et de la gélatine en enduits, s'explique parce que ces corps poreux ou imperméables empêchent l'arrivée et l'accès des germes apportés par l'air, comme le coton cardé dans l'expérience de Schroeder.

Produits de la putréfaction. — Les produits de la putréfaction sont très-nombreux. Cela se conçoit facilement, d'abord parce que l'altération d'un organe ou d'un liquide extrait directement de l'économie animale ou végétale est la résultante de l'altération des diverses parties constituantes qui s'y trouvent. L'étude spéciale des termes de la putréfaction de chaque substance albuminoïde en particulier, n'a été tentée que dans un petit nombre de cas.

En second lieu, les composés en apparence définis, qui subissent la fermentation putride, sont si complexes eux-mêmes dans leur constitution, que l'on doit s'attendre à rencontrer un grand nombre de dérivés formés par le dédoublement putride.

Les termes les plus constants, qui apparaissent dans les putréfactions à l'abri de l'air, sont : la leucine et probablement quelques-uns de ses homologues, la tyrosine, des acides gras volatils de la série $C^nH^{2n}O^2$ (acides formique, acétique, propionique, butyrique, valérique, caproïque, etc.), l'ammoniaque et quelques ammoniaques composées (éthylamine, propylamine, amylamine, triméthylamine), l'acide carbonique, l'hydrogène sulfuré, l'hydrogène, l'azote.

Si nous nous reportons à ce qui sera dit à propos du dédoublement des matières albuminoïdes sous l'influence de l'hydrate de baryte, nous pouvons nous rendre facilement compte de l'apparition de ces divers produits. D'une part, les albuminoïdes contiennent les éléments de l'urée et doivent être envisagés comme des uréides composées. Ce seul fait explique l'apparition de l'acide carbonique et d'une partie de l'ammoniaque (voir fermentation ammoniacale).

Les albuminoïdes se dédoublent par hydratation sous l'influence de la baryte en fournissant de la leucine et quelques-uns de ses homologues, de la tyrosine et un sulfure. Ces premiers termes peuvent probablement subir l'action ultérieure de ferments et fournir de l'ammoniaque et des acides gras volatils. On sait, en effet, qu'en présence de la fibrine putréfiée, la leucine se dédouble en ammoniaque et acide valérique. On a :

$$C^6H^{13}AzO^2 + 2H^2O = C^5H^{10}O^2 + AzH^3$$
$$+ CO^2 + H^4.$$

Tout porte à croire que la putréfaction est un phénomène complexe, qu'elle n'est qu'une série successive de fermentations s'exerçant sur des termes de plus en plus simples.

Ainsi, par exemple, lorsqu'on abandonne la fibrine à l'altération spontanée à l'abri de l'air, elle se dédouble d'abord en deux principes, comme sous l'influence du sel marin. L'un de ces principes est de l'albumine, qui, en raison de sa plus plus grande résistance à l'action des ferments, se retrouvera pendant longtemps dans le liquide putride. Le second produit de ce dédoublement, subissant assez vite une altération plus profonde, fournit les acides acétique, butyrique, valérique et caprique, ainsi que de l'ammoniaque (Brendecke) qui évidemment dérivent des acides amidés homologues de la leucine.

Les réactions chimiques, qui accompagnent la putréfaction des albuminoïdes, sont donc, pour la plupart, des phénomènes d'hydratation que l'on peut reproduire identiquement, en dehors de l'action vitale, par les seules forces chimiques. Or nous verrons que les phénomènes de ce genre peuvent être provoqués par l'action de ferments solubles, diastasiques ou indirects ; et l'on est conduit à supposer qu'une partie au moins des transformations, subies par les substances protéiques et leurs dérivés les plus immédiats, sont la conséquence de phénomènes de cet ordre (fermentations indirectes).

Rien ne rappelle mieux la fermentation putride, au point de vue des termes dérivés, que l'altération éprouvée par les éléments constitutifs de la levûre, lorsque celle-ci est abandonnée à elle-même, à jeun, privée de sucre et d'oxygène. On voit, en effet, apparaître la leucine, la tyrosine, la sarcine, etc. C'est un premier pas ; le phénomène s'arrête là et ne va pas plus loin ; la levûre ou le ferment soluble spécial qu'elle secrète sont impropres à attaquer davantage ces corps ; mais si l'on attend le développement des vibrions, on constatera la production d'ammoniaque, d'acide carbonique, d'acides gras volatils, en même temps que la leucine disparaîtra en partie.

M. Ulysse Gayon a publié tout récemment, sous forme de

thèse pour le doctorat ès sciences (Paris, 1875, faculté des sciences de Paris, n° 362), un travail très-étendu sur les altérations spontanées des œufs. La question était importante, et d'un grand intérêt pour les adversaires de la théorie des générations spontanées. De plus, les faits observés par M. Donné et par M. Béchamp à ce sujet, semblaient contraires aux idées de M. Pasteur sur la cause générale des putréfactions. Élève et préparateur de M. Pasteur, M. Gayon cherche à faire rentrer l'altération spontanée des œufs et leur putréfaction dans la loi générale énoncée par son maître.

M. Donné (Expériences sur l'altération spontanée des œufs, Comp. rend. de l'Ac., LVII, p. 450, 1863) avait dit : « Si l'on prend des œufs naturels, non agités, et qu'on les abandonne à eux-mêmes, ils restent des semaines et des mois, même pendant les grandes chaleurs de l'été, sans subir aucune altération putride. L'œuf n'exhale aucune odeur, et rien, absolument rien de vivant, soit de la vie végétale ou de la vie animale, ne s'est produit, ni à la surface de la membrane, ni dans l'intérieur de la matière; pas traces d'infusoires ni de végétaux microscopiques.

« Si, au contraire, par des secousses, on détruit la structure physique de l'intérieur de l'œuf, c'est-à-dire si l'on rompt la trame, les cellules du corps albumineux, et qu'on opère ainsi le mélange du jaune et du blanc; alors, même sans accès de l'air extérieur, en se garantissant même de cette intervention par un surcroît de précaution, tel qu'une couche de collodion répandue à la surface de l'œuf, on voit tous les phénomènes de décomposition apparaître, après un temps plus ou moins long, suivant la température, mais toujours en moins d'un mois ; tous les phénomènes de décomposition, excepté toutefois la production d'êtres vivants de l'un ou de l'autre règne, car, quel que soit le degré de pourriture auquel on laisse arriver l'œuf, on n'y peut découvrir la moindre trace d'animalcules, ni de végétaux microscopiques; la matière de l'œuf est trouble, d'une couleur livide, elle exhale une odeur fétide au moment où l'on brise la coque, mais rien, absolument rien, no bouge dans cette matière ; rien ne vit, et l'examen microscopique le plus attentif et le plus répété n'y fait pas découvrir le moindre être organisé ou vivant. »

Ajoutons que M. Béchamp n'avait pas vu non plus d'organismes dans les œufs pourris.

Les expériences de M. U. Gayon, dans les détails desquelles nous ne pouvons entrer, le conduisent aux conclusions suivantes :

« La putréfaction dans les œufs, en présence ou en l'absence de l'air, est corrélative du développement et de la multiplication d'êtres microscopiques de la famille des vibrioniens.

« En d'autres termes, contrairement au résultat trouvé par MM. Donné et Béchamp, les œufs ne font pas exception à la grande loi de corrélation que M. Pasteur a démontrée pour tous les phénomènes de fermentation proprement dite. »

Nous voici donc, au sujet des œufs, en présence de deux affirmations très-nettes. L'une dit blanc, l'autre dit noir. M. Donné n'a pas vu. M. Gayon a vu. Nous manquons de balance pour peser et comparer l'adresse des deux observateurs. Il nous semble certain que M. Gayon a vu ce qu'il décrit ; mais nous ne saurions affirmer que M. Donné s'est absolument trompé, et que dans les conditions où il était placé les œufs contenaient des vibrioniens qu'il n'a pas trouvés.

A défaut d'autre critérium, nous relèverons un fait très-important signalé par M. Gayon lui-même.

Cet habile micrographe a observé que quelques-uns de ses œufs mis en expérience à la température de 25 degrés environ, brouillés ou non, éprouvaient une modification spéciale, distincte de la putridité ordinaire et de la fermentation acide [1].

---

1. Dans certains cas, M. Gayon a vu le contenu des œufs, surtout des œufs brouillés, se transformer en une masse homogène, de consistance butyreuse et de couleur jaune clair, d'une odeur aigre et d'une réaction franchement acide. M. Béchamp a observé une altération analogue sur un œuf d'autruche et a pu reconnaître la présence de l'alcool, de l'acide acétique et de l'hydrogène sulfuré. M. Gayon attribue cette altération, à laquelle il donne le nom de fermentation acide, à la présence d'organismes spéciaux. Ce sont des bâtonnets immobiles,

La masse décomposée a une teinte jaune sale, une odeur de matières animales sèches, une grande fluidité; on y remarque, en outre, un grand nombre d'aiguilles cristallines et de mamelons cristallins, formés de tyrosine. Elle renferme des quantités de tyrosine et de leucine, beaucoup plus grandes que dans la putréfaction ordinaire. M. Gayon n'a pu découvrir, dans ces cas, trace d'organismes microscopiques, ni dans l'intérieur, ni à la surface, ni dans l'épaisseur des membranes. Cependant la tyrosine et la leucine sont les symptômes palpables, évidents de la décomposition des matières albuminoïdes. Entre la production de ces corps et les phénomènes appelés putréfaction, il n'y a pas, au point de vue chimique, de distinction très-franche à établir. Ce sont des réactions du même ordre, des décompositions plus ou moins profondes de la molécule protéique; les traces d'hydrogène sulfuré et d'autres produits fétides qui communiquent aux putréfactions une odeur si repoussante, ne peuvent servir à établir une ligne de démarcation absolue et philosophique entre la décomposition sans organismes, observée par M. Gayon, et les putréfactions appelées à tort proprement dites.

Il semble résulter de là que les matières albuminoïdes peuvent éprouver certaines décompositions, certains dédoublements sans le concours d'organismes vivants.

Au moyen d'un appareil très-simple et très-ingénieux, M. Gayon a pu extraire les gaz contenus dans les gros œufs d'autruche en putréfaction.

Un de ces œufs en pleine putréfaction, lui a fourni 150 cent. c. de gaz contenant pour 100 :

Hydrogène sulfuré	Traces
Acide carbonique	30.5
Hydrogène	40.2
Azote	29.3
	100.0

à contours pâles, à teintes homogènes, articulés deux à deux ou isolés, de 5 à 10 millièmes de millim. de longueur, sur 0,5 à 0,7 millièmes de millim. de largeur.

La présence de l'azote serait due à l'accumulation d'une certaine quantité d'air, dans la chambre à air, avant la putréfaction.

Parmi les produits solides et liquides de la putréfaction des œufs, on a reconnu la présence de petites quantités de leucine et de tyrosine, de produits alcooliques, d'acides volatils (acide butyrique). Le sucre a disparu.

CHAPITRE XII

FERMENTATIONS PAR OXYDATION.

La fermentation acétique et les réactions que nous placerons à côté d'elle, en leur donnant le nom générique de fermentations par oxydation, ont un caractère spécial, que nous n'avons retrouvé dans aucun des phénomènes étudiés jusqu'à présent.

La matière fermentescible et le ferment n'interviennent plus seuls dans la réaction, l'une fournissant les éléments constitutifs des nouveaux corps qui se forment, l'autre agissant comme cause. Le concours d'un troisième facteur, de l'oxygène de l'air devient nécessaire.

En d'autres termes, sous le nom de fermentations par oxydation, nous parlerons des combustions provoquées par les organismes vivants qui servent, pour ainsi dire, d'intermédiaires entre l'oxygène de l'air et le corps combustible ou matière fermentescible. Quant aux produits de cette combustion, ils pourront varier suivant la nature du corps qui est brûlé, et iront même jusqu'aux termes simples des combustions les plus complètes (eau et acide carbonique).

Nous plaçons en première ligne la *fermentation acétique de l'alcool.*

On sait depuis longtemps que l'alcool contenu dans des

liquides fermentés, vin, bière, etc., peut disparaître dans certaines circonstances et faire place au vinaigre ou acide acétique, et que l'air ou plutôt son oxygène interviennent dans cette réaction. Les progrès de la chimie et la détermination exacte des compositions respectives de l'alcool et de l'acide acétique rendent un compte simple et net de la réaction; elle peut se formuler ainsi :

$$C^2H^6O + O^2 = H^2O + C^2H^4O^2.$$
Alcool. Acide acétique.

L'oxydation peut se faire en deux temps avec production d'un terme intermédiaire, l'aldéhyde.

$$C^2H^6O + O = H^2O + C^2H^4O.$$
Alcool. Aldéhyde.

$$C^2H^4O + O = C^2H^4O^2.$$
Aldéhyde Acide acétique.

Au point de vue chimique pur nous nous trouvons en face d'un phénomène très-simple, sur lequel nous n'avons pas à nous arrêter.

Les causes déterminantes de cette oxydation fixeront plus spécialement notre attention. Doebereiner ayant montré par une expérience devenue classique, que la vapeur d'alcool mélangée à l'oxygène de l'air s'acidifie, en se transformant en acide acétique, crut avoir établi par là la véritable théorie du phénomène, dont les conditions essentielles devenaient l'action simultanée de l'alcool et de l'oxygène, en présence d'un corps poreux (platine divisé, charbon, copeaux de bois, etc.), capable de favoriser par action de contact, action *catalytique*, l'oxydation de l'alcool.

C'est sur cette idée que reposait à l'origine le procédé d'acétification rapide, dit procédé allemand, qui fut installé la première fois par Schützenbach en 1823. Bien longtemps auparavant Boerhaw avait déjà introduit dans la pratique un procédé industriel analogue. Il employait des cuves de 3 mètres de haut et de 1 mètre et demi de diamètre, avec double fond percé de trous, placé à 30 centimètres du fond. On entasse sur le faux fond et jusqu'au haut, de manière à remplir la cuve, des rafles de raisins exprimés. L'une des cuves est entièrement remplie de vin, l'autre ne l'est qu'à moitié; après 24 heures, on soutire de la cuve pleine, et l'on verse dans l'autre, assez de liquide pour remplir celle-ci ; on répète alternativement cette opération jusqu'à acidification complète. On comprend que dans la cuve à moitié pleine le liquide alcoolique qui imprègne les rafles se trouve exposé à l'action de l'air sur une grande surface; aussi l'oxydation est-elle singulièrement favorisée par ce fait.

Dans le procédé Schützenbach, on se sert d'une grande cuve en bois de chêne, de 2 à 3 mètres de hauteur sur 1 mètre de diamètre, munie d'un faux fond percé de trous et placé à environ 30 centimètres du fond. A quelques centimètres plus haut, le pourtour de la cuve est régulièrement percé d'une série de trous, formant circonférence dans leur ensemble. Ces orifices sont inclinés de dehors en dedans, pour éviter la sortie du liquide. A la partie supérieure, à 30 centimètres du couvercle, se trouve posé un nouveau faux fond, percé de beaucoup de petits trous et de plusieurs grands trous; ces derniers sont ordinairement fermés par des tampons, et sont destinés au renouvellement de l'air, lorsque celui-ci est désoxydé. Le tout est fermé par un couvercle muni d'un orifice en entonnoir, que l'on peut fermer, pour l'introduction des liquides à oxyder. On remplit l'intervalle entre les deux faux fonds avec des copeaux de hêtre. Un thermomètre placé dans l'intérieur de la cuve donne une idée de l'intensité des réactions.

Tout étant ainsi disposé, on commence par verser du vinaigre chaud dans la cuve, celui-ci filtre à travers les copeaux, les imprègne et facilitera plus tard ou plutôt provoquera l'oxydation de l'alcool. Pour la transformation en vinaigre, on emploie des mélanges convenables d'eau, d'alcool et de vinaigre, analogues à ceux qui servent dans le procédé d'Orléans. La température de l'air ambiant est maintenue à 21°. Le liquide alcoolique employé est chauffé entre 26 et 27 degrés ; dans les cuves la température s'élève spontanément de 38 à 42 degrés.

La liqueur alcoolique n'est jamais complétement oxydée par un premier passage dans la cuve ; l'opération se répète, une ou deux fois, soit sur la même cuve, soit sur d'autres cuves voisines (voir pour plus de détails les ouvrages spéciaux de technologie chimique). Dans les bonnes fabrications on obtient un rendement qui ne diffère pas de plus de 6 pour 100 en moins, du rendement théorique ; encore cette perte peut-elle être amoindrie par des dispositions accessoires convenables, dont nous ne pouvons nous occuper ici.

La méthode française d'acidification du vin, dite méthode d'Orléans, est bien différente. Nous en dirons quelques mots, avant d'aborder les résultats obtenus par les travaux de Pasteur et les conséquences qu'on en a tirées pour la pratique.

L'oxydation se fait dans des tonneaux couchés les uns à côté des autres, sur des cadres en bois supportés par des colonnes en pierres. A la partie supérieure et antérieure de chaque tonneau sont percés deux orifices d'inégales grandeurs; le plus grand sert à l'introduction et au soutirage des liquides, l'autre à la rentrée de l'air. Ces tonneaux, de 200 à 400 litres de capacité, appelés mères, sont d'abord remplis au tiers de vinaigre fort et bouillant; on y ajoute ensuite 11 à 12 litres de vin, qu'on abandonne à lui-même ; au bout de huit jours d'acétification, on rajoute une nouvelle dose de vin et ainsi de suite, jusqu'à ce que le tonneau soit à moitié rempli de vinaigre. On soutire alors au moyen d'un siphon un tiers du contenu de la mère, et l'on recommence les additions de vin par portions de 11 à 12 litres. On arrive ainsi à une marche régulière et continue. On voit souvent, sans cause apparente, telle ou telle mère refuser d'acidifier le vin, ou ne donner lieu qu'à une oxydation très-lente et paresseuse; dans ce cas, l'emploi d'un vin plus fort, ou d'une température plus élevée ramène quelquefois le phénomène à son activité normale. Ces anomalies n'ont trouvé leur explication que dans les travaux de Pasteur. On juge que l'opération dans un tonneau est terminée, lorsqu'un bâton plongé dans le liquide se recouvre d'une mousse épaisse blanche (fleur de vinaigre) ; tant que la mousse est rouge, on continue les additions de vin.

La température la plus favorable est comprise entre 24 et 27 degrés.

Dans cette fabrication spéciale du vinaigre, l'influence des corps poreux pour déterminer l'oxydation ne pouvait être invoquée comme dans l'expérience du platine ou dans la fabrication par la méthode allemande. D'après les connaissances spéciales des vinaigriers, on attribuait l'acidification à l'action d'un dépôt, qui se forme dans les tonneaux, et auquel on donnait le nom de mère de vinaigre.

Dans les idées de Liebig qui ont longtemps dominé dans la science, les matières organiques mortes ou vivantes, qui se trouvent en contact avec l'alcool dans le vin, possèdent la propriété, après avoir absorbé de l'oxygène, d'oxyder à la température ordinaire d'autres substances organiques et inorganiques. Cette propriété existerait chez les substances organiques solides qui sont en état de décomposition ou de putréfaction. Pour appuyer cette manière de voir, Liebig (Ann. de chim. (4), XXIII, p. 178) rappelle l'expérience de de Saussure, qui a vu le terreau, mis en présence d'un mélange d'hydrogène et d'oxygène, donner lieu à la formation d'eau et à la disparition de l'hydrogène et d'une quantité équivalente d'oxygène. En quelques mots et pour ne pas entrer dans trop de développements sur une question qui paraît jugée, Liebig explique la production d'acide acétique par un mouvement communiqué par des principes en voie de décomposition, mouvement qui dans le cas actuel provoquerait leur oxydation.

A vrai dire, ses idées manquent de netteté. Tantôt, en effet, il cherche la clef du phénomène dans une action catalytique des corps poreux ; tantôt se rapprochant de sa théorie générale des fermentations, il l'attribue à l'influence d'un ferment (matière organique en voie de décomposition).

Tel était l'état de la question, lorsque Pasteur entreprit ses recherches sur les causes de l'acétification spontanée du vin et des liqueurs alcooliques.

L'oxydation de l'alcool est pour lui la conséquence de l'action d un cryptogame du genre mycoderma.

Voici le résumé des expériences sur lesquelles il se fonde.

Si à la surface d'un liquide organique quelconque, renfermant essentiellement des phosphates et des matières organiques azotées, on fait développer une espèce quelconque du genre mycoderma, jusqu'à ce que toute la surface du liquide en soit couverte; si ensuite on enlève au moyen d'un siphon et avec précaution le liquide nourricier, sans faire tomber les lambeaux de membranes; enfin si on remplace ce liquide par un volume égal d'eau alcoolisée à 10 pour 100, on voit immédiatement la plante placée dans ces circonstances anormales de nutrition, mettre en réaction l'oxygène de l'air et l'alcool du liquide. L'acétification commence sur-le-champ et se poursuit avec une grande activité. Au bout d'un certain temps le phénomène, gêné par la grande acidité du liquide, se ralentit; mais on lui rend toute son activité en remplaçant le liquide acide par de l'eau alcoolisée. Il arrive cependant un moment où la plante, en partie décomposée elle-même, communique au liquide, grâce aux éléments organiques et minéraux de ses tissus mortifiés, des propriétés nutritives pour les diverses espèces du genre mycoderma. Les phénomènes changent alors de face; l'acide acétique et l'alcool disparaissent avec une grande rapidité et le liquide arrive à un état de neutralité complète; c'est que dès que la plante trouve dans le milieu sous-jacent les principes nutritifs propres à son développement, elle provoque des phénomènes d'oxydation bien plus intenses et brûle non seulement l'alcool, mais encore l'acide acétique, en le convertissant en eau et acide carbonique.

Cette combustion complète s'observe toutes les fois que l'on fait développer les mycodermes sur des liquides alcooliques renfermant les aliments propres à la nourriture de la plante, tels que le vin, la bière, les liquides organiques fermentés; à moins toutefois qu'on ne place, volontairement ou accidentellement, le mycoderme dans les conditions d'un développement incomplet ou gêné, c'est-à-dire dans un état pathologique.

En résumé les mycodermes se développant à la surface d'un liquide alcoolique, renfermant des principes nutritifs convenables, brûlent l'alcool et le réduisent au même état que l'oxygène au rouge (combustion complète). Si, au contraire, on diminue l'activité vitale du mycoderme, soit en le privant de ses aliments, soit par tout autre moyen, les phénomènes d'oxydation qu'il pourra provoquer n'iront pas aussi loin, et l'alcool pourra se changer en acide acétique. Les expériences de M. Pasteur démontrent également que l'influence attribuée aux corps poreux organisés ordinaires, dans la fabrication allemande du vinaigre, est le résultat d'une observation incomplète. Si les copeaux de hêtre agissent, ce n'est pas en raison de leur porosité, mais bien parce que leur surface est couverte de pellicules minces de mycoderme ; les contacts multipliés avec l'air favorisent le phénomène, mais n'en sont pas les causes déterminantes. Pour le prouver, M. Pasteur fait écouler le long d'une corde de l'alcool étendu d'eau. Les gouttes qui tombent à l'extrémité de la corde ne renferment pas la plus petite quantité d'acide acétique. L'expérience a duré plus d'un mois, avec une vitesse d'écoulement extrêmement faible, une goutte par deux ou trois minutes. Si l'on répète cette expérience, en ayant la précaution de tremper la corde, au début, dans un liquide à la surface duquel se trouve une pellicule de mycoderme, qui reste en partie sur elle, lorsqu'on la retire, l'alcool qui s'écoule lentement le long de cette corde se chargera d'acide acétique, et l'acétification pourra se prolonger plusieurs semaines.

M. Mayer a fait des expériences analogues qui confirment entièrement les données de Pasteur. Ainsi, du papier à filtrer, bouilli préalablement avec de l'acide chlorhydrique à 50/0, puis avec de la soude caustique à 50/0 et enfin lavé à l'eau distillée, a été couché à la surface d'un liquide alcoolique sans donner lieu, même après un mois, à la formation de la moindre trace d'acide acétique. Le résultat a été tout aussi négatif, en remplissant un entonnoir de fragments de verre et du même papier, et en laissant couler lentement l'alcool (9 p. 100) à travers cette masse filtrante.

M. Pasteur n'est pas entré plus profondément dans la question et n'a pas recherché par quel mécanisme les mycodermes peuvent ainsi provoquer des oxydations plus ou moins énergiques.

Dans un de ses derniers écrits sur cette question (Réponse aux critiques de M. Liebig, Ann. chim. physi. (4), t. XXV, p. 148, 1872) il s'exprime ainsi :

« Ce petit végétal microscopique *(mycoderma aceti)* a la faculté de condenser l'oxygène de l'air à la manière du noir de platine ou des globules de sang (1) et de porter cet oxygène sur les matières sous-jacentes. »

D'après ces quelques mots, il semble que M. Pasteur assimile l'action de son ferment organisé, le mycoderma vini, à celle du noir de platine ; dans le fond sa théorie de la fermentation acétique différerait peu de celle de Liebig. Le dernier admet que les substances poreuses mortes participent des propriétés du noir de platine, Pasteur au contraire ne concède cette qualité qu'à des organismes vivants.

Les expériences de Mayer tendent à prouver que l'oxydation par les mycodermes est un phénomène biologique spécial, qui ne peut pas être attribué uniquement à l'état physique de la plante ferment. En effet, il suffit de chauffer un liquide alcoolique, couvert de sa pellicule de mycoderme acétique et en pleine voie d'acidification, pour arrêter toute oxydation ; cependant il est difficile d'admettre que dans ces conditions l'état physique ait été sensiblement modifié.

M. Mayer relève en outre des différences notables entre le mode d'action du platine divisé et celui du mycoderma vini. Pour le premier, une élévation de température au-dessus de 35 degrés favorise l'oxydation, en augmentant la tension de vapeur de l'alcool, tandis que l'activité maximum du mycoderma aceti se place entre 20 et 30 degrés ; son pouvoir oxy-

1. L'oxygène des globules du sang est fixé à l'hémoglobine, et n'a pas d'action oxydante beaucoup plus énergique que l'oxygène dissous ordinaire.

dant s'annule au-dessous de 10° et au-dessus de 35 degrés. On peut avec le platine oxyder de l'alcool très-concentré; la concentration est même un facteur favorable; pour l'acétification physiologique, l'alcool employé ne doit guère contenir plus de 10 p. 100 d'hydrate d'éthyle.

La conséquence immédiate et pratique des résultats obtenus par Pasteur est que pour agir efficacement, le mycoderme doit être à la fois en contact avec l'air et avec le milieu alcoolique. Sur ce principe est fondée la nouvelle méthode industrielle d'acétification des liquides fermentés, appliquée aujourd'hui sur une certaine échelle à Orléans. Voici comment on procède.

On commence par semer le mycoderma aceti à la surface d'un liquide aqueux contenant 2 p. 100 d'alcool, 1 p. 100 de vinaigre et des traces de phosphates alcalins et alcalino-terreux. Lorsque la surface est envahie par la membrane l'alcool commence à s'acidifier. Ce phénomène étant en pleine évolution, on ajoute tous les jours au liquide, par petites portions, de l'alcool ou du vin, ou de la bière mélangée d'alcool; en continuant ainsi jusqu'à ce que l'oxydation se ralentisse; on laisse alors l'acétification se terminer, et l'on soutire le vinaigre. La membrane est recueillie, lavée et employée pour une nouvelle opération. Il convient de fournir toujours à la plante assez d'alcool pour éviter qu'elle ne porte son activité sur l'acide acétique. Celle-ci ne doit pas non plus séjourner trop longtemps en dehors du liquide; elle perdrait sans cela son activité; enfin il convient de modérer son développement pour empêcher l'oxydation comburante.

Une cuve, de 1 mètre carré de section, et de 50 à 100 litres de capacité, peut fournir par jour 5 à 6 litres de vinaigre. On suit les phases de l'opération au moyen d'un thermomètre divisé en dixièmes de degrés, dont la boule plonge dans le liquide.

Lorsqu'on opère avec de l'alcool étendu, il convient d'ajouter au liquide $\frac{1}{10000}$ d'un mélange de phosphate de magnésie, de phosphates de potasse et d'ammoniaque.

Des dispositions spéciales permettent l'introduction du liquide, sans que l'on soit dans la nécessité de déranger la couche superficielle du mycoderme. Les cuves sont cylindriques

Fig. 22. — Mycoderma aceti.

ou prismatiques de 1 mètre carré de section et de 20 centimètres de profondeur, fermées par un couvercle muni d'orifices pour l'accès de l'air.

Il nous reste à dire quelques mots des caractères botaniques du mycoderma aceti.

Les membranes continues, ridées ou lisses, que l'on trouve à la surface des liquides en voie de fermentation acétique, sont généralement formées (fig. 22) de cellules très-petites, allongées, dont le grand diamètre varie de 1, 5 à 3 millièmes de millimètre ; ces cellules sont réunies en chaînes ou sous forme de bâtonnets recourbés. La multiplication paraît s'effectuer par la section transversale des cellules ayant atteint leur développement ; cette section est précédée d'un étranglement médian, qui a été considéré, par certains auteurs, comme un caractère morphologique de la cellule.

Il résulte de cette description, que le mycoderme du vinaigre appartient à la famille des bactéries.

Les conditions générales de nutrition des bactéries acétiques ont été établies par Pasteur, et se rapprochent jusqu'à un certain point de celles de la levûre de bière.

C'est ainsi que les sels minéraux, les phosphates alcalins et alcalino-terreux, les matières azotées protéiques ou les sels ammoniacaux sont des éléments nécessaires au développement de ces organismes. L'alcool étendu (10 p. 100 au plus) semble, par rapport à eux, tenir lieu de matière hydrocarbonée ; il peut être suppléé par l'acide acétique ; car, suivant M. Pasteur, l'af-

faiblissement progressif que subit le vinaigre, lorsqu'on abandonne l'acétification trop longtemps à elle-même, est due à une
combustion subséquente de l'acide acétique.

M. Blondeau (Compt. rend., t. LVII, p. 953) a même observé
que le sucre peut s'acidifier sans passer par l'état d'alcool, sous
l'influence de la mère de vinaigre.

Il convient encore de relever, que l'activité du ferment est
augmentée par la présence dans le liquide d'une certaine quantité d'acide acétique.

En général, les agents antiseptiques, qui par leur présence
entravent et arrêtent le développement de la levûre de bière et
par conséquent la fermentation alcoolique, agissent dans le
même sens par rapport au mycoderma aceti. L'acide sulfureux
est surtout actif dans ce sens; et c'est en partie pour éviter
l'acétification du vin, que l'on a soin d'ajouter, dans les tonneaux destinés à le recevoir, de l'acide sulfureux ou d'y brûler
des mèches soufrées.

Le *mycoderma vini*, dont nous avons déjà parlé plus haut
(page 51) se rapproche sous beaucoup de rapports du ferment
acétique. Comme lui, il se développe à la surface des liquides
alcooliques fermentés, sous forme de membranes, de peaux
lisses ou ridées; cependant ces dernières sont beaucoup plus
épaisses et plus résistantes. Il agit également comme moyen
de transport de l'oxygène de l'air à l'alcool du milieu et aux
autres principes combustibles; mais, sous son influence, la
combustion est complète, et accompagnée de production d'acide
carbonique et d'eau; c'est à cette action qu'il faut attribuer
le rapide affaiblissement des vins couverts du mycoderme.
Nous avons vu ailleurs, qu'enfoncé au sein d'un liquide sucré,
il peut agir comme la levûre de bière et faire fermenter alcooliquement.

Ses principes nutritifs sont les mêmes que ceux de la mère de
vinaigre (alcool, sels, composés azotés); en outre, il paraît aussi
pouvoir utiliser comme aliments certains produits secondaires
de fermentation alcoolique, tels que l'acide succinique et la
glycérine. Les formes des cellules de ce mycoderme, formes

que nous savons être variables, semblent dépendre en grande partie des conditions de nutrition.

Son activité de développement paraît comprise entre 16 et 30 degrés centigrades.

Combustions lentes. — Les mycodermes dont nous venons de parler ne sont pas les seuls ferments organisés capables de provoquer la combustion lente des matériaux carburés.

On sait depuis longtemps, que les matières organiques d'origine végétale et animale, abandonnées au contact de l'air, subissent des transformations progressives et complexes, connues sous les noms de putréfactions, de combustions lentes, d'érémacausie, qui ont pour résultat de les tranformer en principes de plus en plus simples, par voie de dédoublement et d'oxydation; de sorte qu'en fin de compte le carbone est restitué à l'atmosphère sous forme d'acide carbonique, l'hydrogène sous forme d'eau, l'azote comme azote libre ou comme ammoniaque. M. Pasteur a démêlé, dans ce fait compliqué de la fermentation putride, deux ordres de phénomènes distincts, bien qu'ils se rattachent l'un et l'autre aux réactions provoquées par des organismes vivants. Le premier comprend les putréfactions qui s'accompiissent sans le concours de l'oxygène de l'air, dont la cause réside dans la présence des vibrions; nous en avons parlé à la suite de la fermentation butyrique, à laquelle ces phénomènes se trouvent liés.

Le second, la combustion lente, est dû aux bactéries, aux mucors, aux mucédinées, c'est-à-dire à des ferments végétaux qui, comme les mycoderma vini et autres, possèdent la remarquable propriété de provoquer l'oxydation d'une foule de principes organiques (sucres, alcools, acides organiques, matières azotées albuminoïdes, etc.), aux dépens de l'oxygène de l'air.

Après avoir prouvé par des expériences précises, sur lesquelles nous reviendrons à propos de la question de l'origine des ferments, que les combustions lentes spontanées des matières animales ou végétales dépendent fatalement du développement d'organismes dans l'intérieur ou à la surface des substances qui s'altèrent, que sans organismes il n'y a pas de combustion ni d'absorption d'oxygène, M. Pasteur trace le tableau suivant de l'altération putride au contact de l'air. (Comptes-rendus, juin 1863.)

Une matière animale choisie parmi les plus altérables, du sang par exemple, ou de l'urine, se conserve indéfiniment en présence de l'air calciné ou privé de ses germes : dans ces conditions, l'absorption d'oxygène est peu sensible et la putréfaction est nulle, en même temps il ne se produit pas d'infusoires. Si au contraire cette même substance reste exposée à l'air ordinaire, elle s'oxyde, se putréfie et il se développe des infusoires.

« Il est de connaissance vulgaire que la putréfaction met un certain temps à se déclarer, temps variable suivant les circonstances de température, de neutralité, d'acidité ou d'alcalinité du liquide. Dans les circonstances les plus favorables, il faut au minimum environ vingt-quatre heures pour que le phénomène commence à être accusé par des signes extérieurs. Pendant cette première période, un mouvement intestin s'effectue dans le liquide. mouvement dont l'effet est de soustraire entièrement l'oxygène de l'air qui est en dissolution et de le remplacer par du gaz acide carbonique. La disparition totale du gaz oxygène, lorsque le milieu est neutre ou légèrement alcalin, est dû en général au développement des plus petits infusoires, notamment le *monas crepusculum* et le *bacterium termo*. Un très-léger trouble se manifeste, parce que ces petits êtres voyagent dans toutes les directions. Si le vase contenant le liquide putrescible est largement ouvert à l'air, les bactérium ne périssent que dans la masse liquide, après la soustraction de l'oxygène, en continuant au contraire à se propager à l'infini à la surface, parce que celle-ci est en contact avec l'air. Ils y provoquent la formation d'une mince pellicule, qui va en s'épaississant peu à peu, puis tombe au fond du vase pour se reformer, tomber encore et ainsi de suite. Cette pellicule à laquelle s'associent divers mucors et des mucidinées, empêche la dissolution du gaz oxygène dans le liquide et permet par conséquent le développement de vi-

brions. Pour ces derniers le vase est comme fermé à l'introduction de l'air.

Le liquide putrescible devient alors le siége de deux genres
d'actions chimiques fort distinctes, qui sont en rapport avec
les fonctions physiologiques des deux sortes d'êtres qui s'y
nourrissent. Les vibrions d'une part, vivant par la coopé-
ration du gaz oxygène de l'air, déterminent dans l'intérieur
du liquide des actes de fermentation, c'est-à-dire qu'ils transforment les matières azotées en produits plus simples, mais
encore complexes.

Les bactériums (ou les mucors), d'autre part, comburent ces
mêmes produits et les ramènent à l'état des plus simples combinaisons ordinaires (l'eau, l'ammoniaque et l'acide carbonique). »

Les composés qui résistent le plus lontemps à la combustion
lente sont les acides gras fixes, formant l'adipocire des anciens
chimistes, la cellulose ou ses dérivés de deshydratation (acides
ulmiques, terreau, tourbe).

L'acide oléique au contraire disparaît entièrement.

On connaît encore bien peu dans leur détail ces divers phénomènes de combustion lente.

Un même organisme peut-il provoquer ou non la combustion de divers principes organiques, éloignés les uns des autres
par leur constitution ; l'action de l'oxygène est-elle progressive
ou dès le début complète ? etc. Il se pose ainsi une foule de
questions secondaires, offrant plus ou moins d'intérêt, mais
dont la solution réclame des recherches longues et minutieuses, semblables à celles qui ont porté sur la fermentation
alcoolique. Malgré cela, la cause du phénomène est connue et
la voie pour de nouvelles investigations est ouverte.

CHAPITRE XIII

APPLICATIONS DES TRAVAUX ET DES IDÉES DE M. PASTEUR

Nous avons déjà vu, au sujet de. la fermentation acétique, quelles conséquences M. Pasteur a tirées de ses observations, pour régulariser et faciliter la transformation en vinaigre des liquides fermentés.

La fabrication de la bière peut aussi, d'après ce savant, tirer un parti avantageux de l'étude raisonnée des fermentations et des ferments.

Si au moût de bière on ajoute de la levûre de bière ordinaire, en grande partie formée de cellules de saccharomyces cerevisiæ avec très-peu d'organismes étrangers, les conditions étant les plus favorables au développement de la levûre, elle se multipliera à peu près seule, en provoquant une fermentation alcoolique franche. Comme la dose de levûre initiale se trouve après la fermentation multipliée par 6 ou 7, en supposant que l'extérieur n'ait rien fourni en fait de germes étrangers, on conçoit que la nouvelle levûre sera plus pure que la première. En continuant ainsi avec celle-ci de nouvelles fermentations de moûts de bière, on arrivera, par une espèce de sélection, semblable à celle décrite par M. Raulin à propos de l'aspergillus niger, à une levûre très-pure, exempte de tout organisme étranger. Ce résultat une fois obtenu, il suffira de maintenir l'intégrité, la pureté du ferment, en préservant du contact de l'air, les cuves de fermentation de la bière et en opérant en vase fermé et non dans des cuves ouvertes. Le principe de la nouvelle méthode brevetée par M. Pasteur, dans le détail de laquelle nous ne pouvons entrer, repose donc sur l'emploi d'une levûre pure et sur une fermentation à l'abri de l'air, pour éviter l'introduction d'organismes étrangers qui, en se développant ultérieurement, provoqueraient des altérations d'un autre ordre (lactique, etc.).

A cet effet, le moût, après cuisson, est dirigé bouillant dans des vases en bois ou en métal, et refroidi dans un courant de gaz carbonique, ou d'air purifié de ferments, puis mis en levain.

La bière, après la première fermentation, est soutirée dans des fûts où elle achève de se faire et de s'éclaircir. Le moût peut être transporté aux plus grandes distances, et la bière a, selon M. Pasteur, des qualités supérieures de goût et de conservation.

Conservation du vin. — M. Pasteur a fait une étude attentive et très-développée des altérations diverses que peuvent éprouver les vins, à différentes phases de leur conservation. Ses observations sont consignées dans un très-bel ouvrage publié sur ce sujet. Nous ne pouvons ici qu'indiquer les conséquences les plus générales de l'auteur.

Ce savant attribue les altérations des vins au développement de ferments vivants spéciaux.

A chaque ordre d'altération, à chaque maladie correspondrait un organisme spécial. Les germes de ces ferments se trouvent dans le moût de raisin fermenté et peuvent se développer lorsque les conditions deviennent favorables.

Pour éviter leur développement et permettre au vin de se conserver indéfiniment, sans aucune altération, il suffit d'élever la température momentanément, jusque vers 60 degrés contigrades. Les germes sont tués à cette température relativement basse, à cause de la présence de l'alcool (8, 10, p. 100).

Le chauffage des vins avait déjà été proposé comme moyen
de conservation par M. Vergnette de la Motte, mais c'est à

Fig. 23. — Appareil Giret et Vinas pour le chauffage des vins.

M. Pasteur que l'on doit l'explication rationnelle de ce procédé.
Il a également mieux précisé les conditions de l'opération.

Le chauffage peut s'exécuter sur le vin en bouteilles ou sur le vin en fûts.

La figure 23 ci-dessus représente l'appareil de Giret et Vinas pour le chauffage continu du vin. Il se compose d'un foyer surmonté de tubes droits communiquant avec la cheminée. Un bain-marie entoure complétement les tubes. Le cylindre du bain-marie est fixé au foyer, au moyen de deux rebords, entre lesquels est une bande de toile trempée dans de la colle de farine. Les deux rebords sont pressés par des pinces en fer, de sorte que ce cylindre peut se démonter facilement. Le vin circule dans une caisse formée de deux cylindres concentriques reliés en haut et en bas par deux rondelles annulaires. Le réfrigérant est formé d'un cylindre contenant une caisse intérieure identique à la précédente. Le couvercle du réfrigérant est mobile et fixé par une disposition semblable à celle qui sert à relier le cylindre au foyer.

Les surfaces en contact avec le vin sont étamées. Le bain-marie contient de l'eau, le réfrigérant ne reçoit que du vin, aussi bien dans la caisse qu'autour d'elle.

Les flèches indiquent le sens de la circulation ; un thermomètre placé dans la boule du tube qui relie le bain-marie au réfrigérant donne la température maxima. (Voir, pour plus de détails à ce sujet, la Chimie technologique de Wagner, traduction française.)

Applications des idées de M. Pasteur à la pathologie. — Il y a quelques années j'écrivais ces lignes (Chimie appliquée à la physiologie animale, à la pathologie et au diagnostic médical, par P. Schutzenberger, 1864) : « Toutes les maladies contagieuses par inoculation ou par contact plus ou moins direct, épidémiques et endémiques, sont évidemment provoquées par l'introduction dans l'organisme vivant de substances étrangères toxiques, produisant un véritable empoisonnement. Lorsque dans une affection de ce genre, le choléra, la fièvre jaune, la pustule maligne par exemple, les symptômes généraux et l'évolution ont un caractère de constance bien marqué, malgré les différences de races, d'espèces ou d'individualité, on est forcément conduit à admettre la nature spécifique du poison qui donne lieu à telle ou telle série de manifestations pathologiques.

Ces conclusions tirées de faits nombreux, observés sur toutes les parties du globe, sont si simples et si naturelles que personne ne les conteste; mais lorsqu'il s'agit de préciser la nature de la substance morbifique, comme l'on entre dans le domaine de l'hypothèse, les opinions les plus variées et les plus contradictoires sont émises et peuvent être soutenues avec des apparences de probabilité plus ou moins grandes.

Depuis longtemps on a cherché à expliquer les affections infectieuses par des fermentations intra-organiques, déterminées par des corps étrangers que tout portait à faire considérer comme étant de nature organisée; mais à une époque où les idées sur la fermentation proprement dite étaient encore vagues et mal définies, il était difficile de soutenir solidement une semblable doctrine.

Il nous semble, depuis longtemps, que les travaux de M. Pasteur sur cette question n'ont pas seulement abouti à mieux préciser qu'on ne le pouvait avant lui des faits en partie connus, mais qu'ils sont destinés dans l'avenir à jeter une vive lumière sur l'étiologie et l'histoire pathologique des maladies contagieuses, épidémiques et endémiques. Cependant nous n'aurions pas osé discuter ici une conviction personnelle, partagée du reste par beaucoup de médecins et d'observateurs, mais ne reposant encore que sur des analogies, si une découverte récente, due à l'habile investigation de M. Davaine, n'était venue prêter à cette manière de voir un point d'appui solide, celui d'un fait positif, acquis définitivement à la science, fait qui ne restera certainement pas isolé.

Nous partons de l'hypothèse que la plupart des maladies infectieuses ont pour cause immédiate la pénétration dans l'organisme et le développement de germes de ferments ou de ferments déjà formés, vivants et de nature végétale ou animale, et nous utiliserons les connaissances acquises, pour appuyer cette opinion d'un certain ensemble de probabilités. Nous reconnaissous néanmoins, dès le début, qu'il faut attendre, pour se prononcer d'une manière définitive, une preuve directe et expérimentale, comme celle qui a été donnée par M. Davaine pour le sang de rate ou la pustule maligne. Nous pensons que les recherches sur les fermentations et les putréfactions nous ont conduits assez loin, pour que des essais sérieux puissent être tentés dans cette direction avec quelque espoir de succès. »

Depuis dix ans que cette page est écrite, des expérimentateurs habiles, guidés par le même ordre d'idées, et parmi eux je dois citer M. Pasteur lui-même (recherches pendant l'épidémie du choléra), ont étudié ce sujet avec grand soin, et cependant, il faut le dire, rien n'est sorti de ces travaux ; la question de l'étiologie des maladies infectieuses n'a pas fait un pas sérieux en avant ; l'observation de M. Davaine est restée isolée.

Faut-il en conclure que ces prévisions si séduisantes sont erronées et doivent être rejetées, ou bien l'observation est-elle impossible avec les moyens de grossissement dont nous disposons ?

Il est difficile d'affirmer d'un côté ou de l'autre, et toute question réclame pour être décidée des faits positifs ; les résultats négatifs ne peuvent servir que comme contrôle.

FIN DU LIVRE PREMIER.

LIVRE II

MATIÈRES ALBUMINOÏDES — FERMENTS SOLUBLES OU INDIRECTS — ORIGINE DES FERMENTS

CHAPITRE PREMIER

MATIÈRES ALBUMINOÏDES OU PROTÉIQUES

Les matières albuminoïdes ou protéiques jouent un si grand rôle dans les phénomènes biologiques en général, et dans la nutrition des ferments en particulier, qu'il nous est impossible de ne pas consacrer quelques pages à l'étude de ces corps.

Si ces substances représentaient des espèces chimiques bien définies et bien classées dans le cadre des composés organiques ; en d'autres termes, si elles avaient une constitution connue, nous nous contenterions de renvoyer le lecteur aux ouvrages de chimie pure, comme nous l'avons déjà fait pour les sucres fermentescibles. Mais malheureusement, malgré de nombreux et importants travaux, on peut dire que l'histoire des substances protéiques est encore l'une des plus obscures de la chimie organique, l'un des désidérata les plus urgents de la science biologique

Tant que la question de la constitution des principes immédiats des tissus animaux n'aura pas été résolue, la chimie physiologique aura beau poursuivre, par l'analyse immédiate la
plus minutieuse, les divers éléments d'un organe, d'un liquide
normal ou pathologique; on se heurtera toujours contre l'inconnu, dans l'interprétation des résultats trouvés. Les réactions si multiples et si variées, dont l'organisme est le siége,
peuvent être envisagées comme de véritables fermentations
dans lesquelles les corps fermentescibles sont en partie repré-
sentés par des substances protéiques. Il n'est pas nécessaire
d'insister beaucoup, pour faire comprendre combien ces réactions, observées dans telle ou telle phase d'activé d'un organe,
gagneront en valeur scientifique, lorsqu'on pourra pour ainsi
dire les formuler par une équation, comme on formule la fermentation alcoolique.

C'est en nous plaçant à ce point de vue tout à fait général,
que nous ferons l'étude des matières albuminoïdes, cherchant
surtout à faire ressortir et à mettre en lumière, parmi les résultats acquis, ceux qui jettent quelque jour sur la constitution et
le mode de décomposition de ces corps.

En se fondant sur des différences plus ou moins importantes
dans les propriétés physiques et chimiques, ou dans la composition élémentaire, on a admis l'existence, comme espèces particulières, d'un certain nombre de matières albuminoïdes.
Cette division et cette classification peuvent être faites à deux
degrés. Si l'on ne tient compte que des différences de composition et de caractère bien accentuées, on formera avec les matières albuminoïdes divers groupes ou familles reliés entre
eux par des liens communs, mais assez distincts pour que la
confusion ou l'erreur soient impossibles.

Dans ces groupes viendront se ranger des espèces souvent
très-voisines, ne devant leur existence et leur individualité
qu'à des divergences de propriétés assez subtiles et n'offrant
rien de net à l'esprit, telles que la manière de précipiter par tel
ou tel réactif.

Sans entrer dans ces développements, nous prendrons comme

types de chaque groupe le principe le plus important au point de vue biologique.

Les substances auxquelles on a ainsi donné un nom spécial, comme l'albumine de l'œuf, la fibrine, la caséine, sont-elles des principes immédiats bien définis? On ne saurait le dire, car on manque précisément ici des critériums, à l'aide desquels on peut établir une espèce chimique. Il est permis de supposer, avec certaines probabilités, que ce ne sont encore là que des mélanges en proportions variables de corps très-voisins, presque identiques, et dont la séparation serait très-difficile, sinon impossible. Les corps gras naturels nous offrent des exemples de cette complication d'un mélange de produits très-semblables par leur composition et leurs caractères et que l'analyse immédiate est presque impuissante à scinder.

Du reste, cette hypothèse a trouvé l'appui d'observations exactes. Ainsi l'albumine, que l'on a considérée pendant longtemps comme un principe immédiat, n'est en réalité qu'un mélange de plusieurs albumines, ayant la même composition à *très-peu de chose* près, et ne se distinguant que par le pouvoir rotatoire spécifique et par la température de coagulation.

C'est par l'étude attentive des termes de dédoublement et de décomposition des matières albuminoïdes que la question trouvera une solution; de même que celle des corps gras n'a pu être éclairée que par l'examen des produits de leur saponification, produits dont la séparation est plus facile que celle des corps initiaux.

Ces vues, qui se vérifient de plus en plus, ont été développées par M. Bouchardat (thèse pour le concours d'agrégation, 1872) et par M. Berthelot à la suite d'une communication faite par l'auteur de ce livre à la société chimique. Elles sont très-rationnelles et d'une grande portée.

Les principes azotés, qui entrent essentiellement dans la constitution des organes et des liquides de l'économie animale et végétale, se partagent naturellement en plusieurs familles.

La première comprend les matières albuminoïdes proprement dites, c'est-à-dire les corps les plus voisins de l'albumine d'œuf par leur composition chimique et l'ensemble de leurs caractères.

La seconde est formée par des termes déjà plus éloignés, généralement moins riches en carbone et plus azotés. Ils entrent dans la composition des tissus les moins vivants, c'est-à-dire de ceux où les phénomènes de nutrition et les échanges sont restreints ; de ceux qui ne travaillent pas, c'est-à-dire ne développent pas beaucoup de force, tels que les tissus osseux, cartilagineux, élastiques, fibreux, cellulaires, cornés, épidermiques. Dans cette famille nous trouvons : le tissu corné ou la kératine, l'osséine, l'épidermose, l'élasticine, la mucine ou les gélatines, la fibroïne de la soie.

Les ferments solubles, les peptones sont des produits de dédoublement des matières albuminoïdes et doivent être rangés à part.

On trouve encore dans l'organisme des principes mixtes, placés entre les substances hydrocarbonées et les matières protéiques, véritables glucosides azotés complexes, se dédoublant en glucose et en d'autres principes azotés (chondrine, chitine) (1).

Substances albuminoïdes proprement dites. — Dans cette famille on admet généralement les termes suivants :

1° Albumine d'œuf. Albumine de sérum (sérine). Albumine végétale ; ces substances sont solubles dans l'eau.

2° La caséine, la caséine végétale, la paralbumine, la syntonine, la myosine, la légumine, l'amandine, les protéines ou albuminates des Allemands (ce nom ne peut être adopté en français, puisqu'il tend à faire croire que le corps en question est un sel), la paraglobuline, la métaglobuline ou substances fibrino-plastique et fibrinogène.

3° La fibrine du sang, l'albumine coagulée, la matière amyloïde, la fibrine végétale.

---

1. D'après mes dernières recherches, les matières albuminoïdes, même celles de la première famille, contiennent, en faible proportion, des amides cellulosiques, comme partie intégrante de leur molécule. La distinction établie entre les albuminoïdes et la chitine n'est donc pas absolue. Cette dernière renferme, il est vrai, une plus forte proportion d'amide cellulosique.

Au point de vue de la composition centésimale les substances albuminoïdes sont très-rapprochées ; cependant les analyses ne concordent pas assez pour que l'on puisse conclure à l'identité de composition ou à l'isomérie. Nous donnons sous forme de tableau le résumé des principaux résultats analytiques.

	CARBONE.	HYDROGÈNE.	AZOTE.	OXYGÈNE ET SOUFRE.	SOUFRE.	AUTEURS.
Albumine d'œuf, non coagulée. .	53.8	7.1	15.8	23.6	1.8	Dumas et Cahours.
Albumine d'œuf, non coagulée. .	54.3	7.1	15.7	22.9		Scheerer.
Albumine d'œuf, purifiée.	52.9	7.2	15.6			Wurtz.
Albumine d'œuf, coagulée	52.9	7.2	15.8			Wurtz.
Fibrine du sang. .	52.8	7.0	10.8	23.4		Dumas et Cahours.
id. —	53.7	7.1	15.8	23.4		Scheerer.
Caséine —	53.5	7.1	15.8	23.6		Dumas et Cahours.
id. —	54.0	7.2	15.7	23.1		Scheerer.
Gluten ou fibrine végétale.	53.1	6.8	15.0			Boussingault.
Légumine.	53.7	7.2	15.7	23.4		Scheerer.
id.	60.5	6.9	18.2			Dumas et Cahours.
Matière amyloïde.	53.6	7.0	15.0		1.3	
Syntonine.	54.1	7.2	16.1		1.1	

D'une part il est difficile d'attacher une trop grande importance à des différences faibles, observées dans les résultats analytiques obtenus avec des corps aussi difficiles à purifier, amorphes, contenant souvent des substances minérales ; d'un autre côté rien ne nous autorise à admettre l'identité complète de composition.

En effet, ces corps ont bien certainement un poids moléculaire très-élevé. Ainsi pour l'albumine, on arrive par deux voies (analyses de la combinaison potassique et de la combinaison platino - cyanhydrique), à peu près au même nombre (1612), pour le poids moléculaire. De sorte que si l'on veut traduire en formule chimique, comme on a l'habitude de le faire, les résultats de l'analyse élémentaire, on est conduit à des expressions très-élevées, telles que celle proposée par Lieberkuhn, $C_{72}H_{112}Az_{18}SO_{22}$.

Or il est évident, pour quiconque a l'habitude du calcul des analyses, qu'une différence de un atome de carbone, d'hydrogène ou d'oxygène, dans une formule si élevée, donne des variations rentrant dans les erreurs d'analyse. L'analyse élémentaire, au moins telle que nous savons la faire, est impuissante à résoudre la question d'isomérie et de non-isomérie.

Sommes-nous plus avancés en ce qui touche la constitution de ces corps ? Pour le moment on peut prévoir que si la question est encore en suspens, elle ne tardera cependant pas à être résolue dans un avenir prochain.

Pour établir cette constitution, il faudrait connaître exactement la totalité des termes résultant de la destruction des matières protéiques, dans des conditions déterminées. Or dans les diverses réactions provoquant leur dédoublement et leurs transformations en principes plus simples, on a bien pu reconnaître la formation de certains composés bien définis; mais ces corps sont le plus souvent accompagnés d'une masse, relativement considérable, de matières incristallisables et non étudiées, qui rendent illusoire toute tentative d'équation de la réaction.

Il en résulte que nous ne pouvons nous faire aucune idée exacte de la manière dont les 72 atomes de carbone, les 112 atomes d'hydrogène, etc., de l'albumine sont unis entre eux.

Je rappellerai sommairement les principaux résultats acquis dans cette voie des réactions. Dès 1820 Braconnot observa la production du sucre de gélatine ou glycocolle $C_{2}H_{5}AzO_{2}$ (acide amido-acétique), par l'ébullition de la gélatine avec l'acide sulfurique moyennement étendu ; en remplaçant la gélatine par de la chair musculaire, il obtint, dans les mêmes conditions, la leucine $C_{6}H_{13}AzO_{2}$ (acide amido-caproïque).

Liebig montra plus tard qu'il se forme en même temps un autre produit cristallisable, la tyrosine $C_{9}H_{11}AzO_{3}$ (acide oxyphényl-amido-propionique).

Erlenmeyer et Schaeffer, en étendant ces recherches (action

de l'acide sulfurique étendu et bouillant) à la plupart des matières albuminoïdes, ont observé la formation constante de leucine et de tyrosine.

Ils ont obtenu pour 100 parties de matières sèches :

	Leucine.	Tyrosine.
Fibrine......................	14	0,8
Albumine......................	10	1,0
Syntonine	18	1

La caséine donne de la leucine et de la tyrosine, plus un résidu *sirupeux*.

Enfin, dans le même ordre de réactions, Ritthausen a retiré des produits formés par l'action de l'acide sulfurique étendu et bouillant sur les substances azotées végétales, telles que le gluten, deux acides cristallisables définis.

La conglutine lui a fourni un acide de formule $C^5H^9Az0^4$ (acide glutamique), homologue de l'acide aspartique.

La légumine donne dans les mêmes circonstances de l'acide légumique $C^8H^{14}Az^2O^6$ (1).

D'après Hlasiwetz et Haberman, la plupart des matières protéiques animales ou végétales sont susceptibles de produire ces acides azotés (aspartique, glutamique), sous l'influence de l'ébullition avec les acides étendus (sulfurique et chlorhydrique).

Dans ces derniers temps, j'ai été amené à étudier, avec soin et dans tous ses détails, une réaction qui permet de résoudre presque entièrement les albuminoïdes en principes cristallisables. Mes premières expériences furent dirigées en vue de constater, si une partie de l'azote des composés protéiques ne s'y trouve pas à l'état d'urée, et si cette classe de corps ne représente pas des uréides complexes.

Après avoir vainement cherché l'urée parmi les produits du dédoublement physiologique des matières protéiques, pendant

---

1. Ritthausen dit avoir reconnu depuis que l'acide légumique n'est qu'un mélange d'acides glutamique et aspartique. Je ne pense pas que cette opinion soit exacte.

la conservation de la levûre à jeun, je fis bouillir de l'albumine, de la caséine, etc., avec de l'hydrate de baryte, dans un appareil disposé de manière à pouvoir continuer l'ébullition pendant plusieurs jours de suite, sans que l'eau diminuât. On arrive facilement à ce résultat, en chauffant dans un ballon muni d'un réfrigérant à reflux ; ce dernier est mis en communication avec deux flacons de Woolff, contenant un volume mesuré d'acide sulfurique normal, destiné à retenir l'ammoniaque dégagée.

Dans ces conditions, à 100°, on constate pendant les premières heures un dégagement abondant d'ammoniaque qui diminue peu à peu et finit par devenir insensible.

Nasse avait déjà observé ce fait, et avait pour cette raison partagé l'azote des matières albuminoïdes en deux portions ; l'une, la moins importante en quantité, se trouverait, comme il le dit, faiblement fixée ou combinée (*Losegebundener Stickstoff.*)

L'expérience de la baryte va nous donner la clef de cette différence. En effet, en même temps que de l'ammoniaque devient libre, on voit se former dans le liquide primitivement clair un précipité grenu ; ce précipité augmente progressivement jusqu'à une certaine limite, puis cesse de croître.

Il est presque entièrement formé par du carbonate de baryte, mêlé à un peu de sulfite de baryte, d'oxalate de baryte, à de la silice provenant de l'attaque du verre par la liqueur alcaline, et enfin aux phosphates alcalino-terreux contenus dans les matières albuminoïdes mises en expérience.

En dosant l'*ammoniaque* et le *carbonate de baryte* formés, après une ébullition prolongée pendant 120 heures, on trouve pour 100 parties en poids d'albumine sèche :

Ammoniaque .... $1^{gram},7$
Carbonate de baryte .... $11^{gram},1$

Si l'on calcule le poids d'acide carbonique correspondant au carbonate de baryte, on voit que les doses d'ammoniaque et d'acide carbonique, devenues libres, sont presque exactement dans les rapports que fournirait l'urée, en se décomposant en carbonate d'ammoniaque.

$$CH^4Az^2O + H^2O = CO^2 + 2AzH^3$$

rapport de $\dfrac{CO^2}{2\,AzH^3} = \dfrac{44}{34} = 1,29.$

On est donc fondé à admettre la présence du groupement de l'urée dans les substances albuminoïdes.

Par l'ébullition à 100 degrés, même prolongée pendant huit jours, on n'arrive pas à détruire la totalité de ce groupement. L'albumine se scinde, en effet, sous l'influence de la baryte hydratée, en divers termes plus simples et doués de stabilités distinctes.

En portant, au contraire, la température à 140-150 degrés, la décomposition est complète au bout de quelques heures (12 à 24), et les dosages d'ammoniaque et d'acide carbonique restent les mêmes, si l'on prolonge l'opération ou si l'on élève la température du mélange à 200 degrés. Ces expériences doivent nécessairement être faites en vase clos.

Dans ces conditions, on a trouvé pour 100 parties d'albumine sèche :

Ammoniaque dégagée............	4,2	4,5
Carbonate de baryte forcée.......	25	29

Ces nombres conduisent également au rapport 1, 29 entre CO^2 et AzH^3.

L'albumine contiendrait donc à peu près, sur 18 atomes d'azote, quatre atomes appartenant au groupement de l'urée.

M. Béchamp a signalé, parmi les produits de l'oxydation de l'albumine par l'hypermanganate de potasse, la présence d'une petite quantité d'urée. Ce fait, contesté par les chimistes allemands, a été confirmé par les travaux de Ritter. Quoi qu'il en soit, l'urée trouvée n'existait qu'en très-faibles doses dans les produits de la réaction ; et l'on peut se demander si sa production n'est pas la conséquence d'un dédoublement, mettant en évidence celle qui se trouve toute formée, plutôt que le résultat d'une oxydation.

Le liquide barytique, séparé de l'ammoniaque et du carbonate de baryte, et débarrassé de la baryte en excès par un courant d'acide carbonique, est très peu coloré ; par la concentration et des cristallisations suivies du traitement des eaux-mères avec de l'alcool, on arrive à l'amener entièrement sous forme de cristaux, c'est-à-dire de corps définis. On peut donc, en opérant l'analyse immédiate des cristaux obtenus, arriver à une notion complète de la constitution des matières albuminoïdes. La réaction de la baryte hydratée, à 150-200 degrés, offre l'avantage de permettre d'épuiser les recherches analytiques, sur les termes du dédoublement des albuminoïdes. Ce ne sont plus deux ou trois corps, définis et cristallisés, que l'on sépare d'une masse relativement considérable de matières sirupeuses et restant indéterminées ; au contraire on atteint tous les composés formés, et l'on se trouve ainsi dans la possibilité de construire l'équation de constitution de l'albumine et de ses congénères.

Bien que mes recherches, poussées dans cette direction, ne soient pas encore terminées, je puis déjà dire, d'après les résultats obtenus :

1° Que l'hydrate de baryte dédouble les matières albuminoïdes, par simple hydratation, l'expérience se faisant à l'abri de l'oxygène ;

2° Que les termes principaux de ce dédoublement sont : les *éléments de l'urée* (ammoniaque et acide carbonique dans le rapport de 1,29) ; des traces d'acide sulfureux, d'hydrogène sulfuré, d'acides oxalique et acétique ; la *tyrosine* $C^9H^{11}AzO^3$ (acide oxyphényl-amido-propionique), très-peu (2 à 3 p. 100 au maximum pour l'albumine). On trouve de plus :

3° Les *acides amidés* de la série $C^nH^{2n+1}AzO^2$ correspondant aux acides gras $C^nH^{2n}O^2$, depuis l'acide amido-œnanthylique $C^7H^{15}AzO^2$ jusqu'à l'acide amido-propionique ; la leucine $C^6H^{13}AzO^2$, la butalanine $C^5H^{11}AzO^2$, l'acide amido-butyrique $C^4H^9AzO^2$ dominent dans ce mélange.

4° *Un ou deux acides* très-voisins des acides *aspartique* et *glutamique* $C^5H^9AzO^4$ et $C^4H^7AzO^4$; *un ou deux acides* analogues et très-voisins de l'acide légumique trouvé par Rithausen $C^8H^{14}Az^2O^6$.

5° *Une petite quantité* d'une substance analogue à la dextrine, que l'ébullition avec les acides convertit en un corps réduisant énergiquement la liqueur de Fehling; l'acide nitrique le change en acide oxalique.

En dehors de ces corps on ne trouve plus rien d'important comme espèce chimique ou comme masse.

La plupart des composés définis, trouvés dans cette réaction, sont donc de l'ordre de ceux qui ont été déjà signalés parmi les produits du dédoublement des matières albuminoïdes, sous l'influence des acides; mais, je le répète, l'intérêt de la réaction précédente réside surtout dans la démonstration, que ces composés constituent à eux seuls la molécule albuminoïde, et dans la preuve que les éléments de l'urée ou de la carbamide forment partie intégrante de cette molécule.

(Voir le mémoire de l'auteur sur les matières albuminoïdes. Bulletin de la soc. chimique de Paris, 15 février, 5 mars et 15 mars 1875.)

On n'arrive pas du premier coup à dédoubler ainsi l'albumine en termes relativement simples; en arrêtant la réaction à différentes phases de son développement, ou en faisant intervenir des températures moins élevées, on trouve des composés intermédiaires, incristallisables ou difficilement cristallisables, dont l'étude approfondie offrira un grand intérêt, au point de vue des phénomènes de nutrition et des réactions biologiques.

Les produits (que l'on obtient sous l'influence des alcalis fondus dans leur eau de cristallisation, ammoniaque, hydrogène, ammoniaques composées, méthylamine, aniline, picoline, petinine, leucine, tyrosine, glycocolle, acides carbonique, formique, valérique, butyrique, oxalique) dérivent d'une action plus énergique, s'exerçant sur la première série des composés formés par l'action de la baryte. Il en est de même des composés qui prennent naissance sous l'influence des agents oxydants, tels que le mélange d'acide sulfurique étendu et de bichromate de potasse (acides formique, acétique, butyrique, valérique, caproïque, propionique avec les aldéhydes correspondantes, acide benzoïque et hydrure de benzoïle, acide cyanhydrique, cyanure de butyle).

Il n'entre pas dans notre programme de faire l'histoire chimique complète des substances albuminoïdes. (On consultera à ce sujet avec avantage le Dictionnaire de chimie de M. Wurtz; Histoire générale des matières albuminoïdes, par G. Bouchardat, Thèse pour l'agrégation, Paris, 1872). Nous nous contenterons de résumer les théories proposées pour expliquer la constitution de ces corps complexes.

Toutes les matières albuminoïdes, chauffées quelque temps avec les alcalis, se dissolvent et cèdent à l'alcali du soufre, sous forme de sulfure et d'hypo-sulfite; la neutralisation du liquide par un acide détermine la formation d'un volumineux précipité floconneux blanc, soluble dans les lessives étendues; ce précipité offre la même composition, quelle que soit la matière albuminoïde employée. En se fondant sur ces faits, Mulder considéra ce précipité comme le radical des substances albuminoïdes, et lui donna le nom de *protéine*. Le chimiste allemand avait cru d'abord que sa protéine ne contenait plus de soufre; des expériences ultérieures ont montré qu'en réalité il en renferme encore, mais que ce soufre ne peut être enlevé sous forme de sulfure par les alcalis. Dans la théorie de Mulder, toutes les substances albuminoïdes seraient des combinaisons de protéine avec des quantités variables de soufre, de phosphore et de matières minérales.

Cette opinion, admise d'abord assez généralement, fut peu à peu abandonnée, à cause des observations contradictoires qui se multiplièrent.

Liebig considéra les matières albuminoïdes comme ayant la même composition élémentaire, c'est-à-dire comme des composés isomères. Cette vue, qui peut être discutée, ne jette pas plus que la théorie de Mulder, aucun jour sur ce que nous appelons aujourd'hui constitution, attendu que la pro-

.téine est un groupement presque aussi complexe que les produits initiaux. Sterry-Hunt imagina une explication très-séduisante au premier abord; il considéra les matières albuminoïdes comme des amides ou des nitriles de la cellulose, de la dextrine, de la gomme, du sucre.

On peut objecter à cette idée si simple, qu'elle ne s'accorde pas avec les faits connus; la tyrosine, la leucine, l'acide aspartique ne sont pas signalés comme des dérivés du sucre, de la cellulose ou de leurs nitriles. Ces derniers corps (nitriles des substances hydrocarbonées) sont du reste peu connus et peu étudiés.

Dans son traité de chimie élémentaire (1872), Berthelot considère, d'après l'ensemble des faits connus jusqu'alors, les matières albuminoïdes comme des amides complexes formés par l'association des acides amidés de la série $C^n H^{2n+1} Az O^2$ (glycocolle, leucine), de la tyrosine avec certains principes oxygénés qui appartiendraient d'une part à la série acétique, d'autre part à la série benzoïque. La nature des amides et des corps oxygénés générateurs, ainsi que leurs proportions relatives, seraient la cause des différences qui existent entre les divers corps albuminoïdes. La chitine et la chondrine renfermeraient en outre les éléments de la glucose.

Les résultats que j'ai obtenus dans le dédoublement par la baryte nous montrent les albuminoïdes comme formés par l'association, en proportions diverses, du *groupement de l'urée et d'acides amidés*, les uns appartenant à la série de la leucine, $C^n H^{2n+1} Az O^2$, les autres plus oxygénés appartenant à la série $C^n H^{2n-1} Az O^4$ (acides aspartique, glutamique); les acides plus complexes tels que l'acide légumique peuvent être considérés comme des produits d'un dédoublement incomplet. La tyrosine $C^9 H^{11} Az O^3$ représente la série aromatique; c'est d'elle que dérivent probablement les acides benzoïque, paroxybenzoïque, le bromanile, obtenus dans diverses conditions.

Il est du reste facile de voir, qu'avec les acides amidés $C^n H^{2n+1} Az O^2$ il est impossible, même déduction faite de l'urée, d'arriver à la composition des albuminoïdes : quelque combinaison de ces corps que l'on choisisse, en retranchant les éléments de l'eau en proportion suffisante pour arriver à la teneur en oxygène de l'albumine, il reste un excès d'hydrogène très-notable. L'intervention des acides amidés de la série aspartique, $C^n H^{2n-1} Az\, O^4$, dans le groupement des matières protéiques, est donc indispensable pour expliquer la constitution de ces corps.

CHAPITRE II

Dans les phénomènes chimiques que nous avons étudiés jusqu'ici, nous avons trouvé la cause de la réaction liée d'une manière si intime à la présence d'un organisme cellulaire, que tous les efforts tentés en vue de séparer cette cause de l'être vivant, ne fût-ce qu'un instant, ont échoué, ou tout au moins n'ont amené aucun résultat précis et définitivement adopté par les savants. Les progrès ultérieurs de la science permettront, nous l'espérons, de pénétrer plus profondément dans l'essence même du phénomène.

Si les remarquables et importants travaux de Pasteur nous ont appris que les transformations du sucre en alcool, en acide lactique, en acide butyrique, en gomme, en mannite; celles des matières albuminoïdes en principes putrides très-divers, ainsi que la conversion de l'alcool en acide acétique dépendent de la présence d'organismes inférieurs, et que les germes de ces organismes viennent du dehors; il n'en est pas moins vrai que nous n'avons encore aucune idée certaine sur le mode d'action des ferments organisés. Les hypothèses n'ont, il est vrai, pas manqué pour approcher davantage la solution. Liebig, obligé de donner plus de place qu'il ne l'avait fait tout d'abord à la présence des organismes vivants, dit, dans son dernier mémoire (Ann. chim. phys. (4), XXIII, p. 6), qu'au point de vue chimique, le seul qu'il ne veut pas abandonner, un « acte vital » est un phénomène de mouvement, et que dans ce sens l'opinion de M. Pasteur [1] n'est pas en contradiction avec la sienne et n'en est pas une réfutation.

Nous avons déjà discuté ailleurs la théorie de M. Pasteur, mise en avant dès 1861 et reprise avec plus de confiance dans ces derniers temps.

La fermentation est une conséquence de la vie des levûres sans oxygène. Ces organismes simples ont tellement besoin d'oxygène que lorsqu'ils se trouvent dans un milieu qui en est privé, elles l'enlèvent même au sucre et aux autres corps analogues. La fermentation est alors une conséquence de la rupture d'équilibre résultant de cette respiration.

Cette manière de voir est en complet désaccord avec le fait que la production de l'alcool aux dépens du sucre sous l'influence de la levûre n'est nullement entravée par la présence de l'oxygène; d'après Mayer, elle ne serait ni activée ni amoindrie; d'après Pasteur, elle serait plutôt exaltée par l'oxygène.

Il est certain que la levûre peut vivre et se développer dans un milieu sucré, azoté et minéralisé, sans le concours de l'oxygène. Ces mêmes évolutions sont plus actives sous l'influence de l'air. La seule conséquence que l'on puisse tirer de ces faits bien établis, c'est que jusqu'à un certain point le sucre que la levûre décompose toujours en alcool et acide carbonique, dès qu'elle le rencontre et à moins qu'elle ne soit épuisée, c'est que le sucre peut fournir à la levûre les forces vives exigées pour son développement. Mais la décomposition alcoolique est-elle une conséquence de cet emprunt de forces vives ou le phénomène antécédent? nous n'en savons rien.

1. M. Liebig vise ici la phrase suivante de M. Pasteur : « L'acte chimique de la fermentation est essentiellement un phénomène corrélatif d'un acte vital, commençant et s'arrêtant avec ce dernier. Il n'y a jamais fermentation alcoolique sans qu'il y ait simultanément organisation, développement, multiplication des globules, ou vie poursuivie, continuée, de globules déjà formés. » Pour le savant allemand la fermentation est un mouvement communiqué par des corps instables, en voie de transformation chimique; peu lui importe que ces transformations aient lieu ou non dans un organisme vivant.

On a cherché la cause chimique de la fermentation alcoolique provoquée par la levûre dans un autre ordre d'idées qui doit faire actuellement l'objet de notre étude.

On sait qu'avant de fermenter alcooliquement le sucre de canne subit une hydratation qui le dédouble, comme cela arrive sous l'influence des acides, en deux glycoses inverses; la glycose ordinaire ou sucre de raisin qui dévie à droite le plan de polarisation et la glycose levogyre ou sucre incristallisable. Cette inversion fut d'abord attribuée à l'acidité de la levûre. M. Berthelot et après lui M. Béchamp montrèrent que l'agent actif est un principe soluble, neutre, azoté, excrété par la levûre, que l'on rencontre en plus ou moins grande abondance dans l'eau de lavage filtrée de la levûre (zymase de Béchamp; ferment inversif de Berthelot). Ce principe soluble, auquel on ne peut attribuer aucune organisation, mais qui dérive immédiatement d'un être vivant, possède le pouvoir remarquable d'intervertir en quelques instants le sucre de canne.

Lorsque ce fait fut établi pour le ferment inversif, soluble, non organisé, on connaissait déjà et depuis longtemps des composés analogues, également solubles, azotés, non organisés, qui se caractérisaient surtout par des actions spécifiques qu'ils pouvaient exercer chimiquement sur divers principes.

C'est ainsi que l'orge germée moulue traitée par l'eau avait fourni à MM. Payen et Persoz une substance soluble, capable de saccharifier l'amidon. Dans les amandes on avait reconnu la présence de l'émulsine qui transforme l'amydaline en essence d'amandes amères.

Ce qui distingue surtout ces réactions chimiques, provoquées par ces divers principes solubles, non organisés, c'est la grandeur de l'effet comparée à la masse très-petite de l'agent actif. Ce même caractère se retrouve dans les fermentations directes, dues à l'intervention immédiate d'organismes vivants.

Nous donnerons le nom de fermentations indirectes aux réactions dont nous venons de parler et dont la cause dérive d'un organisme, mais peut agir en dehors de lui.

Il était naturel de rechercher la raison des fermentations directes dans l'intervention de produits actifs solubles ou non, élaborés par les organismes ferments. On reliait ainsi deux ordres de phépomènes très-voisins, qui certainement ne sont pas sans rapports.

Cette théorie, qui ramènerait les fermentations directes ou vraies de M. Pasteur à se confondre quant à leur essence avec les fermentations indirectes ou à ferments solubles non organisés, n'a pas trouvé l'appui d'assez de faits caractérisés et bien étudiés, pour s'imposer à l'esprit comme une vérité démontrée; mais elle n'a pas non plus rencontré jusqu'ici de contradiction absolue. Il est du reste facile de voir qu'une pareille explication devient inutile. Si la force décomposante dérive de la cellule, à quoi bon cet intermédiaire solide soluble ou insoluble qui transmet la force ?

Caractères généraux des ferments solubles. — Les ferments solubles dérivent tous directement d'organismes vivants, au sein desquels ils prennent naissance. Jusqu'à présent, on n'a pu encore communiquer à aucune substance organique artificielle les caractères spécifiques dont nous parlerons tout à l'heure. On est donc fondé à croire, que ce caractère spécifique est une conséquence de l'origine des ferments solubles. Leur composition les rapproche des matières albuminoïdes; en effet ils renferment du carbone, de l'azote, de l'hydrogène et de l'oxygène. Mais l'analogie ne va pas plus loin. Lorsque par des procédés convenables, que nous allons décrire, on a éliminé les matières albuminoïdes, qui accompagnent toujours les ferments solubles dans leurs premières solutions, on constate que le produit, tout en conservant son activité chimique, n'offre plus les réactions générales des matières albuminoïdes. Il ne précipite plus par le tannin et le sublimé corrosif; l'iode et l'acide azotique ne le colorent plus.

Les analyses élémentaires ont aussi révélé des différences sensibles, mais comme rien ne prouve que les produits analysés étaient purs, on ne peut tirer de là aucune conclusion sur la nature chimique des ferments solubles. Il est probable qu'ils dérivent du dédoublement physiologique des matières protéiques.

Les ferments *solubles*, *indirects* ou les *zymases* se présentent à l'état sec sous forme d'une matière amorphe, incolore, pulvérulente ; ils sont généralement précipités de leurs solutions aqueuses par l'alcool, le sublimé corrosif, l'acétate neutre, l'acétate basique de plomb. Ces précipités, décomposés par l'hydrogène sulfuré, restituent à l'eau la matière soluble non altérée et conservant ses propriétés spécifiques ; mais elle est encore, dans ces cas, accompagnée de plus ou moins de matières albuminoïdes.

Si le sublimé les précipite des liquides extraits de l'organisme, c'est plutôt par entraînement mécanique, que par le fait d'une combinaison chimique ; car nous venons de voir que les ferments solubles, privés de principes albumineux, ne sont pas précipités par le sublimé.

C'est en se fondant sur cette facilité avec laquelle les zymases sont entraînées mécaniquement par des dépôts solides, en voie de formation au sein du liquide qui les contient, que certains chimistes ont trouvé des méthodes de purification. Ainsi Conheim sépare la ptyaline pure (diastase salivaire), en acidulant fortement la salive avec de l'acide phosphorique trihydraté ; l'acide phosphorique est ensuite neutralisé par de l'eau de chaux, jusqu'à réaction alcaline. Le précipité de phosphate tricalcique entraîne, en se formant, la ptyaline et de la matière albuminoïde ; le liquide filtré est inactif sur l'amidon. Le dépôt lavé à l'eau cède la ptyaline au dissolvant, et retient la matière protéique ; il ne reste plus qu'à précipiter par l'alcool, pour obtenir un dépôt blanc, léger et floconneux, qui, séché dans le vide, se présente sous forme d'une poudre presque incolore.

La pepsine pure se retire d'une manière analogue du suc gastrique naturel ou artificiel (obtenu en abandonnant la muqueuse stomacale séparée de la membrane musculaire et découpée, à 35 degrés, avec de l'eau contenant 5 p. 100 d'acide phosphorique). Le suc, contenant de l'acide phosphorique, est précipité par l'eau de chaux. Le phosphate tri-

calcique est transformé, par addition convenable d'acide
phosphorique, en phosphate bicalcique, insoluble et cristallisé, qu'il suffit de laver pour enlever la pepsine adhérente.
On peut aussi dissoudre le précipité de phosphate de chaux
dans l'acide chlorhydrique étendu; verser ensuite dans le
liquide une solution de cholestérine dans un mélange de 4 p.
d'alcool et de 1 p. d'éther; agiter la cholestérine qui se sépare
avec le liquide, la recueillir sur un filtre ; laver à l'eau acidulée
avec de l'acide acétique, puis à l'eau pure. La cholestérine humide, à laquelle adhère la pepsine, est traitée par l'éther pur
qui la dissout, tandis qu'il reste à la partie inférieure du vase
une solution de pepsine pure dans l'eau (Brücke). Cette pepsine ne précipite plus que par le bichlorure de platine, l'acétate
neutre et l'acétate basique de plomb. L'acide nitrique, le tannin
et le sublimé corrosif sont sans effet. Elle ne donne qu'une
très-légère coloration avec l'acide nitrique et l'ammoniaque.

Danilewsky se sert du collodion pour précipiter les ferments
solubles. Le précipité bien lavé est traité, après dessiccation,
par de l'éther alcoolisé et aqueux, qui dissout la cellulose nitrée,
en laissant une solution du principe actif, privé de matières
albuminoïdes.

Von Wittich (Arch. f. d. ges. Physio., t. 3, p. 339) propose la
méthode suivante, applicable à l'extraction des ferments solubles en général. L'organe végétal ou animal, qui les contient,
est rapidement divisé, débarrassé au besoin du sang par un
lavage à l'eau et abandonné pendant 24 heures sous l'alcool,
puis séché à l'air, pulvérisé et tamisé.

La poudre est délayée dans de la glycérine. Enfin on précipite la solution glycérique par l'alcool. En répétant cette opération plusieurs fois (solution dans la glycérine et précipitation
par l'alcool), on obtient une poudre active privée de matières
albuminoïdes.

Nous sommes peu renseignés, au point de vue chimique,
sur les ferments indirects; ont-ils tous la même composition,
et ne diffèrent-ils que par leur activité spécifique ? Nous n'en
savons rien. Ce qui prête surtout à ces produits un intérêt

considérable, c'est la puissance de transformation, qu'elles exercent sur une foule de composés organiques et le rôle capital qu'ils jouent dans beaucoup de réactions physiologiques. L'activité d'un ferment indirect dépend de la température, comme celle des ferments organisés. D'une manière générale, on peut dire qu'elle croît avec la température jusqu'à une certaine limite, à partir de laquelle elle subit une dépression brusque jusqu'à zéro. Cette limite varie avec la nature du ferment; elle est toujours placée au-dessous de 100°, et se trouve plus élevée que celle des ferments organisés.

L'action des agents chimiques sur les ferments solubles n'est pas non plus tout à fait comparable à celle exercée sur les organismes ferments.

Ainsi M. P. Bert a observé que l'oxygène comprimé tue les derniers au bout d'un temps plus ou moins long, tandis que les ferments solubles ne sont pas modifiés dans leur activité. Cette expérience intéressante établit une ligne de démarcation très-franche entre les deux espèces de ferments, et pourra servir à les classer, toutes les fois que les indications microscopiques laisseront quelque doute sur leur espèce.

M. Bouchardat (Ann. chi. phys. 3, XIV, p. 61), qui a particulièrement étudié l'influence des composés chimiques sur la diastase, a observé que certaines substances qui s'opposent à la fermentation alcolique, n'ont pas d'influence sur les effets de la diastase; tels sont : l'acide prussique, les sels mercuriels, l'alcool, l'éther, le chloroforme, certaines essences (girofle, térébenthine, citron, moutarde). Les acides citrique, tartrique, qui ne font qu'entraver légèrement la fermentation alcoolique, annulent complétement l'activité de la diastase.

M. Dumas (Comp. rendus, t. LXXV, p. 295) a tout spécialement expérimenté l'action du borax sur cette classe de ferments. Il a reconnu que la solution de borax coagule la levûre de bière; le liquide surnageant a perdu la propriété d'intervertir le sucre de canne; elle neutralise également l'action de l'eau de levûre sur la saccharose. Si l'on place de l'eau sucrée et de l'eau de levûre dans un tube, et de l'eau sucrée avec de l'eau de levûre et une solution de borax dans un second tube, le premier offrira bientôt des signes d'inversion, le second n'en manifestera point. Des effets analogues s'observent avec la synaptase ou émulsine, la diastase, la myrosine. Tous ces ferments cessent d'agir sur l'amygdaline, la fécule, l'acide myronique, dès le moment qu'on les met en présence d'une solution de borax. Ce sel paraît donc avoir une action spécifique pour détruire l'activité de tous les ferments solubles. Nous avons vu, au contraire, que de la levûre mise en contact pendant trois jours avec une dissolution saturée de borax peut encore provoquer la fermentation alcoolique. Le borax pourrait donc servir, comme l'oxygène comprimé, de caractère différentiel entre les ferments solubles et les ferments organisés.

Corps ou composés chimiques sur lesquels les ferments solubles peuvent agir, genres de réactions qu'ils provoquent. — Les ferments organisés portent leur activité sur un grand nombre de composés organiques appartenant à divers groupes.

Les glucoses, les acides riches en oxygène, tels que les acides malique, tartrique, citrique, l'acide lactique, les matières albuminoïdes, l'urée, l'alcool peuvent être entamés par les ferments vivants organisés. Les réactions que ces ferments leur font subir sont souvent très-complexes, et ne peuvent être formulées par des équations simples, du moment que l'on veut tenir compte de tous les termes ; enfin, dans la plupart des cas, on n'est pas encore parvenu à réaliser artificiellement les conditions complexes de la décomposition des matières organiques, sous l'influence des ferments organisés.

Les *ferments indirects ou solubles* sont susceptibles d'agir également sur diverses classes de composés organiques, mais le mode d'action est généralement le même. C'est un dédoublement plus ou moins simple, accompagné d'une hydratation. Le sens du dédoublement est toujours conforme à la constitution la plus immédiate du composé, et peut se réaliser, dans la plupart des cas, par des procédés chimiques où l'intervention médiate ou immédiate d'un être vivant ne peut pas être invoquée.

C'est ainsi que l'amidon en s'hydratant se dédouble en glycose et en dextrine, que celle-ci à son tour se convertit en maltose, aussi bien sous l'influence de la diastase que par l'ébullition avec un acide étendu (ac. sulfurique). Le ferment inversif hydrate une molécule de saccharose et la convertit en deux molécules de glycoses; les acides étendus se comportent de même.

Certains ferments solubles spéciaux, tels que la synaptase ou émulsine contenue dans les amandes douces ou amères, la myrosine des moutardes blanches et noires agissent sur les glucosides naturels, c'est-à-dire sur ces composés spéciaux que l'on rencontre en si grande abondance dans les végétaux, et que l'on peut considérer comme des éthers composés des glucoses ou d'alcools polyatomiques. Le résultat est un dédoublement par hydratation en glucose et en un autre principe. Les moyens chimiques, tels que l'ébullition avec un acide ou un alcali, conduisent au même but.

Les corps gras (éthers composés de la glycérine) fixent, comme on le sait depuis les beaux travaux de Chevreul, les éléments de l'eau, lorsqu'on les traite par les alcalis bouillants ou par les acides, et donnent de la glycérine et un acide gras, dont la somme des poids est égale au poids du corps gras employé plus l'eau fixée dans la réaction.

Or, on sait, par les travaux de M. C. Bernard, que la glande pancréatique secrète une substance azotée soluble, capable de produire, comme les alcalis bouillants, la saponification des graisses.

Il est très-probable que la digestion des matières albuminoïdes et leur conversion en peptones, sous l'influence du suc gastrique et du suc pancréatique, ou plutôt sous l'influence des ferments solubles contenus dans les sécrétions, ne sont que le résultat d'une hydratation et d'un dédoublement, dont nous pouvons réaliser les conditions en dehors de la vie.

On peut presque prévoir, qu'en général tout phénomène de

dédoublement d'un composé organique en ses parties constituantes les plus proches, n'exigeant qu'une simple fixation d'eau, trouvera dans l'organisme son ferment soluble, c'est-à-dire l'agent capable de provoquer cette décomposition. C'est ainsi que les éthers composés d'alcools mono ou polyatomiques, y compris les glucosides et les corps gras, certains acides complexes tels que les acides hippurique, glycocholique, taurocholique, etc., se scindent en deux ou plusieurs molécules plus simples.

Le même ferment soluble peut-il agir sur divers composés chimiques, en les décomposant dans des directions indiquées par leur constitution même ?

La réponse positive à cette question ne peut faire l'ombre d'un doute. Ainsi nous verrons l'émulsine ou synaptase, contenue dans les amandes, provoquer la décomposition d'une foule de principes cristallisables et définis de l'organisme végétal, tels que l'amygdaline, la salicine, l'arbutine, l'hélicine, la phlorizine, l'esculine, la daphnine.

Il est vrai que ces divers corps appartiennent à la même famille, ont les mêmes fonctions; ce sont tous des glucosides, et l'on ne doit pas être plus étonné, de voir la même force les transformer, que d'observer la saponification des corps gras neutres, sous les mêmes influences.

Dans certains cas, nous voyons un même liquide organique, une même sécrétion, telle que le suc pancréatique, porter son activité sur des principes très-divers et n'offrant pas, comme dans l'exemple précédent, une analogie de constitution. Le suc pancréatique transforme, modifie et digère les substances albuminoïdes, saccharifie l'amidon et saponifie les graisses. On peut se demander si ce pouvoir spécifique multiple appartient à un seul et même principe, ou indique la présence dans le suc pancréatique de plusieurs ferments solubles distincts.

Les travaux de Cohnheim et de Danilewsky tendent à prouver, que les propriétés physiologiques diverses du suc pancréatique sont dues à des principes spéciaux. Ces chimistes ont, en effet, pu isoler par précipitation, au moyen du phosphate de chaux ou de collodion, une substance azotée, non albuminoïde, qui offre tous les caractères de la diastase salivaire et saccharifie énergiquement l'empois d'amidon, sans digérer les matières protéiques.

Ainsi, lorsqu'on verse la solution alcoolique éthérée de collodion dans l'extrait de la glande, obtenu en broyant celle-ci avec du carbonate de magnésie et de l'eau, et filtrant ensuite, on précipite avec le collodion le ferment des substances albuminoïdes, tandis que le ferment amylacé reste dans la liqueur, et peut être obtenu par l'évaporation. Le phosphate de chaux précipité au sein d'un extrait aqueux de glande pancréatique (par l'acide phosphorique et l'eau de chaux) entraîne le ferment diastasique; le ferment albuminoïde reste au contraire en solution. Si dans l'expérience faite avec le collodion, on redissout le précipité, lavé à l'eau et séché dans l'éther aqueux, on obtient deux couches ; la couche inférieure et aqueuse renferme en solution le ferment albuminoïde. Quant au ferment saponifiant les graisses, il n'a pas encore été obtenu isolé et indépendant des deux autres.

Limites d'activité d'un ferment soluble. — Certaines expériences tendent à prouver que les ferments solubles n'ont pas une activité illimitée. On sait qu'avec une dose déterminée de l'un de ces corps, on peut modifier un poids incomparablement plus grand de matière fermentescible ; mais le ferment finit-il toujours par user son pouvoir et par s'épuiser? La limite d'activité n'a été déterminée que sur un petit nombre de ces ferments, et les données publiées ne permettent que des conclusions très-réservées. La plupart des expériences dirigées dans cette voie ont été faites avec des ferments impurs, contenant encore des matières albuminoïdes.

Ainsi, d'après Payen et Persoz, il suffit d'une partie de diastase, pour liquéfier et saccharifier 2000 parties d'amidon ; mais d'une part la diastase préparée par précipitation alcoolique, d'après le procédé de ces savants, est un mélange complexe dans lequel la véritable substance active n'entre peut-être que dans une très-faible proportion. Le rapport de $\frac{1}{2000}$ deviendrait alors beaucoup plus petit. D'un autre côté, on a constaté que la présence d'une certaine quantité de glucose gêne la transformation de la dextrine et qu'il suffit, pour voir le phénomène reprendre son cours, soit d'étendre le liquide avec beaucoup d'eau, ou de faire disparaître la glucose, à mesure de sa production, en lui faisant subir une fermentation alcoolique, au moyen de la levûre.

Suivant M. Berthelot, le ferment inversif de la levûre peut intervertir 50 ou 100 fois son poids de sucre. Nous devons faire au sujet de ces nombres les mêmes remarques qu'à propos de la diastase. Rien ne prouve donc encore définitivement que les ferments solubles perdent leur pouvoir spécifique, à mesure qu'ils l'exercent. L'opinion inverse trouve un appui dans les doses, infiniment petites, de ferment nécessaires pour produire un effet très-matériel et très-considérable. Il est, de plus, évident que ces dédoublements se font plutôt avec dégagement qu'avec absorption de chaleur puisque les mêmes dédoublements par hydratation s'obtiennent par l'action de l'acide sulfurique à petite dose, et que la même quantité d'acide peut agir indéfiniment. Ils n'exigent donc pas l'emploi, la consommation de forces vives et le principe de la conservation des forces ne s'oppose pas à l'idée d'une action indéfiniment prolongée.

Cette manière de voir n'exclut du reste pas le fait possible, probable, démontré dans certains cas, d'une altération progressive du ferment, à la suite de laquelle il aurait perdu son pouvoir spécifique ; une semblable altération chimique peut accompagner la manifestation du pouvoir spécifique, ou se produire sans elle, d'une manière indépendante et sans en être la conséquence.

Études particulière des ferments solubles ou des zymases. —Après ces généralités, nous signalerons ce que chaque ferment indirect présente de spécial. Nous ne reviendrons plus, dans cette étude particulière, sur les caractères physiques, la composition et les propriétés chimiques des zymases, ni sur la manière de les préparer dans un état plus ou moins grand de pureté. Ces diverses questions ont été épuisées, dans l'étude générale de ces corps, et nous nous exposerions à des redites inutiles, en reproduisant pour chaque ferment ce qui s'applique à la classe entière.

Les points qui fixeront notre attention sont : la réaction chimique, les diverses sources du ferment qui la provoquent; les conditions spéciales qui la favorisent.

1° *Diastases.*

Nous donnerons le nom général de diastases aux ferments susceptibles de saccharifier l'amidon.

Si nous n'envisageons que le terme initial et le terme final de la réaction, on arrive à cette conclusion que l'amidon fixe, sous l'influence de la diastase, les éléments de l'eau et se convertit en glucose.

$$C^6 H^{10} O^5 + H^2 O = C^6 H^{12} O^6.$$
M. amylacée.   Glucose.

Cependant, d'après les recherches de Musculus (Ann. phys. chim. (3), LV, p. 203. Bulletin de la soc. chim. Paris, XXII, 31, 1874), de Schwarzer (Bull. soc. chim., XIV, p. 400), de Schultz et Mærker (Bull. soc. chim., XIX, p. 17), et celles de Payen, les choses ne se passent pas aussi simplement. En chauffant préalablement l'amidon avec l'eau à 70°, avant d'ajouter la diastase, la réaction par l'iode disparaît au moment où la saccharification est arrivée au quart (1). Mais l'action de la diastase ne s'arrête pas là ; elle continue si on en met une plus grande quantité, jusqu'à ce que l'on soit arrivé à la moitié (51 p. 100 Payen, 51 à 51,7 p. 100 Schultz et Mærker) ; c'est-à-dire jusqu'à ce que l'amidon soit converti en un mélange, à équivalents égaux, de glucose et de dextrine. A partir de ce moment, la saccharification s'arrête, malgré l'addition de plus fortes quantités de diastase.

Avec l'amidon soluble, les phénomènes sont les mêmes. La

1. Non au tiers, comme l'avait d'abord annoncé Musculus.

réaction par l'iode disparaît dès qu'il s'est formé une quantité de glucose équivalente au quart de l'amidon ; mais, avec un excès de diastase, on arrive rapidement et facilement à former de la glucose aux dépens de la moitié de l'amidon.

D'après ces résultats, et sans tenir compte de la disparition de la coloration par l'iode, lorsque la dose du sucre est égale au quart, fait qui demande à être interprété par de nouvelles expériences, on peut supposer que la molécule amylacée se dédouble par hydratation en deux molécules, l'une de glucose, l'autre de dextrine.

$$2\,(C^6\,H^{10}\,O^5) + H^2\,O = C^6\,H^{10}\,O^5 + C^6\,H^{12}\,O^6$$

$$\text{Amidon.} \qquad\qquad \text{Dextrine} \qquad \text{Glucose.}$$

M. Payen a montré depuis longtemps, qu'en faisant intervenir en même temps la levure, on peut arriver à la transformation complète de l'amidon en glucose et finalement en alcool et acide carbonique.

Cette expérience prouverait que la présence de la glucose s'oppose à l'action de la diastase sur la dextrine.

Ainsi l'amidon, l'amidon soluble, la dextrine et, d'après les travaux de Cl. Bernard, la matière glycogène des tissus animaux peuvent se saccharifier sous l'influence de la diastase [1].

Les réactions diastasiques jouent un rôle très-important dans l'organisme animal, et notamment dans la digestion des aliments féculents. Aussi trouvons-nous le ferment diastasique, aussi bien dans l'économie animale que dans les tissus végétaux. Dès ses premiers pas dans le tube digestif, la masse alimentaire est broyée et mélangée avec un liquide, la salive, qui

---

[1]. On obtient une diastase assez active en modifiant le procédé de MM. Payen et Persoz. On délaye 1 p. d'orge germée en poudre dans 2 p. d'eau. Après une heure de macération, on exprime et l'on ajoute au liquide son volume d'alcool à 80 degrés centigrades. On filtre et on rejette le premier précipité assez volumineux. Au liquide filtré on ajoute encore un volume égal d'alcool. Il se forme alors un précipité très-faible, qu'on recueille sur un filtre ; on sèche le filtre avec le précipité à une douce chaleur. On obtient de cette manière un papier diastasé très-actif, qui se conserve parfaitement. (Musculus).

contient, comme l'a montré M. Mialhe (1845), un principe ferment analogue ou plutôt identique avec la diastase de l'orge germée, la *ptyaline*. Presque en même temps, MM. Bouchardat et Sandras démontraient l'existence dans le suc pancréatique d'un agent analogue. Au point de vue de la saccharification des féculents, le suc pancréatique est infiniment plus énergique que la salive. L'action d'une infusion pancréatique sur l'amidon est excessivement rapide, pour ainsi dire instantanée ; c'est, en effet, dans l'intestin grêle que s'accomplit la principale digestion des matières amylacées.

Ce même ferment se rencontre encore dans d'autres parties de l'organisme, partout où l'amidon, animal ou végétal, doit être rendu soluble. Ainsi dans le foie, il existe une sorte d'amidon animal, le glycogène, qui au contact du sang et du ferment est changé en sucre, pour être emporté sous cette forme dans le torrent de la circulation. A la période de la vie animale où ce changement doit s'accomplir, le ferment apparaît et l'amidon accumulé est détruit. M. Cl. Bernard (Digestion comparée chez les animaux et les végétaux, Revue scien., 1873, p. 515) établit à ce sujet un parallèle très-frappant, entre les phénomènes chimiques de la nutrition chez les animaux et chez les végétaux. « De même dans les graines, le ferment apparaît dès les premiers temps de la germination; dans la pomme de terre, elle a lieu au printemps ; alors l'agent fermentifère se montre dans le tubercule, comme il se montrait dans l'orge germée, il liquéfie l'amidon et le met en situation d'être distribué dans les points où il doit entretenir la nutrition, c'est-à-dire le développement et la vie du végétal. »

« Chez la plupart des animaux, la phase de production du glycogène et la phase de sa fermentation ne sont pas aussi distinctes que chez les végétaux. Les deux phénomènes sont souvent continus et simultanés. Cependant il y a une exception à faire pour les premiers temps de la vie, surtout chez les animaux à métamorphoses. Par exemple, si nous considérons la larve de la mouche ordinaire, musca lucilia, l'asticot, pour l'appeler de son nom vulgaire nous trouvons qu'elle contient

uno énorme quantité d'amidon. C'est un véritable sac de glycogène. Pendant ce temps, on n'y trouve pas autre chose que
du glycogène et point de trace de sucre. La raison en est que
e ferment glycosique n'existe pas encore. Mais bientôt la
chrysalide va succéder à la larve, et alors dans cette nouvelle
phase de l'existence où se construit l'animal parfait, la réserve
de glycogène devra être utilisée. Le ferment apparaît et l'amidon est liquéfié. »

« Quelque chose d'analogue se manifeste chez des êtres bien
plus élevés, par exemple chez les mammifères, dans ces temps
de la vie embryonnaire où la nutrition est précipitée, où l'activité plastique et formative atteint son plus haut degré. La matière glycogène déposée en divers points du fœtus et de ses enveloppes entre alors en mouvement, elle est dissoute et transformée en sucre [1] ».

« La digestion de féculents consiste dans leur transformation
en matières solubles et assimilables, solubles afin de pouvoir
circuler d'un point à l'autre de l'organisme. La digestion est
donc le prologue de l'acte nutritif. Partout où des matières fé-
culentes doivent alimenter un organisme, on retrouvera cette
préparation préalable. Or, tous les organismes, dans le règne
végétal aussi bien que dans le règne animal, emploient les
féculents pour leur entretien, tous, par conséquent, digèrent
ces substances dans le sens strict du mot. »

L'agent de ces digestions nutritives est la diastase de l'orge
germée, de la salive, du suc pancréatique, etc.

L'action de la diastase sur l'amidon s'exerce à la température ordinaire et atteint son maximum d'effet à 75 degrés.

---

1. Les expériences de Cl. Bernard, Hensen, Magendie et Schiff prouvent que
dans le sang vivant il existe un ferment soluble, capable de saccharifier l'amidon
et le glycogène. Ce ferment se retrouve également dans le foie très-frais.

On peut l'en retirer en faisant une infusion froide d'un foie qui, pour cause de
maladie générale, ne produit plus de sucre et ne contient pas de glycogène, et en
la précipitant par l'alcool. Le dépôt redissous dans l'eau agit sur l'amidon. Ce
ferment spécial existe dans le sang des grenouilles en été et au printemps. En
effet, la dextrine injectée dans leurs veines passe dans les urines sous forme de
sucre.

En hiver il manque, car la dextrine apparaît dans les urines sans altération.

L'ébullition détruit le pouvoir spécifique de cette substance.

Il est presque inutile de rappeler, tellement le fait est connu, que les effets de la diastase sur l'amidon sont imités par l'intervention de l'acide sulfurique étendu et bouillant.

Ferment inversif. — Le sucre de canne ou saccharose $C^{12}H^{22}O^{11}$ se transforme, comme on le sait par les recherches de M. Dubrunfaut (Ann. de chimie et de phys. (3) XXI, 169 (1847), Comp. rend. de l'Ac. XXIX, p. 51 (1849) et XLII, 901 (1856)), en s'hydratant, sous l'influence des acides étendus minéraux et même organiques, en sucre déviant à gauche le plan de la lumière polarisée, et réduisant énergiquement le réactif cupro-potassique de Fehling. La saccharose dévie au contraire à droite le plan de polarisation et n'a pas d'action sur la solution tartro-potassique de cuivre. L'inversion se produit à froid, plus rapidement à chaud; on l'a réalisée par la seule ébullition des solutions aqueuses de sucre de canne, par leur exposition à la lumière ou par l'intervention d'actions mécaniques. Ainsi le seul fait de pulvériser le sucre provoque la formation d'une petite quantité de sucre interverti. Le produit de l'inversion n'est pas un principe unique et simple.

Le même chimiste a prouvé que la saccharose se trouve, après l'inversion, remplacée par deux sucres de formule $C^6H^{12}O^6$, dont l'un dévie à droite le plan de la lumière polarisée, et est identique avec le sucre de raisin ou glucose ordinaire; dont l'autre, au contraire, est incristallisable, dévie à gauche le plan de polarisation; c'est le sucre incristallisable des fruits acides ou *lévulose*.

Comme à 15 degrés de température le pouvoir rotatoire spécifique de la glucose est égal à $+ 57°8$, tandis que le pouvoir rotatoire spécifique de la lévulose est égal à $- 106°$ et que les deux sucres se trouvent dans le mélange en proportions pondérables égales, on comprend que ce mélange, appelé sucre interverti, ait une action lévogyre due à l'excès de l'un des pouvoirs sur l'autre.

Le sucre interverti a un pouvoir rotatoire gauche de $25°$, à 15 degrés de température.

La formation des deux sucres (glucose et lévulose) se formule aisément par l'équation suivante :

$$C^{12}H^{22}O^{11} + H^2O = C^6H^{12}O^6 + C^6H^{12}O^6$$

Saccharose.   Glucose.   Lévulose.

Elle est confirmée par le fait, que sous l'influence de la chaleur la saccharose se change en glucose et lévulosane (lévulose moins de l'eau) qui elle-même reproduit la lévulose sous l'influence des acides.

Voici comment M. Dubrunfaut opère la séparation de ces deux corps.

On dissout 10 grammes de sucre interverti dans 100 grammes d'eau [1], on traite le tout par 6 grammes de chaux hydratée. Le mélange d'abord fluide se prend en masse au bout de peu de temps ; c'est le lévulosate de chaux qui se sépare en cristallisant, tandis que le glucosate reste dans les eaux-mères. Sans trop tarder, on exprime la masse et l'on décompose séparément par l'acide carbonique la partie solide et la partie liquide, après les avoir dissoutes ou étendues avec une quantité convenable d'eau ; la première fournit une solution de lévulose, la seconde de la glucose. On peut aussi arriver à une séparation, ou tout au moins isoler la lévulose exempte de glucose, en arrêtant une fermentation de sucre de canne à peu près à la moitié de sa marche. La glucose fermentant plus facilement que la lévulose, c'est cette dernière qui se retrouve seule.

Sans insister davantage sur toutes ces preuves d'un véritable dédoublement, qui ne laissent aucun doute sur la nature de la réaction, arrivons au ferment.

Cette inversion, ce dédoublement par hydratation de la saccharose se produit avant toute fermentation alcoolique. Le sucre de canne ne peut être décomposé en alcool et en acide carbonique qu'après avoir été interverti, mais la levûre de

---

1. D'après les expériences faites au laboratoire de la Sorbonne, la proportion d'eau indiquée par Dubrunfaut est trop forte pour permettre la cristallisation du lévulosate de chaux. On réussit mieux en employant quatre parties d'eau pour une partie de sucre interverti.

bière se charge elle-même de cette opération. On avait d'abord attribué le phénomène à l'acidité de la levûre, et M. Pasteur pensait qu'il était la conséquence de la présence de l'acide succinique.

M. Berthelot montra le premier, que l'inversion du sucre de canne par la levûre est indépendante des conditions d'acidité et de neutralité, qu'elle est due à l'intervention d'un ferment soluble spécial, contenu dans les cellules de levûre. Ce principe se retrouve dans l'eau de lavage de la levûre, et agit énergiquement sur le sucre, même dans un liquide neutralisé.

Les propriétés de ce ferment soluble, en dehors de son activité propre, le rapprochent de tous les corps de cette classe. J'ai constaté qu'il était facile de le séparer entièrement des matières albuminoïdes qui l'accompagnent, en suivant la méthode de précipitation par l'acide phosphorique et l'eau de chaux indiquée plus haut [1].

La saccharose, pas plus que la matière amylacée, n'est susceptible d'être absorbée et assimilée sous sa forme initiale, bien qu'elle présente par rapport à celle-ci l'avantage de la solubilité. Comme la fécule, elle doit être digérée, et les produits de cette digestion sont la glucose et la lévulose [2]. M. Bernard a démontré l'existence dans le suc intestinal d'un ferment inversif soluble, semblable à celui de la levûre; il forme un des éléments utiles les plus importants de cette sécrétion. Il suffit, pour le prouver, d'injecter une solution de saccharose pure (ne réduisant pas la liqueur de Fehling) dans une anse intestinale limitée entre deux ligatures, ou de la mettre en contact avec une infusion de membrane muqueuse intestinale, pour voir au bout de très-

---

1. M. Béchamp a trouvé, après M. Berthelot, le ferment inversif (zymase) dans l'eau de lavage de la levûre altérée spontanément par inanition. Dans ces conditions, j'ai reconnu moi-même que l'on obtient un liquide excessivement actif et qui produit l'inversion d'une manière presque instantanée.

2. Le sucre de canne est, selon l'expression de M. Cl. Bernard, comme une matière inerte ou indifférente qui circulerait impunément dans le sang ou dans la sève, sans que les éléments anatomiques puissent jamais le détourner et se l'approprier. Il cite comme preuve, qu'en injectant dans les veines ou dans le tissu cellulaire d'un animal, du sucre de canne, celui-ci se retrouve poids pour poids dans l'excrétion urinaire, et traverse par conséquent l'économie, sans être modifié ou assimilé.

peu de temps le sucre réduire l'oxyde de cuivre. On constate, au moyen du saccharimètre, que la déviation de ce sucre interverti physiologiquement est la même que celle du sucre interverti chimiquement. M. Cl. Bernard a constaté l'existence du ferment inversif sur des chiens, des lapins, des oiseaux, des grenouilles. M. Balbiani en a prouvé l'existence dans le tube digestif des vers-à-soie.

Rapprochant ces faits de digestion de la saccharose chez les animaux, des transformations analogues observées dans l'économie végétale, comme il l'avait déjà fait pour la saccharification de l'amidon, M. Bernard montre qu'en général le ferment inversif se trouve dans tous les points de l'économie vivante et dans toutes les circonstances où la saccharose doit être utilisée pour la nutrition. La canne à sucre qui fructifie, la betterave qui monte en graine transforment par inversion le sucre interposé dans leurs tissus. L'agent est toujours exactement le même : un ferment inversif. M. Bernard l'a retiré de la betterave en évolution, comme M. Berthelot l'avait extrait de la levûre. La fermentation alcoolique est, dit notre illustre physiologiste, un phénomène corrélatif de la nutrition d'un organisme, la levûre de bière, torula cerevisiæ. Or la saccharose est impropre à la nutrition de cet être microscopique, comme elle est impropre à la nutrition des êtres plus élevés. Il est donc nécessaire que la saccharose soit modifiée, transformée en glucose, avant qu'elle puisse servir aux échanges vitaux de l'organe ferment. La cellule de levûre, en opérant cette transformation, travaille en vue de son propre développement. Elle digère pour elle-même la saccharose; l'interversion est encore ici un phénomène digestif de la même nature que ceux que nous venons d'examiner. « De même que la fécule, la saccharose, qui existe à l'état de réserve dans les tissus d'un grand nombre de végétaux, est impropre à participer au mouvement nutritif de la plante. Et c'est pour cette raison que ce sucre peut s'amasser et s'accumuler, comme il arrive dans la racine de betterave et dans la tige de canne à sucre. Le sucre y forme une réserve qui attend le moment d'entrer en action. Ce moment vient pour la betterave, lorsqu'elle doit bourgeonner, fleurir et fructifier : alors le sucre diminue progressivement et disparaît peu après du tissu et de la tige de la betterave, en se changeant en glycose. Les feuilles contiennent à ce moment exclusivement de la glycose : la racine se dégarnit et les épargnes de sucre qu'elle renfermait vont se distribuer dans la tige pour servir à la floraison et à la fructification; mais cela même n'est possible qu'à la condition d'une transformation préalable, qui change la nature chimique et la composition de la saccharose, et la fait passer à l'état de glycose. C'est là encore une véritable digestion. La betterave doit donc digérer son sucre, comme la levûre, comme les animaux. »

Je n'ai pu résister au plaisir de donner la parole à notre grand savant. Rien ne peut, en effet, fournir une idée plus nette de l'importance du sujet que nous traitons en ce moment, que l'ampleur de vues avec laquelle ces phénomènes sont rattachés à l'ensemble du grand acte de la nutrition des êtres vivants. Il ne s'agit donc pas ici de réactions chimiques isolées, intéressantes par l'obscurité qui règne encore sur la cause qui les provoque, mais de transformations qui jouent un rôle capital dans les actes de la vie et de la nutrition, et dont la grande généralité est mise en lumière de la façon la plus complète.

Ferment émulsif et saponifiant. — M. Cl. Bernard a montré que le suc pancréatique, seul parmi tous les liquides sécrétés dans le tube digestif, possède la remarquable propriété d'émulsionner et ensuite de saponifier les matières grasses neutres. Il constitue donc le véritable agent de la digestion des substances grasses ou des glycérides naturelles.

L'émulsion qui précède la saponification est plutôt une transformation physique que chimique. C'est la division mécanique du liquide gras qui se trouve séparé en un nombre infini de petits globules, se maintenant grâce à une constitution moléculaire caractéristique. Au microscope on voit une multitude de granulations nageant dans le liquide et animées du mouvement brownien. L'émulsion est la condition de l'absorption des corps gras.

Parmi les sécrétions organiques du canal digestif le suc pancréatique peut seul fournir avec les huiles une émulsion complète et persistante. M. Bernard attribue ce pouvoir émulsif à un ferment particulier, soluble. Il admet que l'émulsion persistante de la graisse dans le lait est due à la présence du ferment émulsif et que ce liquide nutritif renferme la matière grasse toute préparée pour l'absorption.

L'émulsion par le suc pancréatique ou l'extrait de la glande est instantanée. Vient ensuite un phénomène plus lent : c'est la saponification, c'est-à-dire le dédoublement par hydratation des trimargarine, trioléine, tristéarine, etc., en glycérine et acides gras. Ce dédoublement ne se produit pas toujours dans l'intestin. L'émulsion pénètre dans les vaisseaux chylifères avec son caractère lactescent et ce n'est que plus loin, dans les divers tissus, que la saponification a lieu. On a pensé que la saponification provoquée par le suc pancréatique était due à l'alcalinité du liquide. M. Bernard lève cette objection en montrant : 1° que d'autres sécrétions tout aussi alcalines sont inactives; 2° que le tissu du pancréas, qui n'a pas de réaction alcaline, produit rapidement des phénomènes du même ordre; 3° enfin par l'ébullition on détruit le pouvoir spécifique du suc sans affaiblir son alcalinité. Le ferment émulsif peut être isolé en mélange avec des matières albuminoïdes et deux autres ferments indirects dont nous avons déjà parlé (diastase pancréatique, ferment digestif des albuminoïdes). Le ferment émulsif possède la propriété de la caséine, de se précipiter à froid par le sulfate de magnésie. Il est coagulé par la chaleur.

Dans les végétaux on retrouve des corps de même ordre. Vient-on à broyer une graine oléagineuse avec de l'eau, on obtient une émulsion dans laquelle on voit bientôt apparaître de la glycérine et des acides gras libres. Pendant la germination, le ferment émulsif et saponifiant, mis avec la graisse en présence de l'eau, lui fait subir une véritable digestion et la rend assimilable.

L'émulsine des amandes possède une propriété analogue; nous verrons plus loin qu'elle agit sur certains glucosides.

Cette action multiple tient-elle à un mélange de plusieurs ferments ou à une activité variable du même corps suivant les éléments mis en sa présence? Nous ne pouvons nous prononcer à cet égard. Kölliker et Müller ont montré que le suc pancréatique peut effectuer la décomposition de l'amygdaline. C'est là une indication précieuse.

Peut-être, lorsqu'on aura réussi à isoler pur le ferment émulsif du suc pancréatique, lui trouvera-t-on les mêmes propriétés qu'à l'émulsine ou synaptase.

Pour terminer ce qui a trait à la fermentation des glycérides nous n'avons plus qu'à fixer les idées sur le genre de réactions qui s'opèrent, en donnant les équations du dédoublement, telles qu'elles résultent des travaux de M. Berthelot.

1° Emulsion (changement physique);

2° Dédoublement.

$$C^3H^5(C^{18}H^{33}O.O)^3 + 3H^2O = C^3H^8O^3 + 3(C^{18}H^{33}O.HO)$$
Trioléine.   Glycérine.   Acide oléique.

$$C^3H^5(C^{18}H^{35}O.O)^3 + 3H^2O = C^3H^8O^3 + 3(C^{18}H^{35}O.HO)$$
Tristéarine.   Glycérine.   Acide stéarique.

$$C^3H^5(C^4H^7O.O)^3 + 3H^2O = C^3H^8O^3 + 3(C^4H^7O.HO)$$
Tributyrine.   Glycérine.   Acide butyrique.

Ferment albuminosique. — Deux sécrétions digestives, le suc gastrique et le suc pancréatique, probablement aussi le suc intestinal, possèdent le pouvoir de transformer les matières albuminoïdes insolubles ou solubles, mais non diffusibles, en principes solubles et diffusibles. On a reconnu que cette propriété est due, comme pour la digestion des amylacées et de la saccharose, à l'intervention de principes spéciaux, azotés, auxquels on a donné le nom de pepsine (principe digestif du suc gastrique) et de ferment albuminosique du suc pancréatique.

La pepsine dont nous connaissons le mode d'extraction (Procédés de Schwann, de Wasmann et Vogel, de Brücke) n'agit sur les albuminoïdes que dans un milieu acide et dans des limites de température très-restreintes. Son action se porte principalement sur la fibrine. Le séjour relativement restreint des aliments dans l'estomac ne permet, en tout cas, que des transformations peu accentuées; et l'on peut admettre avec raison, que la digestion stomacale, acide, pepsinique des albuminoïdes est, sous tous les rapports, une opération très-incomplète et plutôt préparatoire que finale.

Malgré tout ce qui a été écrit et dit sur la question chimique, on sait encore bien peu de choses sur les véritables transformations des albuminoïdes dans l'estomac ou sous l'influence du suc gastrique artificiel; aussi n'entrerons-nous pas dans de longs développements à ce sujet; ils nous prouveraient surabondamment que tout est à faire. Ce n'est, du reste, que lorsque la constitution des albuminoïdes aura été fixée définitivement, et lorsqu'on connaîtra bien tous les termes intermédiaires de leurs transformations et de leurs dédoublements progressifs, que l'on pourra aborder cette question avec fruit et avec succès.

Je me bornerai donc à quelques courtes observations.

Action du suc gastrique sur la fibrine du sang. — Selon Brücke la fibrine non cuite, mise en contact à 40° avec une quantité suffisante de suc gastrique de bonne qualité, se gonfle et se dissout rapidement, en se changeant d'abord en un principe soluble dans les acides étendus, mais précipitable par la neutralisation; ce principe aurait tous les caractères de la syntonine (produit de transformation du tissu musculaire sous l'influence des acides). Par une digestion prolongée, la syntonine disparaît à son tour et se trouve remplacée par un principe unique : la peptone. On peut se demander si dans l'estomac la peptone a le temps de se former.

Meissner, au contraire, prétend que la syntonine, qui prend naissance au début, se dédouble par une action ultérieure en une matière insoluble, non digestible, non transformable ultérieurement par le suc gastrique (parapeptone), et en principes solubles (peptones a. b. c). La digestion stomacale acide serait, d'après ces vues, un dédoublement des substances protéiques. Cette manière d'envisager la question me semble la plus probable et la plus conforme aux analogies que l'on peut établir, d'après ce que l'on sait sur les réactions des albuminoïdes.

Les autres matières albuminoïdes se comporteraient, d'après Meissner, à peu près comme la fibrine, en se convertissant tout d'abord en syntonine.

L'action digestive du suc pancréatique, par rapport aux albuminoïdes, est beaucoup plus énergique et plus efficace que celle de la pepsine. Elle n'exige pas des conditions aussi limitées. Ainsi le ferment albuminosique du pancréas développe son pouvoir aussi bien dans une liqueur acide que dans une liqueur alcaline. Les produits formés se distinguent des composés initiaux, par la propriété de ne plus être précipités par la neutralisation du liquide; ils sont incoagulables et facilement diffusibles, se rapprochant par là des cristalloïdes. Sans vouloir rien préciser à cet égard, je suis porté à considérer les peptones comme des corps très-voisins des substances diffusibles, solubles, incristallisables et incoagulables que j'ai obtenues par l'action incomplète de la baryte hydratée sur l'albumine. Quant aux caractères de troisième ordre par lesquels on a cherché à distinguer les diverses peptones, nous les passons sous silence; ils ne présentent rien de précis à l'esprit. Ce n'est qu'en déterminant par une hydratation un dédoublement complet en principes définis (éléments de l'urée, tyrosine, leucine et homologues), en établissant leur constitution, que l'on pourra se faire une idée nette de la nature de ces corps. Un travail de ce genre, se rattachant à celui que j'ai entrepris pour les matières albuminoïdes, ne pourrait qu'amener à des résultats importants au point de vue physiologique.

L'analogie de fonctions conduit M. Bernard à rechercher la digestion albuminosique dans les végétaux. Si nous appelons de ce nom, avec lui, toute transformation de matières albuminoïdes en principes solubles diffusibles, il est certain qu'elle doit y exister.

Ainsi les phénomènes que présente la levûre conservée à jeun, à l'état humide, et sur lesquels nous avons insisté à propos de la fermentation alcoolique, doivent et peuvent être envisagés comme une véritable digestion de matières protéiques. Il en est de même des transformations chimiques continues qui se passent dans le protoplasma des cellules végétales et animales. Rien ne prouve que les premiers termes d'altération des albuminoïdes dans l'organisme sont immédiatement des corps excrémentitiels ; que ces termes, tant qu'ils restent au-dessus d'une certaine limite de dédoublement, qu'ils n'atteignent pas, par exemple, les cristalloïdes, tels que la leucine, la tyrosine, etc., ne peuvent plus servir au travail de synthèse organique et à la formation de nouvelles cellules, de nouveaux tissus. N'est-ce pas l'eau de lavage de la levûre digérée qui renferme les aliments les plus propres au développement de ce ferment organisé ; or, en dehors de l'albumine qui est inactive comme aliment de la levûre, les principes azotés de l'eau de levûre sont des produits d'un ordre inférieur à celui des substances protéiques ; ce sont des termes de leur dédoublement. Il n'est pas question ici de la leucine et de la tyrosine, dont on a reconnu la présence dans l'eau de lavage de la levûre et qui sont dépourvues du pouvoir nutritif, mais seulement des corps azotés contenus dans le sirop incristallisable.

Brücke a reconnu la présence de la pepsine dans le sang, les muscles et l'urine. Cet agent n'est donc pas confiné dans l'estomac seulement ; il est répandu dans les diverses parties de l'organisme où sa présence peut être nécessaire, partout où il y a des albuminoïdes à liquéfier et à digérer pour les rendre aptes à la nutrition. Bretonneau avait déjà annoncé que la viande introduite dans une plaie sous-cutanée pouvait s'y digérer comme dans l'estomac.

Si nous avons donné quelque développement aux fermentations indirectes qui touchent aux grands phénomènes biologiques de la digestion, ce premier acte de la nutrition des êtres vivants, c'est à cause de l'intérêt capital du sujet.

Pour les autres phénomènes du même ordre nous pouvons être plus sobres de développements, tout ce qu'il y a d'essentiel se trouvant dans les généralités.

Fermentation des glucosides. — Le ferment, qui agit le plus généralement et le plus énergiquement sur ces corps, se trouve dans les amandes douces et amères; c'est la synastase ou émulsine.

Elle agit le mieux entre 30 et 40 degrés, mais supporte toutefois une élévation de température jusqu'à 80 degrés, sans perdre son pouvoir spécifique.

Les acides et les alcalis n'entravent pas, à petites doses, l'action de l'émulsine. Ce n'est qu'après avoir subi une putréfaction assez avancée que l'émulsine perd ses qualités. Son intervention peut être suppléée, jusqu'à un certain point, par celle d'autres principes d'origine animale. Les substances toxiques pour les plantes et pour la levûre n'ont pas d'influence sur les réactions provoquées par la synastase.

Tous ces faits, joints à son mode de préparation (voir plus haut, procédé Wittich), ne laissent aucun doute sur la nature de l'émulsine; c'est un ferment soluble de la famille de la diastase.

Il nous suffira de donner une courte énumération des réactions auxquelles elle préside. (Voir pour plus de détails les ouvrages de chimie.)

1° Dédoublement de l'amygdaline en glucose, acide cyanhydrique et hydrure de benzoïle. Cette réaction explique ce qui se passe lorsqu'on broie des amandes amères avec de l'eau. L'amande amère contient à la fois de l'amygdaline et de l'émulsine. Ces deux corps sont dans des cellules distinctes, et ne peuvent réagir, que lorsqu'une action mécanique et une dissolution les mettent en contact intime.

Cette action peut se produire dans l'organisme; lorsqu'on injecte, par exemple, dans les veines d'un animal, de l'amygdaline dissoute et de l'émulsine, le sujet meurt avec les symptômes d'un empoisonnement prussique.

2° Décomposition de la salicine en glucose et saligénine.

3° De la chlorosalicine en glucose et chlorosaligénine.

4° De l'hélicine en glucose et hydrure de salycile.

5° De l'arbutine en glucose et hydroquinone.

6° De la phlorizine en glucose et phlorétine.

7° De l'esculine en glucose et esculétine.

8° De la daphnine en glucose et daphnétine. [1]

Tout récemment on a réalisé la production artificielle de la vanilline, principe odorant de la vanille, en dédoublant par la synaptase un glucoside contenu dans les conifères, la coniférine, et en oxydant le principe formé dans ce dédoublement.

L'émulsine, comme la plupart des ferments solubles, peut être remplacée, vis-à-vis des glucosides, par des agents purement chimiques. Ainsi par l'ébullition avec les acides étendus on arrive au même résultat, dans la plupart des cas.

Un phénomène chimique très-intéressant, du même ordre que celui que nous avons observé dans les amandes amères, se retrouve dans la farine de graine de moutarde délayée dans l'eau. Ce mélange, qui constitue le sinapisme ordinaire, développe, comme on le sait, une odeur forte et un produit de saveur brûlante. Les propriétés du sinapisme sont dues surtout à la présence de l'essence de moutarde ou sulfocyanure d'allyle.

---

1. Ces dédoublements ont lieu d'après les équations :

$$C^{20}H^{27}AzO^{11} + 2H^2O = 2C^6H^{12}O^6 + C^7H^6O + C^2AzH$$

Amygdaline.   Glucose   Hydrure de benzoïle.   Acide prussique.

$$C^{13}H^{18}O^7 + H^2O = C^6H^{12}O^6 + C^7H^8O^2$$

Salicine.   Glucose.   Saligénine.

$$C^{13}H^{17}ClO^7 + H^2O = C^6H^{12}O^6 + C^7H^7ClO^2$$

Chlorosalicine.   Glucose.   Chlorosaligénine.

$$C^{13}H^{16}O^7 + H^2O = C^6H^{12}O^6 + C^7H^6O^2$$

Hélicine.   Glucose.   Hydrure de salycile.

$$C^{12}H^{16}O^7 + H^2O = C^6H^{12}O^6 + C^6H^6O^2$$

Arbutine.   Glucose.   Hydroquinone.

$$C^{21}H^{24}O^{10} + H^2O = C^6H^{12}O^6 + C^{15}H^{14}O^5$$

Phlorizine.   Glucose.   Phlorétine.

$$C^{21}H^{24}O^{13} + 3H^2O = 2C^6H^{12}O^6 + C^9H^6O^4$$

Esculine.   Glucose.   Esculétine.

$$C^{31}H^{34}O^{19} + 2H^2O = 2C^6H^{12}O^6 + C^{19}H^{14}O^9$$

Daphnine.   Glucose.   Daphnétine.

Mais cette essence, pas plus que l'essence d'amandes amères, n'existe toute formée dans la graine ; elle prend naissance aux dépens d'un composé spécial, contenu dans la moutarde noire, sous l'influence d'un ferment soluble, la myrosine, renfermé dans la moutarde blanche ou noire et en général dans les graines de crucifères.

Le produit initial a pu être isolé sous forme de cristaux ; c'est le sel potassique d'un acide complexe, l'acide myronique. Quant au ferment nous n'avons rien à en dire de spécial ; il peut s'isoler des graines de crucifères ou de moutarde blanche exemptes de myronate de potasse par les méthodes générales déjà décrites ; ses caractères physiques ainsi que sa composition sont ceux de tous les ferments solubles.

Le myronate de potasse $C^{10}H^{18}AzKS^2O^{10}$, dont la présence caractérise la moutarde noire, se dédouble sous l'influence de la myrosine en glucose, sulfocyanure d'allyle et bisulfate de potassium, comme le montre l'équation suivante :

$$C^{10}H^{18}AzKS^2O^{10} = C^6H^{12}O^6 + \begin{Bmatrix} C\,Az \\ C^4H^5 \end{Bmatrix} S + SO^4KH$$

Myronate de potasse.	Glucose.	Sulfocyanure d'allyle.	Bisulfate de potasse.

On extrait le myronate de potasse de la manière suivante (procédé de M. Bussy modifié par MM. Will et Körner). Un kilogramme de semence de moutarde noire pulvérisée est bouilli avec 1 litre 5 d'alcool à 82 p. 100, jusqu'à distillation de un quart de litre d'alcool. On exprime à chaud, et on répète la même opération avec le résidu. Celui-ci est ensuite exprimé, séché à 100°, pulvérisé et digéré pendant 12 heures avec 3 parties d'eau froide ; on exprime, et on reprend le résidu par 2 parties d'eau froide. Les solutions aqueuses sont évaporées, après addition d'un peu de carbonate de baryte, jusqu'à consistance sirupeuse. Le résidu est épuisé par l'alcool bouillant à 85 p. 100 (1 litre à 1 litre 5) ; on filtre, on distille et on abandonne à cristallisation dans des assiettes plates.

Nous citerons encore, sans insister, les autres fermentations analogues.

1° La racine fraîche de garance contient l'alizarine et les autres matières colorantes, insolubles par elles-mêmes, sous forme de glucosides solubles (Rubian, acide rubérythrique) A côté de ces principes, cette même racine contient un ferment soluble (l'érytrozyme), qui ne tarde pas à opérer le dédoublement de ces glucosides, dès que la poudre de garance est délayée avec de l'eau. Sous son influence, les matières colorantes, d'abord dissoutes, se séparent en même temps qu'il se forme du sucre. M. E. Kopp est parvenu à enrayer l'action du ferment, par une addition convenable d'acide sulfureux; il a fondé sur ce fait un procédé très-intéressant d'extraction des matières colorantes de la garance.

2° Les infusions de graines de nerprun subissent également, lorsqu'on les conserve quelque temps, une fermentation qui dédouble les glucosides colorants solubles contenus dans cette infusion ou dans cette décoction; il se forme de la glucose et un pigment insoluble. L'ébullition avec les acides réalise la même transformation.

3° Les acides biliaires, acides taurocholique et glycocholique, sont susceptibles, comme on le sait depuis les travaux de Strecker, de se dédoubler par hydratation en taurine et acide cholalique ou en glycocolle et acide cholalique. Il suffit, pour atteindre ce résultat, d'une ébullition suffisamment prolongée avec de la baryte. Le même effet de décomposition s'observe lorsque la bile est abandonnée à elle-même, à l'altération spontanée. L'acide taurocholique se transforme plus facilement que son voisin. Cette facile altération, due à l'intervention des ferments, a obscurci pendant longtemps l'histoire chimique de la bile.

4° La décomposition de l'acide hippurique, dans l'urine des herbivores, en acide benzoïque et glycocolle, est un phénomène du même ordre.

5° Il en est ainsi de deux glucosides végétaux : la *phillyrine*, contenue dans l'écorce du phillyrea latifolia, et la *populine*, de l'écorce du tremble. Ces substances ne sont pas attaquées par la levûre de bière ni par l'émulsine ; mais lorsqu'on les place dans les conditions de la fermentation lactique, elles se dédoublent, l'une en glucose et phillygénine,

$$C^{27} H^{34} O^{11} + H^2 O = C^6 H^{12} O^6 + C^{21} H^{24} O^6$$
Phillyrine.   Glucose.   Phillygénine.

l'autre en glucose, saligénine et acide benzoïque.

$$C^{13} H^{17} (C^7 H^5 O) O^7 + H^2 O = C^{13} H^{18} O^7 + C^7 H^6 O^2$$
Populine ou benzoïle salicine.   Salicine.   Acide benzoïque.

La salicine, formée d'abord, se dédouble à son tour en glucose et saligénine.

6° Les infusions de noix de galles, abandonnées à elles-mêmes, fermentent ; le tannin disparaît et se trouve remplacé par les acides gallique, ellagique et de la glucose.

Strecker considérant le tannin comme un glucoside représentait sa décomposition par l'équation :

$$C^{27} H^{22} O^{17} + 4 H^2 O = C^6 H^{12} O^6 + 3 C^7 H^6 O^5$$
Tannin.   Glucose.   Acide gallique.

7° Suivant M. Fremy, la pectose est accompagnée, dans les tissus végétaux où elle se trouve, d'un ferment tantôt soluble, tantôt insoluble, la pectase, qui possède la propriété de transformer la pectose et la pectine, successivement en acides pectique et métapectique.

La fermentation pectique joue un rôle important dans la conversion des fruits mûrs en fruits blets. Elle trouve aussi son application dans la confection des gelées végétales. En effet, la transformation des sucs naturels des fruits en gelées résulte de la métamorphose de la pectine, contenue dans ces sucs, en acides pectosique et pectique. Si donc un suc naturel, celui du groseillier, par exemple, ne contient pas de pectose, il faut y ajouter un autre suc ou une pulpe renfermant la pectose, sous forme soluble ou insoluble, en se rappelant que l'ébullition en coagulant le ferment, le rend inactif. La fermentation pectique s'effectue vers 35 degrés (Fremy, Ann. chi. phys. (3) XXIV, p. 1).

CHAPITRE III

La question de l'origine des ferments est intimement liée à celle des générations spontanées. En effet, depuis Van Helmont et autres qui, même encore au xvii° siècle, indiquaient les moyens de faire naître des souris, des grenouilles, des anguilles, etc., les partisans de ce mode de génération ont été refoulés, par les progrès de l'esprit d'examen, des grands animaux ou végétaux sensibles à l'œil nu, aux productions vivantes les plus petites et que nous ne saisissons plus qu'au moyen du microscope. Or c'est parmi ces êtres inférieurs, microscopiques, que se rangent les ferments. Redi, membre de l'Académie del Cimento, fit voir que les vers de la chair en putréfaction, que l'on croyait d'abord d'origine spontanée, ne sont que des larves d'œufs de mouches, et qu'il suffit d'entourer d'une gaze fine la chair en putréfaction, pour empêcher d'une manière absolue la naissance de ces larves ; il reconnut le premier que les animaux parasites sont sexués et capables de pondre des œufs.

La découverte du microscope et les nombreuses observations dont elle fut suivie ranimèrent vers la fin du xvii° et au commencement du xviii° siècle la doctrine des générations spontanées, qui avait perdu tout crédit dans les questions concernant l'origine des êtres vivants d'un ordre plus élevé. Il s'agissait d'expliquer l'origine de ces productions vivantes, si variées, révélées par le microscope dans les infusions des matières végétales et animales, chez lesquelles on ne savait découvrir aucun symptôme apparent d'une génération sexuelle.

Le sujet fut étudié pour la première fois, d'une manière scientifique, par Needham qui publia en 1745, à Londres, un ouvrage sur cette question. Ce savant fit, par rapport aux infusoires, ce que l'on avait fait pour les organismes plus élevés. Il soustrait, ou plutôt cherche à soustraire, l'infusion végétale ou animale à l'action des germes, semences ou tout autre agent de multiplication pouvant venir du dehors. En même temps il détruit par un agent physique, le calorique, les germes que l'on pourrait supposer préexister dans le liquide. Dans ces conditions, ou il se produira des êtres vivants au sein de l'infusion, ou l'on n'en verra plus apparaître; dans le premier cas, il faudra bien admettre que ces organismes se sont développés dans le milieu qui leur convient, sans l'intervention préalable d'aucun germe; dans le second, la doctrine de la génération spontanée est fausse. En réalité la question ne peut être résolue que par cette méthode, et tous les expérimentateurs qui l'ont abordée depuis Needham jusqu'à nos jours ont dû s'en servir.

La difficulté sérieuse, grave, sur laquelle ont roulé depuis Needham toutes les discussions soulevées entre les hétérogénistes et les panspermistes, est de disposer les expériences de telle sorte que tout soupçon de l'intervention de germes apportés du dehors ou préexistants soit écarté.

Si le résultat est négatif, si toutes les précautions paraissant convenablement prises et les causes d'erreur écartées, il n'y a plus formation d'infusoires, il sera difficile d'élever une objection sérieuse contre la conclusion inévitable, pourvu que les opérations, mises en pratique pour éliminer les germes préexistants, ne soient pas de nature à modifier le milieu et à le rendre impropre au développement et à la nutrition des êtres vivants. Si au contraire on arrive à constater encore la naissance d'êtres vivants, on verra toujours renaître le soupçon que l'expérience a été mal conduite, qu'en faisant mieux et avec plus de soins on serait arrivé au résultat inverse. Les hétérogénistes se trouvent donc, vis-à-vis de leurs adversaires, dans une situation moins avantageuse, et malgré les succès qu'ils pourront remporter ils n'entraîneront jamais la conviction.

Nous pensons donc qu'il est inutile de donner ici une description détaillée de leurs recherches minutieuses ; elles voulent être lues dans les mémoires originaux. *Une seule expérience qui prouve, par une réponse négative, que les infusions organiques, préservées des germes du dehors, ne donnent pas naissance à des infusoires, vaut mieux, scientifiquement parlant, que dix expériences tendant à établir le contraire.*

Si nous laissons de côté les détails des expériences fondamentales des hétérogénistes, en parlant des celles dont le résultat est conforme aux idées panspermistes, ce n'est pas dans un esprit de partialité. Nous sommes convaincus que ces dernières seules sont à l'abri de toutes objections, l'habileté relative des opérateurs étant mise à part et n'entrant pour rien dans la balance. Disons cependant que les travaux de M. Pasteur peuvent servir de modèle à tous ceux qui voudront diriger leurs recherches dans cette voie, quelle que soit l'opinion préconçue qui les guide.

Par leur précision, les soins destinés à écarter toute cause d'erreur, elles ne laissent rien à désirer. Comme le résultat obtenu a invariablement conduit M. Pasteur à nier la génération spontanée, ses adversaires doivent prouver avant tout qu'il s'est trompé, en se plaçant dans les mêmes conditions de rigueur expérimentale.

Les expériences de Needham, dont nous avons parlé plus haut, qui conduisirent ce savant à admettre et à soutenir la doctrine des générations spontanées, consistaient essentiellement à placer les substances organiques altérables dans des vaisseaux hermétiquement clos, que l'on soumettait ensuite à l'action d'une température élevée, en vue de détruire les germes préexistants.

L'ouvrage de l'auteur anglais eut un grand retentissement,

grâce à l'appui que vint lui prêter Buffon dont il soutenait les vues. Bientôt après commença le grand débat entre Needham et Spallanzani, célèbre physiologiste italien. Ce dernier, dans ses opuscules de physique animale et végétale, traduction de J. Sennebier, 1777, réfuta expérimentalement les conclusions de Needham.

Le débat arriva à rouler principalement sur ce point :

Spallanzani ne se contentait pas de chauffer les vases hermétiquement clos, contenant les infusions, pendant quelques minutes, *le temps seulement qu'il faut pour faire cuire un œuf de poule et pour détruire les germes*, comme s'exprime Needham, mais il les maintenait durant l'espace d'une heure dans l'eau bouillante. Il n'observait alors plus de production d'infusoires. Or, objecte le savant anglais, « de la façon qu'il a traité et mis à la torture ses dix-neuf infusions végétales, il est visible que non-seulement il a beaucoup affaibli, ou peut-être totalement anéanti la *force végétative* des substances infusées, mais aussi qu'il a entièrement corrompu par les exhalaisons et par l'odeur du feu, la petite portion d'air qui restait dans la partie vide de ses fioles. Il n'est pas étonnant par conséquent que ses infusions ainsi traitées n'aient donné aucun signe de vie. Il en devait être ainsi. »

Cette idée, que l'action de la température de l'eau bouillante détruit la force végétative des infusions, s'est maintenue jusqu'à nos jours et a servi d'argument aux hétérogénistes ; ne pouvant attaquer l'exactitude matérielle des résultats expérimentaux de Pasteur, ils n'acceptaient pas les conclusions qu'il cherchait à en tirer.

Nous trouvons aussi dans le passage cité tout à l'heure la raison d'être des expériences de Schwann et d'Helmholtz sur l'air calciné, de Schrœder et V. Dusch sur l'air tamisé.

L'objection d'une altération possible de l'air confiné dans la fiole, sous l'influence d'une ébullition prolongée, en présence de substances organiques, était sérieuse à l'époque où elle se produisit ; elle le devint davantage, lorsque l'on eut reconnu que l'air surmontant les conserves alimentaires, préparées par je procédé Appert, ne contient plus d'oxygène. Il était donc urgent de mettre les infusions en contact avec de l'air normal, après que l'ébullition les avait privées de leurs germes préexistants, en évitant néanmoins l'introduction de nouveaux germes apportés par l'air.

A cet effet, le docteur Schwann chauffa les ballons contenant les infusions, jusqu'à ce que la destruction des germes fût assurée ; mais son ballon n'était pas fermé ; il communiquait librement avec l'air ambiant au moyen d'un tube en verre, recourbé en U et chauffé sur une partie de sa longueur, dans sa courbure, au moyen d'un bain d'alliage fusible. Dans ces conditions, l'air peut être renouvelé dans les ballons, mais l'atmosphère nouvelle a subi, comme l'infusion, l'action de la chaleur qui détruit les germes.

L'expérience de Schwann fut très-nette, en ce qui touche le bouillon de viande et le résultat négatif (développement nul d'infusoires) ne laissait rien à désirer. Il n'en fut pas de même d'essais analogues sur la fermentation alcoolique, qui donnèrent des résultats contradictoires.

Ure et Helmholtz répétèrent et multiplièrent ces expériences avec le même succès.

Pour écarter l'objection d'une altération possible par la chaleur d'un principe mistique et non défini, différent des germes, mais dont la présence dans l'air serait nécessaire à la production des infusoires, Schultze (Ann. des sciences naturelles, t. VIII, (2) 1837) fit passer l'air renouvelé à travers des réactifs chimiques énergiques (ac. sulfurique concentré). Il remplit à moitié un flacon de cristal avec de l'eau distillée contenant diverses substances animales et végétales, puis boucha le vase à l'aide d'un bouchon traversé par deux tubes coudés, et soumit l'appareil ainsi disposé à la température de l'eau bouillante. Enfin, pendant que la vapeur s'échappait encore à travers les tubes dont nous venons de parler, il adapta à chacun d'eux un appareil à boules de Liebig, l'un contenant de l'acide sulfurique concentré et l'autre de la potasse concentrée et caustique. La température élevée avait dû nécessairement détruire tout ce qui était vivant, tous les germes qui pouvaient se trouver dans l'intérieur du vase ou de ses ajustages, et la communication du dehors en dedans était interceptée par l'acide sulfurique d'un côté et la potasse de l'autre. Néanmoins, en aspirant par l'extrémité de l'appareil où se trouvait la potasse, il était facile de renouveler l'air ainsi enfermé et les nouvelles quantités de ce fluide qui s'introduisaient ne pouvaient porter avec elles aucun germe vivant, car elles étaient forcées de passer dans un bain d'acide sulfurique concentré. M. Schultze plaça l'appareil ainsi disposé sur une fenêtre bien éclairée, à côté d'un vase ouvert, dans lequel il avait mis en infusion les mêmes substances organiques, puis il eut soin de renouveler l'air de son appareil plusieurs fois par jour pendant plus de deux mois, et d'examiner au microscope ce qui se passait dans l'infusion. Le vase ouvert se trouva bientôt rempli de vibrions et de monades, auxquels s'ajoutèrent bientôt des infusoires polygastriques d'un plus grand volume, et même des rotateurs; mais l'observation la plus attentive ne put faire découvrir la moindre trace d'infusoires, de conferves ou de moisissures dans l'infusion de l'appareil.

Les travaux ultérieurs de Schroeder et V. Dusch (1854-1859) tendaient à lever une dernière objection, l'altération possible d'un principe spécial de l'air par un réactif aussi énergique que l'acide sulfurique. Guidés par les expériences de Loewel, qui reconnut que l'air ordinaire était impropre à provoquer la cristallisation des solutions sursaturées de sulfate de soude, lorsqu'il avait été préalablement filtré sur du coton, ils firent communiquer l'un des tubes de l'appareil de Schultze avec un tube large de 3 centimètres et long de 50 à 60 centimètres rempli de coton cardé. L'autre tube était mis en rapport avec un aspirateur.

Une fois le liquide, l'intérieur du ballon et des tubes privés de germes par l'ébullition, on mettait l'appareil en place et on laissait fonctionner l'aspiration nuit et jour.

Les deux savants reconnurent ainsi, que la viande avec addition d'eau, le moût de bière, l'urine, la colle d'amidon et les divers matériaux du lait pris isolément restent intacts dans l'air filtré.

Au contraire, le lait, la viande sans eau, le jaune d'œuf se pourrissaient aussi promptement que dans l'air ordinaire.

Il résulterait donc de ces expériences, qu'il y a des décompositions spontanées de substances organiques n'ayant besoin pour commencer que de la présence du gaz oxygène, tandis que d'autres exigent, outre l'oxygène, la présence de *ces choses inconnues* mêlées à l'air atmosphérique, qui sont détruites par la chaleur ou l'acide sulfurique ou encore retenues par le coton.

Les deux savants ne se prononcent donc pas sur la nature de ces choses et ne disent pas catégoriquement que ce sont des germes, et en réalité rien ne permettait de tirer cette conclusion.

Les expériences de M. Pasteur (Mémoire sur les corpuscules organisés qui existent dans l'atmosphère, Ann. chi. phys. (3) t. LXIV, p. 27) ont fait faire un pas de plus à la question, en prouvant que ce sont bien réellement des germes de ferments et d'infusoires, que détruit la chaleur ou qu'arrêtent l'acide sulfurique ou le coton dans les expériences citées plus haut.

M. Pasteur pratique dans un châssis de fenêtre, à une distance de plusieurs mètres du sol, une ouverture donnant passage à un tube de verre de 1/2 centimètre de diamètre et contenant, sur une longueur de un centimètre, une bourre de coton soluble retenue par une petite spirale en fil de platine. L'une des extrémités du tube débouche dans la rue, l'autre communique avec un aspirateur continu. Lorsque l'air a passé pendant un temps suffisant, la bourre de coton, plus ou moins salie par les poussières qu'elle a arrêtées, est déposée dans un petit tube avec le mélange alcoolique éthéré qui dissout le coton poudre. On laisse reposer pendant un jour. Toutes les poussières se rassemblent au fond du tube, où il est facile de les laver par décantation, sans aucune perte, si l'on a soin de séparer chaque lavage par un repos de douze à vingt heures. Le dépôt et le liquide qui le baigne sont réunis sur un verre de montre ; après évaporation de l'alcool, le résidu est délayé dans de l'eau et examiné au microscope. M. Pasteur a également fait usage d'acide sulfurique ordinaire pour délayer la poussière. Cet agent a pour effet de désagréger les grains d'amidon et de carbonate de chaux, que l'on retrouve toujours en quantités plus ou moins fortes dans les dépôts fixés sur la bourre de coton.

Fig. 24 — Corpuscules organisés de la pouss're, en mélange avec particules amorphes.

Fig. 25. — Corpuscules organisés de la poussière, en mélange avec particules amorphes.

Les figures 24 et 25 représentent des corpuscules organisés associés à des particules amorphes, tels qu'ils s'offrent au microscope, avec un grossissement de 350 diamètres; le liquide délayant était de l'acide sulfurique ordinaire.

La figure 24 s'applique à des poussières recueillies du 25 au 26 juin 1860 ; la figure 25 à des poussières du brouillard très-intense du mois de janvier 1861.

Il ne suffisait pas de reconnaître au microscope des particules organisées mélangées à des substances amorphes, il fallait encore prouver que ces particules constituent réellement des germes féconds, capables d'engendrer les infusoires qui se développent en si grande abondance dans les liquides organiques exposés à l'air.

A cet effet, M. Pasteur dirigea l'expérience de la manière suivante :

Dans un ballon de 250 à 300 cent. c. il introduit 100 à 150 centimètres cubes d'une eau sucrée albumineuse, formée dans les proportions suivantes :

Eau....:.................................... 100
Sucre.......................................   10
Matières albuminoïdes et minérales provenant
    de la levûre de bière : 0,2 à.   0,7

Le col effilé du ballon communique avec un tube de platine comme l'indique la figure 26. Dans cette première phase de l'expérience le tube en T à 3 robinets est supprimé et remplacé par un simple joint en caoutchouc. Le tube de platine est chauffé au rouge au moyen de la grille à gaz. On fait bouillir le liquide pendant deux ou trois minutes, puis on le laisse refroidir complétement. Il se remplit d'air ordinaire, à la pression de l'atmosphère, mais dont toutes les parties ont été portées au rouge; puis on ferme à la lampe le col du ballon. Celui-ci, ainsi préparé et détaché, est placé dans une étuve à une température constante, voisine de 30°; il peut s'y conserver indéfiniment sans la moindre altération du liquide qu'il renferme. Celui-ci conserve sa limpidité, son odeur, sa réaction acide faible; c'est tout au plus si l'on observe une très-légère absorption d'oxygène. M. Pasteur affirme que jamais il ne lui est arrivé d'avoir une seule expérience, disposée comme il est dit plus haut, qui lui ait donné un résultat douteux; tandis que l'eau de levûre sucrée et bouillie pendant deux ou trois minutes, puis exposée à l'air ordinaire est déjà en voie d'altération manifeste au bout de un jour ou deux et se trouve remplie de bactériums, de vibrions, ou couverte de mucors. Ces expériences sont directement contraires à celles de MM. Pouchet, Mantigazzo, Joly et Musset.

Il est donc bien acquis, que l'eau de levûre sucrée, liqueur excessivement altérable au contact de l'air ordinaire, peut être conservée intacte pendant des années entières, lorsqu'elle est exposée à l'action de l'air calciné, après avoir été soumise à l'ébullition pendant quelques minutes (2 à 3) [1]. Ceci posé,

---

1. M. Pasteur a fait ressortir une cause d'insuccès qui a induit en erreur plus d'un expérimentateur, en montrant que le mercure d'une cuve est un véritable réceptacle d'organismes vivants, et que, par conséquent, toutes les expériences faites avec la cuve à mercure doivent amener forcément un développement d'infusoires.

M. Pasteur adapte la pointe fermée de son ballon rempli d'eau de levûre sucrée bouillie et d'air calciné, conservé depuis un

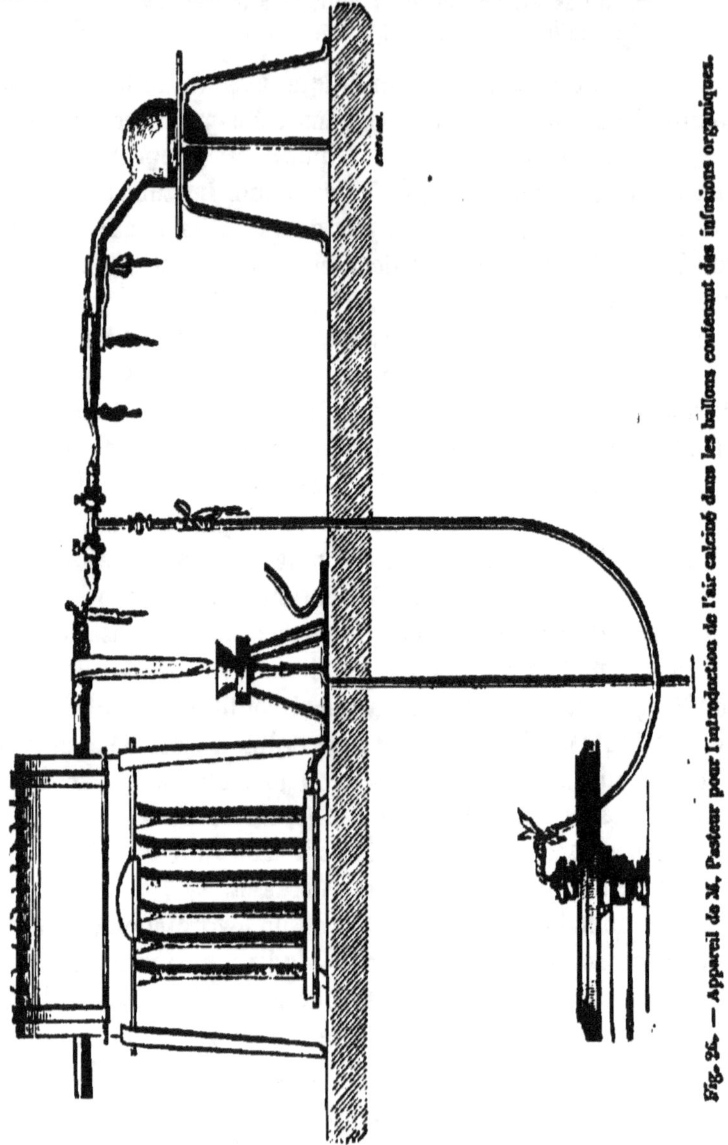

Fig. 25. — Appareil de M. Pasteur pour l'introduction de l'air calciné dans les ballons contenant des infusions organiques.

ou deux mois à l'étuve, sans développement d'organismes, au moyen d'un tube en caoutchouc, à un appareil disposé comme celui de la figure 26. La pointe effilée du ballon s'engage dans un tube en verre fort de 10 à 12 millimètres de diamètre intérieur, dans lequel il a placé un bout de tube de petit diamètre ouvert aux deux bouts, libre de glisser dans le gros tube et renfermant une portion d'une des petites bourres de coton chargées de poussières. Le gros tube en verre est relié à un tube de laiton en T muni de robinets, dont l'un communique avec la machine pneumatique, un autre avec le tube de platine rougi et le troisième avec le ballon par l'intermédiaire du gros tube renfermant la petite nacelle porte-bourre. Les joints sont établis entre ces diverses pièces au moyen de caoutchoucs. On commence par faire le vide, après avoir fermé le robinet du côté du tube métallique rougi. En ouvrant ensuite celui-ci, on laisse rentrer lentement de l'air calciné dans les tubes; cette opération (vide et rentrée d'air calciné) est répétée plusieurs fois. On brise alors la pointe du ballon à travers le caoutchouc, on fait couler la petite nacelle à poussières dans le ballon dont on referme le col à la lampe. Comme contre-épreuve et pour répondre à toute objection, on a fait subir à d'autres ballons, préparés comme le précédent, les mêmes manipulations, avec cette différence qu'au lieu de coton chargé de poussière atmosphérique, on y laissait couler une nacelle contenant de l'amiante calcinée (par surcroît de précautions on avait vérifié que l'amiante calcinée et ensuite chargée de poussières atmosphériques, par le même procédé que le coton, donne des résultats identiques).

Or, voici ce que M. Pasteur observa d'une manière constante.

Dans tous les ballons où l'on avait ainsi introduit des poussières récoltées dans l'air, 1° des productions organisées commencent à apparaître dans le liquide après vingt-quatre, trente-six, quarante-huit heures au plus. C'est précisément le temps nécessaire pour que ces mêmes productions apparaissent dans l'eau de levure sucrée exposée au contact de l'atmosphère.

2° Les productions observées sont du même ordre que celles que l'on voit apparaître dans le liquide abandonné librement à l'air (mucors, mucédinées ordinaires, torulacées, bactériums et vibrions de la plus petite espèce, dont le plus gros, le monas lens, a 0 m. 004 de diamètre).

Chose assez curieuse, M. Pasteur n'a jamais vu apparaître de fermentation alcoolique, bien que la composition du liquide employé était très-appropriée à ce genre d'altération.

Lorsqu'on remplace l'eau de levûre sucrée par de l'urine, en opérant du reste absolument de la même manière, on constate toujours l'absence d'altération tant que l'on n'a pas introduit les poussières atmosphériques, tandis qu'avec leur concours il se développe de nombreux organismes, en tout semblables à ceux qui naissent et se développent dans l'urine conservée à l'air.

Si au contraire on répète la même expérience avec le lait ordinaire, on peut être sûr qu'il se caillera et se putréfiera constamment. On observera la naissance de nombreux vibrions d'une même espèce et de bactériums, et l'oxygène du ballon disparaîtra.

M. Pasteur pense que ce résultat contraire à ceux observés pour d'autres liquides tient uniquement à ce que le lait renferme des germes de vibrions qui résistent à 100°. Pour le prouver, il fait bouillir le lait, non à 100 degrés ou à la pression atmosphérique, mais à 110 degrés, sous une pression plus forte, et il constate que les ballons ainsi préparés et fermés à la lampe peuvent être conservés indéfiniment à l'étuve sans donner lieu à la moindre production de moisissures ou d'infusoires. Le lait garde sa saveur, son odeur et toutes ses qualités; l'atmosphère du ballon n'est que très-peu modifiée dans sa composition. (Après quarante jours on a retrouvé 18. 37 volumes d'oxygène p. 100 d'air.)

Cette différence entre le lait et l'urine ou l'eau de levûre sucrée doit être attribuée à l'alcalinité du premier milieu, tandis que les deux autres sont acides.

En effet, si l'on neutralise préalablement l'acide de l'eau sucrée de levûre, au moyen de carbonate de chaux, on obtient des organismes dans les conditions de l'expérience où ils ne se développaient pas.

Ces faits ont amené M. Pasteur à faire des recherches sur l'action comparée de la température sur la fécondité des spores

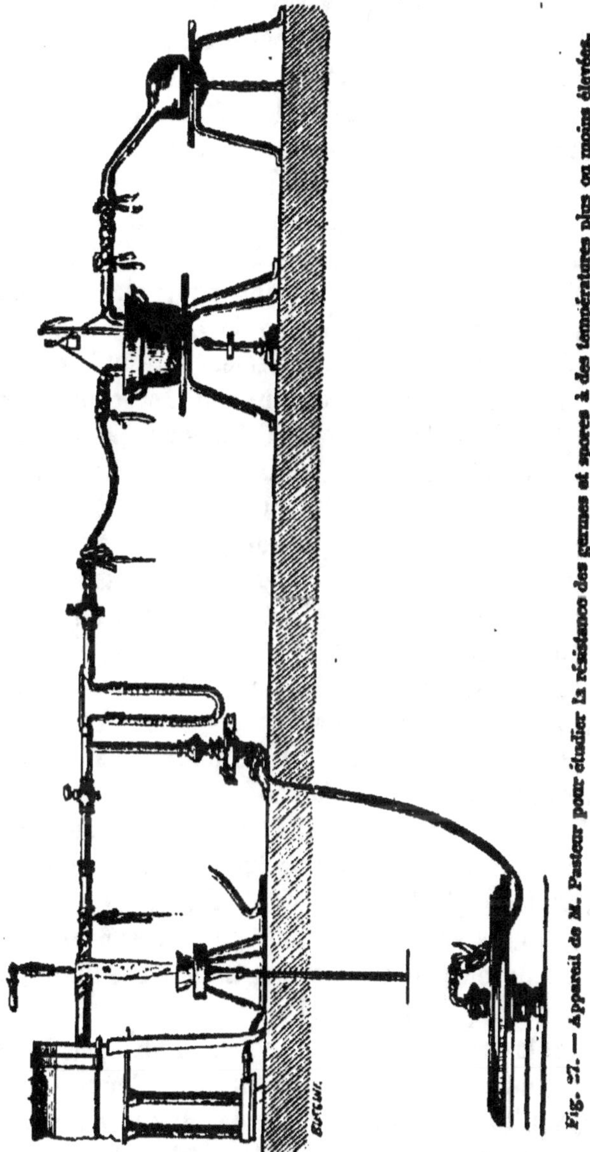

Fig. 27. — Appareil de M. Pasteur pour étudier la résistance des germes et spores à des températures plus ou moins élevées.

des mucédinées et des germes qui existent en suspension dans l'atmosphère. Voici en quelques mots la méthode suivie. Il passe un peu d'amiante dans les petites têtes de la moisissure qu'il veut étudier, puis il place cette amiante couverte de spores dans un petit tube en verre, qu'il introduit dans un tube en U (fig. 27) de plus gros diamètre où le petit tube peut se mouvoir librement; l'une des extrémités du tube en U se relie par un caoutchouc à un tube de métal à robinets en forme de T. L'un des robinets communique à la machine pneumatique, un autre à un tube de platine chauffé au rouge. L'autre extrémité porte un caoutchouc qui reçoit également le ballon où l'on doit introduire les spores; ce ballon est fermé à la lampe, rempli d'air calciné et d'un liquide nourricier préalablement porté à l'ébullition. Enfin, le tube en U plonge dans un bain d'huile, d'eau ordinaire ou d'eau salée, suivant la température que l'on veut atteindre. Entre le tube en U et le tube de platine, il y a un tube desséchant à ponce sulfurique. Lorsque tout l'appareil qui précède le tube de platine a été rempli d'air calciné, et que les spores ont été maintenues à la température voulue, pendant un temps suffisant que l'on peut faire varier, on brise la pointe du ballon par un coup de marteau, sans dénouer les cordonnets du caoutchouc qui réunit le ballon au tube en U, puis, inclinant convenablement ce dernier tube éloigné de son bain, on fait glisser dans le ballon l'amiante et ses spores. On referme le ballon à la lampe, on le porte à l'étuve à 20 ou 30 degrés. L'expérience sur les poussières de l'air se fait de la même manière avec de l'amiante.

En dehors de toute humidité, la fécondité des spores du penicillium glacum se conserve jusqu'à 120 degrés et même un peu au-dessus (125°). Il en est de même des spores des autres mucédinées vulgaires. A 130° on détruit pour tous la faculté de se développer et de se multiplier. Ces limites sont les mêmes pour les poussières de l'air.

Dans toutes ces expériences si soignées on a pris les précautions les plus minutieuses pour empêcher l'accès de la plus petite quantité d'air ordinaire. Mais, disent les partisans de l'hétérogénie, si la plus petite portion d'air ordinaire développe des organismes dans une infusion quelconque, il faut de toute nécessité, au cas où ces organismes ne sont pas spontanés, que dans cette portion si petite d'air commun il y ait les germes d'une multitude de productions diverses; et si les choses sont telles, l'air ordinaire doit être encombré de matière organique qui y formerait un épais brouillard.

M. Pasteur a montré qu'il y avait beaucoup d'exagération dans cette opinion généralement admise, que la plus petite quantité d'air suffit pour développer des multitudes d'organismes; qu'au contraire, il n'y a pas dans l'atmosphère continuité de la cause des générations dites spontanées; qu'il est toujours possible de prélever en un lieu déterminé un volume notable mais limité d'air ordinaire, n'ayant subi aucune espèce de modification physique ou chimique, et tout à fait impropre néanmoins à provoquer une altération quelconque dans une liqueur éminemment putrescible. La méthode d'expérience est très-simple. Dans un ballon de 250 à 300 c. c. on introduit environ 150 c. c. de liquide altérable; on étire le ballon à la lampe en laissant la pointe ouverte, puis on fait bouillir le liquide jusqu'à ce que la vapeur en s'échappant par l'extrémité ait expulsé tout l'air; à ce moment on ferme à la lampe la pointe, au moyen d'un dard de chalumeau, et on laisse refroidir. Le ballon est alors vide d'air; on cassant la pointe dans un endroit déterminé, l'air rentre brusquement, entraînant dans le ballon les germes qu'il tient en suspension; on referme à la lampe et on conserve à l'étuve à 20 ou 30 degrés. Dans la plupart des cas il se développe des organismes; ces organismes sont même plus variés que si le liquide était librement exposé à l'air, ce que M. Pasteur explique en disant que dans ce cas les germes en petit nombre, d'un volume limité d'air, ne sont pas gênés dans leur développement, par des germes plus nombreux et d'une fécondité précoce, capables d'envahir le terrain en ne laissant place que pour eux. Mais ce qu'il importe surtout de relever dans les résultats obtenus par cette méthode, c'est qu'il arrive fréquemment, plusieurs fois dans chaque série d'essais, que la liqueur reste absolument intacte, quelle que soit la durée de son exposition à l'étuve, comme si elle avait reçu de l'air calciné.

Ce phénomène est d'autant plus marqué, et se présente dans des proportions d'autant plus grandes, que les prises d'air des ballons sont effectuées à de plus grandes hauteurs. Ainsi, sur 20 ballons ouverts dans la campagne, huit renfermaient des productions organisées; sur vingt ballons ouverts sur le Jura, cinq seulement en contenaient; et enfin sur vingt ballons ouverts au Montanvert, par un vent assez fort, soufflant des gorges les plus profondes du glacier des Bois, un seul a été altéré.

Nous pouvons encore tirer des observations de cette série d'expériences une autre conclusion. Puisque le liquide altérable mais préalablement bouilli, contenu dans les ballons, se

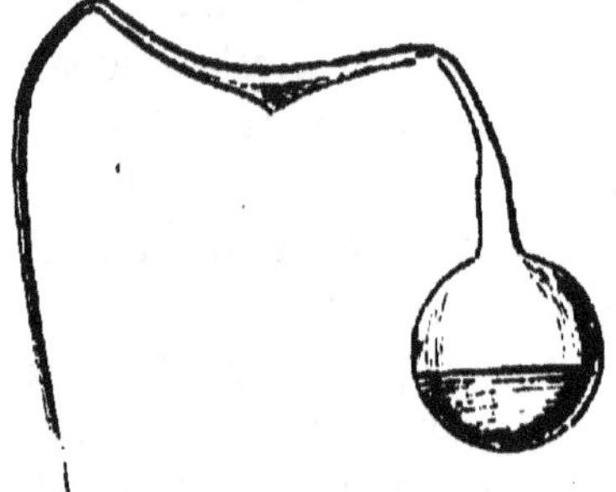

Fig. 28. — Ballon de M. Pasteur pour priver l'air de ses germes.

remplit de productions organisées dans un grand nombre de cas, après l'introduction d'un volume restreint d'air, les facultés génésiques des infusions n'ont pas été étouffées par les conditions matérielles des expériences. Du reste, cette objection qui s'est produite dès le début des débats si anciens entre les hétérogénistes et les panspermistes a été définitivement écartée par une expérience de M. Pasteur, consistant à recevoir dans un ballon vide et privé de germes vivants, par l'application momentanée d'une température suffisamment élevée, du sang au moment où il sort de l'organisme et sans que ce liquide éminemment altérable soit mis en contact avec l'air. En laissant ensuite rentrer dans le ballon de l'air privé de germes, par calcination ou simple filtration, et en fermant à la lampe, on voit le sang se conserver indéfiniment intact, bien qu'il n'ait pas subi l'action de la chaleur.

M. Pasteur a également montré que l'air peut être privé de ses germes par son passage à travers un tube capillaire contourné sur lui-même. Il suffit donc, dans la plupart de ces expériences, d'étirer le ballon de manière à former une effilure très-longue que l'on recourbe de diverses manières, comme par exemple dans la fig. 28. Lorsque l'on a expulsé l'air primitif et tué les germes préexistants par une ébullition prolongée, on laisse lentement refroidir le ballon.

Pour terminer l'analyse du beau mémoire de M. Pasteur où l'hétérogénie est poussée dans ses derniers retranchements, nous ajouterons encore que le savant chimiste a cherché à ôter à ses adversaires un de leurs principaux arguments. Les expériences de générations spontanées ayant toujours porté sur des infusions végétales ou animales, on prétendit (Needham, Buffon, Pouchet) que les organismes ne se produisent qu'à même la nature expirante, et au moment où les éléments des êtres sur lesquels ils s'engendrent entrent dans de nouvelles combinaisons chimiques et éprouvent tous les phénomènes de fermentation ou de putréfaction.

En d'autres termes, les matières albuminoïdes conserveraient en quelque sorte un reste de vitalité, qui leur permettrait de s'organiser au contact de l'oxygène, lorsque les conditions de température et d'humidité sont favorables. Partant de l'idée que les matières albuminoïdes ne sont qu'un aliment pour les germes des infusoires, des mucédinées ou des ferments, M. Pasteur a prouvé directement que les substances organiques peuvent être remplacées par des substances purement minérales ou artificielles ou tout au moins des substances où cette prétendue force végétative n'est pas admissible.

Nous avons parlé ailleurs avec détails des expériences de M. Pasteur et de M. Raulin sur la nutrition et le développement des ferments et des mucédinées dans des milieux artificiels composés de sucre candi pur, de tartrate d'ammoniaque et de phosphates.

Le lecteur se rappellera sans doute une observation de M. Pasteur que nous avons signalée en passant sans insister. En introduisant dans l'eau de levûre sucrée, préalablement bouillie et conservée dans l'air calciné, des poussières atmosphériques prises à diverses époques et dans des endroits différents, il n'a jamais vu se produire de fermentation alcoolique. Cependant le liquide employé est un de ceux qui conviennent le mieux au développement des levûres alcooliques. Le fait peut s'expliquer en admettant que l'air ne contient pas de spores ou de germes de saccharomyces ou de ferment apiculé, mais alors comment interpréter l'apparition spontanée si prompte et si constante de la fermentation alcoolique dans le moût de raisin ou de fruits en général? La cause de cette apparente contradiction est bien simple. Ce n'est pas l'air qui apporte les germes des'ferments alcooliques qui se propagent et se multiplient si vite dans le moût de raisin, ou s'il en apporte c'est en si petite quantité qu'ils ne suffiraient pas pour provoquer la fermentation en si peu de temps. Ces germes se trouvent à la surface même du fruit, sur les grappes qui contiennent le liquide sucré dont ils provoqueront la décomposition dès que par l'expression ils seront mis en contact avec lui.

Pour le prouver, M. Pasteur prépare une série de quarante ballons à cols sinueux du genre de celui que nous avons décrit plus haut (fig. 28), avec cette différence toutefois, que la tubulure du ballon étirée en col de cygne n'est pas seule. Chaque ballon porte une seconde tubulure droite formée par un tube en caoutchouc muni d'un bouchon de verre. Dans les quarante ballons il introduit du moût de raisin filtré et limpide et qui après son ébullition, comme tous les liquides un peu acides, demeure intact, quoique l'extrémité du col soit ouverte. D'un autre côté, il lave dans quelques centimètres cubes d'eau un fragment d'une grappe de raisin. Au microscope, on constate dans cette eau de lavage l'existence d'une multitude de corpuscules organisés, ressemblant, à s'y méprendre, soit à des spores de moisissures, soit à une levûre alcoolique, soit enfin à des mycoderma vini. Cela fait, dans dix des quarante ballons,

M. Pasteur ne sème rien, dans dix autres, il dépose, à l'aide de la seconde tubulure, quelques gouttes du liquide de lavage des grains de raisin. Dans une troisième série de dix autres ballons, on dépose quelques gouttes du même liquide, préalablement porté à l'ébullition, puis refroidi. Enfin dans les dix ballons restants, on introduit une goutte de jus de raisin pris dans les graines non écrasées.

La première série ne donne aucune production, le moût de raisin reste intact. Dans la deuxième série apparaissent des flocons de mycélium, de la levûre alcoolique, et après du mycoderma vini ; au bout de quarante-huit heures les dix ballons sont en pleine fermentation, si l'on opère à la température de l'air. La troisième série n'a pas donné un seul ballon altéré ; le moût est resté limpide. Dans la quatrième, un seul ballon s'est altéré. La conclusion de ces faits est facile à tirer (1). M. Bechamp avait déjà prouvé, par des expériences antérieures, que les grappes de raisin portent à leur surface tout ce qui est nécessaire pour faire fermenter l'eau sucrée, même à l'abri de l'air.

A la question de l'origine des ferments et des générations spontanées s'en joint une autre qui peut être envisagée d'une manière indépendante, quelle que soit l'origine des organismes, qu'elle soit spontanée ou non : un organisme ferment peut-il se transformer en un ferment différent, doué de propriétés actives distinctes, lorsque les conditions de son développement sont modifiées ?

Il est évident que cette question peut être sérieusement posée et discutée ; elle se relie à la théorie générale du transformisme qui a été appliquée aux organismes supérieurs ; à plus forte raison est-elle applicable aux êtres les plus simples de la création vivante. Les faits observés ne sont pas directement contraires à l'idée d'une transformation des ferments les uns dans les autres ; nous avons même eu l'occasion d'en citer quelques-uns qui leur semblent favorables. Cependant ces faits sont encore trop peu nombreux pour se prêter à des déve-

---

1. Pasteur, Compt. rend., t. LXXV, p. 781.

loppements étendus, quelques-uns sont même contestés. Nous nous contenterons donc de souligner ce côté de l'étude des organismes inférieurs ; il a déjà été l'objet de recherches importantes, qui à plus d'un titre méritent d'être poursuivies.

ADDITION AU CHAPITRE III, LIVRE I.

D'après un récent travail de M. le docteur de Vauréal, la levûre alcoolique ayant son enveloppe composée de cellulose non contractile, le mode de reproduction par gemmiparité, généralement admis, serait inadmissible. Le prétendu bourgeonnement ne serait qu'une illusion d'optique. L'utricule de levûre se rapproche des spermogonies de Tulasne ; les granulations ou éléments nucléolaires sont des spermaties ; ces éléments devenus libres par la rupture de l'utricule en reproduisent de nouveaux.

Ce mode de multiplication explique la facilité de transport par l'air, des éléments reproducteurs de la levûre, alors qu'on ne peut distinguer dans la poussière de l'air aucun globule de levûre caractérisé.

Dans leur mode de multiplication, les levûres se rapprochent des zoospores des algues ; quand elles ne sont pas trop hybrides, comme celles du cidre, qui reproduisent un penicillium et un aspergillus, elles rentrent dans la loi de métagénèse comme les acalèphes. C'est surtout avec le genre *Hydrodiction* qu'on remarque une grande similitude. En effet, on y voit des zoospores de deux sortes : les plus grandes (macrogonidies) sont de vraies spores ; elles ont un développement rapide et une évolution directe ; les plus petites (microgonidies) ont un développement lent ; elles ne reproduisent pas le végétal, mais produisent dans leur intérieur de véritables zoospores. Ce sont de jeunes spores comme les levûres.

FIN.

TABLE DES MATIÈRES

Coulommiers. — Typ. P. BRODARD et GALLOIS.

ANCIENNE LIBRAIRIE GERMER BAILLIÈRE ET Cⁱᵉ

FÉLIX ALCAN, ÉDITEUR

CATALOGUE

DES

LIVRES DE FONDS

(PHILOSOPHIE — HISTOIRE)

TABLE DES MATIÈRES

On peut se procurer tous les ouvrages qui se trouvent dans ce Catalogue par l'intermédiaire des libraires de France et de l'Étranger.

On peut également les recevoir *franco* par la poste, sans augmentation des prix désignés, en joignant à la demande des TIMBRES-POSTE FRANÇAIS ou un MANDAT sur Paris.

PARIS

108, BOULEVARD SAINT-GERMAIN, 108

Au coin de la rue Hautefeuille.

NOVEMBRE 1890

BIBLIOTHÈQUE DE PHILOSOPHIE CONTEMPORAINE

Volumes in-12, brochés, à 2 fr. 50.

Cartonnés toile. 3 francs. — En demi-reliure, plats papier. 4 francs.

Quelques-uns de ces volumes sont épuisés, et il n'en reste que peu d'exemplaires imprimés sur papier vélin ; ces volumes sont annoncés au prix de 5 francs.

ALAUX, professeur à la Faculté des lettres d'Alger. **Philosophie de M. Cousin.**

ARRÉAT (L.). **La morale dans le drame, l'épopée et le roman.** 2ᵉ édit., refondue. 1880.

AUBER (Ed.). **Philosophie de la médecine.**

BALLET (G.), professeur agrégé à la Faculté de médecine. **Le Langage intérieur et les diverses formes de l'aphasie,** avec figures dans le texte. 2ᵉ édit. 1888.

* BARTHÉLEMY-SAINT-HILAIRE, de l'Institut. **De la Métaphysique.** 1880.

* BEAUSSIRE, de l'Institut. **Antécédents de l'hégélianisme dans la philosophie française.**

* BERSOT (Ernest), de l'Institut. **Libre Philosophie.** (V. P.)

* BERTAULD, de l'Institut. **Ordre social et l'Ordre moral.**

— **De la Philosophie sociale.**

BERTRAND (A.), professeur à la Faculté des lettres de Lyon. **La psychologie de l'effort et les doctrines contemporaines.** 1889.

BINET (A.). **La Psychologie du raisonnement,** expériences par l'hypnotisme.

BOST. **Le Protestantisme libéral.**

BOUILLIER. **Plaisir et Douleur.** Papier vélin.   5 fr.

* BOUTMY (E.), de l'Institut. **Philosophie de l'architecture en Grèce.** (V. P.)

* CHALLEMEL-LACOUR. **La Philosophie individualiste,** étude sur G. de Humboldt. (V. P.)

COIGNET (Mᵐᵉ C.). **La Morale indépendante.**

CONTA (B.). **Les Fondements de la métaphysique,** traduit du roumain par D. TESCANU, 1890.

COQUEREL FILS (Ath.). **Transformations historiques du christianisme.** Papier vélin.   5 fr.

— **La Conscience et la Foi.**

— **Histoire du Credo.** Papier vélin.   5 fr.

COSTE (Ad.). **Les Conditions sociales du bonheur et de la force.** (V. P.)

DELBŒUF (J.), professeur à l'Université de Liège. **La Matière brute et la Matière vivante.**

ESPINAS (A.), doyen de la Faculté des lettres de Bordeaux. **La Philosophie expérimentale en Italie.**

FAIVRE (E.), professeur à la Faculté des sciences de Lyon. **De la Variabilité des espèces.**

FÉRÉ (Ch.). **Sensation et Mouvement.** Étude de psycho-mécanique, avec figures.

— **Dégénérescence et Criminalité,** avec figures. 1888.

FONTANÈS. **Le Christianisme moderne.** Papier vélin.   5 fr.

FONVIELLE (W. de). **L'Astronomie moderne.**

* FRANCK (Ad.), de l'Institut. **Philosophie du droit pénal.** 3ᵉ édit.

— **Des Rapports de la religion et de l'État.** 2ᵉ édit.

— **La Philosophie mystique en France au XVIIIᵉ siècle.**

* GARNIER. **De la Morale dans l'antiquité.** Papier vélin.   5 fr.

GAUCKLER. **Le Beau et son histoire.**

GUYAU. **La Genèse de l'idée de temps.** 1890.

HAECKEL, prof. à l'Université d'Iéna. **Les Preuves du transformisme.** 2ᵉ édit.

HARTMANN (E. de). **La Religion de l'avenir.** 2ᵉ édit.

— **Le Darwinisme,** ce qu'il y a de vrai et de faux dans cette doctrine. 3ᵉ édit.

* HERBERT SPENCER. **Classification des sciences.** 4ᵉ édit.

— **L'Individu contre l'État.** 2ᵉ édit.

Suite de a *Bibliothèque de philosophie contemporaine*, format in-12
à 2 fr. 50 le volume.

* JANET (Paul), de l'Institut. Le Matérialisme contemporain. 4ᵉ édit.
— * La Crise philosophique. Taine, Renan, Vacherot, Littré. Papier vélin.   5 fr.
— * Philosophie de la Révolution française. 4ᵉ édit. (V. P.)
— * Saint-Simon et le Saint-Simonisme.
— Les Origines du socialisme contemporain.
— La philosophie de Lamennais. 1890.
* LAUGEL (Auguste). L'Optique et les Arts. (V. P.)
— * Les Problèmes de la nature.
— * Les Problèmes de la vie.
— * Les Problèmes de l'Ame.
— * La Voix, l'Oreille et la Musique (V. P.). Papier vélin.   5 fr.
LEBLAIS. Matérialisme et Spiritualisme.
* LEMOINE (Albert). Le Vitalisme et l'Animisme.
— * De la Physionomie et de la Parole. Papier vélin.   5 fr.
LEOPARDI. Opuscules et Pensées, traduit par M. Aug. Dapples.
LEVALLOIS (Jules). Déisme et Christianisme.
* LÉVÊQUE (Charles), de l'Institut. Le Spiritualisme dans l'art.
— * La Science de l'invisible.
LÉVY (Antoine). Morceaux choisis des philosophes allemands.
* LIARD, directeur de l'Enseignement supérieur. Les Logiciens anglais con-
   temporains. 3ᵉ édit.
— * Des définitions géométriques et des définitions empiriques. 2ᵉ édit.
LOMBROSO. L'anthropologie criminelle et ses récents progrès. 1890.
LUBBOCK (Sir John). Le bonheur de vivre. 1891.
MARIANO. La Philosophie contemporaine en Italie.
* MARION, professeur à la Sorbonne. J. Locke, sa vie, son œuvre.
* MILSAND. L'Esthétique anglaise, étude sur John Ruskin.
MOSSO. La Peur. Étude psycho-physiologique (avec figures). (V. P.)
ODYSSE BAROT. Philosophie de l'histoire.
PAULHAN (Fr.). Les Phénomènes affectifs et les lois de leur apparition. Essai
   de psychologie générale.
* RÉMUSAT (Charles de), de l'Académie française. Philosophie religieuse.
RÉVILLE (A.), professeur au Collège de France. Histoire du dogme de la divi-
   nité de Jésus-Christ. Papier vélin.   5 fr.
RIBOT (Th.), directeur de la *Revue philosophique*. La Philosophie de Schopen-
   hauer. 3ᵉ édition.
— * Les Maladies de la mémoire. 6ᵉ édit.
— Les Maladies de la volonté. 6ᵉ édit.
— Les Maladies de la personnalité. 3ᵉ édit.
— La Psychologie de l'attention. 1888. (V. P.)
RICHET (Ch.), professeur à la Faculté de médecine. Essai de psychologie géné-
   rale (avec figures).
ROBERTY (E. de). L'inconnaissable, sa métaphysique, sa psychologie. 1889.
ROISEL. De la Substance.
SAIGEY. La Physique moderne. 2ᵉ tirage. (V. P.)
* SAISSET (Emile), de l'Institut. L'Ame et la Vie.
— * Critique et Histoire de la philosophie (fragm. et disc.).
SCHMIDT (O.). Les Sciences naturelles et la Philosophie de l'Inconscient.
SCHŒBEL. Philosophie de la raison pure.
* SCHOPENHAUER. Le Libre arbitre, traduit par M. Salomon Reinach. 3ᵉ édit.
— * Le Fondement de la morale, traduit par M. A. Burdeau. 3ᵉ édit.
— Pensées et Fragments, avec intr. par M. J. Bourdeau. 9ᵉ édit.
SELDEN (Camille). La Musique en Allemagne, étude sur Mendelssohn. (V. P.)
SICILIANI (P.). La Psychogénie moderne.
STRICKER. Le Langage et la Musique, traduit par M. Schwiedland.

Suite de la *Bibliothèque de philosophie contemporaine*, format in-12,
à 2 fr. 50 le volume.

* STUART MILL. Auguste Comte et la Philosophie positive. 2ᵉ édit. (V. P.)
— L'Utilitarisme. 2ᵉ édit.
TAINE (H.), de l'Académie française. L'Idéalisme anglais, étude sur Carlyle.
— * Philosophie de l'art dans les Pays-Bas. 2ᵉ édit. (V. P.)
— * Philosophie de l'art en Grèce. 2ᵉ édit. (V. P.)
TARDE. La Criminalité comparée.
TISSANDIER. Des Sciences occultes et du Spiritisme. Pap. vélin.   5 fr.
TISSIÉ Les rêves, avec préface du professeur Azam. 1890.
VÉRA (A.), professeur à l'Université de Naples. Philosophie hégélienne.
VIANNA DE LIMA. L'Homme selon le transformisme. 1888. (V. P.)
ZELLER. Christian Baur et l'École de Tubingue, traduit par M. Ritter.

BIBLIOTHÈQUE DE PHILOSOPHIE CONTEMPORAINE

Volumes in-8.

Brochés à 5 fr., 7 fr. 50 et 10 fr. — Cart. anglais, 1 fr. en plus par volume.
Demi-reliure...................... 2 francs.

* AGASSIZ. De l'Espèce et des Classifications. 1 vol.   5 fr.
* BAIN (Alex.). La Logique inductive et déductive. Traduit de l'anglais par
M. G. Compayré, 2 vol. 2ᵉ édit.   20 fr.
— * Les Sens et l'Intelligence. 1 vol. Traduit par M. Cazelles. 2ᵉ édit.   10 fr.
— * L'Esprit et le Corps. 1 vol. 4ᵉ édit.   6 fr.
— La Science de l'Éducation. 1 vol. 6ᵉ édit.   6 fr.
— Les Émotions et la Volonté. Trad. par M. Le Monnier. 1 vol.   10 fr.
* BARDOUX. Les Légistes, leur influence sur la société française. 1 vol. 5 fr.
* BARNI (Jules). La Morale dans la démocratie. 1 vol. 2ᵉ édit. (V. P.)., 5 fr.
BARTHÉLEMY-SAINT HILAIRE (de l'Institut). La philosophie dans ses rapports
avec les sciences et la religion. 1 vol. 1889.   5 fr.
BEAUSSIRE de l'Institut. Les Principes du droit. 1 vol. 1888.   7 fr. 50
BERGSON, docteur ès-lettres, professeur au collège Rollin. Essai sur les données
immédiates de la conscience. 1 vol. 1889.   3 fr. 75
BERTRAND (A.), professeur à la Faculté des lettres de Lyon. L'Aperception du
corps humain par la conscience. 1 vol. Cart.   6 fr.
BUCHNER. Nature et Science. 1 vol. 2ᵉ édit. Traduit par M. Lauth.   7 fr. 50
CARRAU (Ludovic), professeur à la Sorbonne. La Philosophie religieuse en
Angleterre, depuis Locke jusqu'à nos jours. 1 vol. 1888.   5 fr.
CLAY (R.). L'Alternative, contribution à la psychologie. 1 vol. Traduit de
l'anglais par M. A. Burdeau, député, ancien prof. au lycée Louis-le-Grand. 10 fr.
COLLINS (Howard). La philosophie de M. Herbert Spencer. 1 vol., précédé
d'une préface de M. Herbert Spencer, traduit de l'anglais par H. de Varigny.
1891.   10 fr.
EGGER (V.), professeur à la Faculté des lettres de Nancy. La Parole intérieure.
1 vol.   5 fr.
ESPINAS (Alf.), doyen de la Faculté des lettres de Bordeaux. Des Sociétés ani-
males. 1 vol. 2ᵉ édit.   7 fr. 50
FERRI (Enrico). La sociologie criminelle. 1 vol. (*sous presse*).
FERRI (Louis), professeur à l'Université de Rome. La Psychologie de l'asso-
ciation, depuis Hobbes jusqu'à nos jours. 1 vol.   7 fr. 50
* FLINT, professeur à l'Université d'Edimbourg. La Philosophie de l'histoire en
France. 1 vol.   7 fr. 50
— * La Philosophie de l'histoire en Allemagne. 1 vol.   7 fr. 50
FONSEGRIVE, Professeur au lycée Buffon. Essai sur le libre arbitre. Sa théorie,
son histoire. 1 vol. 1887.   10 fr.

Suite de la *Bibliothèque de philosophie contemporaine*, format in-8.

* FOUILLÉE (Alf.), ancien maître de conférences à l'École normale supérieure.
— La Liberté et le Déterminisme. 1 vol. 2ᵉ édit.   7 fr. 50
— Critique des systèmes de morale contemporains. 1 vol. 2ᵉ édit.   7 fr. 50
— L'Avenir de la Morale, de l'Art et de la Religion, d'après M. Guyau. 1 vol.
          3 fr. 75
— L'Avenir de la métaphysique fondée sur l'expérience. 1 vol. 1890.   5 fr.
— La Psychologie des idées forces. 1 vol. 1890.   7 fr. 50
— L'Évolutionnisme des idées forces. 1 vol. 1890.   7 fr. 50
FRANCK (A.), de l'Institut. Philosophie du droit civil. 1 vol.   5 fr.
GAROFALO, agrégé de l'Université de Naples. La Criminologie. 1 vol. 2ᵉ éd. 7 fr. 50
—GUYAU. La Morale anglaise contemporaine. 1 vol. 2ᵉ édit.   7 fr. 50
— Les Problèmes de l'esthétique contemporaine. 1 vol.   5 fr.
— Esquisse d'une morale sans obligation ni sanction. 1 vol.   5 fr.
— L'Irréligion de l'avenir, étude de sociologie. 1 vol. 2ᵉ édit.   7 fr. 50
— L'Art au point de vue sociologique. 1 vol. 1889.   7 fr. 50
— Hérédité et éducation, étude sociologique. 1 vol. 1889.   5 fr.
HERBERT SPENCER *. Les Premiers Principes. Traduit par M. Cazelles. 1 fort
     volume.   10 fr.
— Principes de biologie. Traduit par M. Cazelles, 2 vol.   20 fr.
— * Principes de psychologie. Trad. par MM. Ribot et Espinas. 2 vol.   20 fr.
— * Principes de sociologie. 4 vol., traduits par MM. Cazelles et Gerschel :
     Tome I. 10 fr. — Tome II. 7 fr. 50. — Tome III. 15 fr. — Tome IV,   3 fr. 75
— * Essais sur le progrès. Traduit par M. A. Burdeau. 1 vol. 2ᵉ édit.   7 fr. 50
— Essais de politique. Traduit par M. A. Burdeau. 1 vol. 3ᵉ édit.   7 fr. 50
— Essais scientifiques. Traduit par M. A. Burdeau. 1 vol. 2ᵉ édit.   7 fr. 50
* De l'Education physique, intellectuelle et morale. 1 vol. 5ᵉ édit.   5 fr.
— * Introduction à la science sociale. 1 vol. 9ᵉ édit.   6 fr.
— Les Bases de la morale évolutionniste. 1 vol. 4ᵉ édit.   6 fr.
— * Classification des sciences. 1 vol. in-18. 4ᵉ édit.   2 fr. 50
— L'Individu contre l'État. Traduit par M. Gerschel. 1 vol. in-18. 2ᵉ édit. 2 fr. 50
— Descriptive Sociology, or Groups of sociological facts. *French* compiled by
     James COLLIER. 1 vol. in-folio.   50 fr.
* HUXLEY, de la Société royale de Londres. Hume, sa vie, sa philosophie. Traduit
     de l'anglais et précédé d'une Introduction par G. COMPAYRÉ. 1 vol.   5 fr.
* JANET (Paul), de l'Institut. Les Causes finales. 1 vol. 2ᵉ édit.   10 fr.
— * Histoire de la science politique dans ses rapports avec la morale.
     2 forts vol. 3ᵉ édit., revue, remaniée et considérablement augmentée.   20 fr.
JANET (Pierre), professeur au lycée Louis-le-Grand. L'automatisme psycholo-
gique, essai sur les formes inférieures de l'activité mentale. 1 vol. 1889.   7 fr. 50
* LAUGEL (Auguste). Les Problèmes (Problèmes de la nature, problèmes de la
     vie, problèmes de l'âme). 1 vol.   7 fr. 50
* LAVELEYE (de), correspondant de l'Institut. De la Propriété et de ses formes
     primitives. 1 vol. 4ᵉ édit. 1891.   10 fr.
— Le Gouvernement de la démocratie. 1 vol. (*Sous presse.*)
* LIARD, directeur de l'enseignement supérieur. La Science positive et la Méta-
physique. 1 vol. 2ᵉ édit.   7 fr. 50
— Descartes. 1 vol.   5 fr.
LOMBROSO. L'Homme criminel (criminel-né, fou-moral, épileptique). Étude anthro-
pologique et médico-légale, précédée d'une préface de M. le docteur LETOURNEAU.
1 vol.   10 fr.
— Atlas de 40 planches, avec portraits, fac-similés d'écritures et de dessins, tableaux
     et courbes statistiques pour accompagner le précédent ouvrage. 2ᵉ édition.   12 fr.
— L'Homme de génie, traduit sur la 8ᵉ édition italienne par FR. COLONNA D'ISTRIA,
     et précédé d'une préface de M. CH. RICHET. 1 vol. avec 11 pl. hors texte.   10 fr.
LYON (Georges), maître de conférences à l'École normale. L'Idéalisme en An-
gleterre au XVIIIᵉ siècle. 1 vol. 1888.   7 fr. 50
MARION (H.), professeur à la Sorbonne. De la Solidarité morale. Essai de
     psychologie appliquée. 1 vol. 3ᵉ édit. (V. P.)   5 fr.
MATTHEW ARNOLD. La Crise religieuse. 1 vol.   7 fr. 50

Suite de la *Bibliothèque de philosophie contemporaine*, format in-8.

MAUDSLEY. **La Pathologie de l'esprit.** 1 vol. Trad. par M. Germont. 10 fr.

* NAVILLE (E.), correspond. de l'Institut. **La Logique de l'hypothèse.** 1 vol. 5 fr.

-- **La physique moderne,** 1 vol. 2e édit. 1890. 5 fr.

PAULHAN (Fr.). **L'activité mentale et les éléments de l'esprit.** 1 vol. 1889. 10 fr.

PÉREZ (Bernard). **Les trois premières années de l'enfant.** 1 vol. 4e édit. 5 fr.

— **L'Enfant de trois à sept ans.** 1 vol. 2e édit. 5 fr.

— **L'Éducation morale dès le berceau.** 1 vol. 2e édit. 1888. 5 fr.

— **L'Art et la Poésie chez l'enfant.** 1 vol. 1888. 5 fr.

PIDERIT. **La Mimique et la Physiognomonie.** Trad. de l'allemand par M. Girot. 1 vol. avec 95 figures dans le texte. 1888. (V. P.) 5 fr.

PREYER, professeur à l'Université de Berlin. **Éléments de physiologie.** Traduit de l'allemand par M. J. Soury. 1 vol. 5 fr.

— **L'Ame de l'enfant.** Observations sur le développement psychique des premières années. 1 vol., traduit de l'allemand par M. H. C. de Varigny. 1887. 10 fr.

RIBOT (Th.), directeur de la *Revue philosophique*. **L'Hérédité psychologique.** 1 vol. 4e édit. 7 fr. 50

— * **La Psychologie anglaise contemporaine.** 1 vol. 3e édit. 7 fr. 50

— * **La Psychologie allemande contemporaine.** 1 vol. 2e édit. 7 fr. 50

RICHET (Ch.), professeur à la Faculté de médecine de Paris. **L'Homme et l'Intelligence.** Fragments de psychologie et de physiologie. 1 vol. 2e édit. 10 fr.

ROBERTY (E. de). **L'Ancienne et la Nouvelle philosophie.** 1 vol. 7 fr. 50

ROMANES. **L'évolution mentale chez l'homme.** Traduit de l'angl. par H. de Varigny 1891. 1 vol. 7 fr. 50.

SAIGEY (Emile). **Les Sciences au XVIIIe siècle.** La physique de Voltaire. 1 vol. 5 fr.

SCHOPENHAUER. **Aphorismes sur la sagesse dans la vie.** 3e édit. Traduit par M. Cantacuzène. 1 vol. 5 fr.

— **De la quadruple racine du principe de la raison suffisante,** suivi d'une *Histoire de la doctrine de l'idéal et du réel*. Trad. par M. Cantacuzène. 1 vol. 5 fr.

— **Le monde comme volonté et comme représentation.** Traduit par M. A. Burdeau. 3 vol., chacun séparément 7 fr. 50

SÉAILLES, maître de conférences à la Sorbonne. **Essai sur le génie dans l'art.** 1 vol. 5 fr.

SERGI, professeur à l'Université de Rome. **La Psychologie physiologique,** traduite de l'italien par M. Mouton. 1 vol. avec figures. 1888. 7 fr. 50

SOURIAU (Paul), professeur à la Faculté des lettres de Lille. **L'Esthétique du mouvement.** 1 vol. in-8°. 1889. 5 fr.

* STUART MILL. **La Philosophie de Hamilton.** 1 vol. 10 fr.

— * **Mes Mémoires.** Histoire de ma vie et de mes idées. 1 vol. 5 fr.

— * **Système de logique déductive et inductive.** 3e édit. 2 vol. 20 fr.

— * **Essais sur la religion.** 2e édit. 1 vol. 5 fr.

SULLY (James). **Le Pessimisme.** Trad. par MM. Bertrand et Gérard. 1 vol. 7 fr. 50

VACHEROT (Et.), de l'Institut. **Essais de philosophie critique.** 1 vol. 7 fr. 50

— **La Religion.** 1 vol. 7 fr. 50

WUNDT. **Éléments de psychologie physiologique.** 2 vol. avec figures, trad. de l'allem. par le Dr Élie Rouvier, et précédés d'une préface de M. D. Nolen. 20 fr.

ÉDITIONS ÉTRANGÈRES

Éditions anglaises.

AUGUSTE LAUGEL. The United States during the war. In-8. 7 sh. 6 p.

ALBERT RÉVILLE. History of the doctrine of the deity of Jesus-Christ. 3 sh. 6 p.

H. TAINE. Italy (Naples et Rome). 7 sh. 6 p.

H. TAINE. The philosophy of Art. 3 sh.

PAUL JANET. The Materialism of present day 1 vol. in-18, rel. 3 sh.

Éditions anglaises.

JULES BARNI. Napoléon Ier. In-18. 3 m.

PAUL JANET. Der Materialismus unsere Zeit. 1 vol. in-18. 3 m.

H. TAINE. Philosophie der Kunst. 1 volume in-18. 3 m.

COLLECTION HISTORIQUE DES GRANDS PHILOSOPHES

PHILOSOPHIE ANCIENNE

ARISTOTE (Œuvres d'), traduction de J. BARTHÉLEMY-SAINT HILAIRE.

— **Psychologie** (Opuscules), avec notes. 1 vol. in-8........ 10 fr.

— **Rhétorique**, avec notes. 1870. 2 vol. in-8............ 16 fr.

— **Politique**, 1868, 1 v. in-8. 10 fr.

— **La Métaphysique d'Aristote**, 3 vol. in-8, 1879........ 30 fr.

— **Traité de la production et de la destruction des choses**, avec notes. 1866. 1 v. gr. in-8.... 10 fr.

— **De la Logique d'Aristote**, par M. BARTHÉLEMY SAINT-HILAIRE. 2 vol. in-8............ 10 fr.

— **L'Esthétique d'Aristote**, par M. BÉNARD. 1 vol. in-8. 1889. 5 fr.

* SOCRATE. **La Philosophie de Socrate**, par M. Alf. FOUILLÉE. 2 vol. in-8.................. 16 fr.

— **Le Procès de Socrate.** Examen des thèses socratiques, par M. G. SOREL. 1 vol. in-8. 1889. 3 fr. 50

PLATON. **Études sur la Dialectique dans Platon et dans Hegel**, par Paul JANET. 1 vol. in-8.. 6 fr.

— **Platon et Aristote**, par VAN DER REST. 1 vol. in-8....... 10 fr.

ÉPICURE. **La Morale d'Épicure et ses rapports avec les doctrines contemporaines**, par M. GUYAU. 1 vol. in-8. 3e édit.... 7 fr. 50

* ÉCOLE D'ALEXANDRIE. **Histoire de l'École d'Alexandrie**, par M. BARTHÉLEMY-SAINT-HILAIRE. 1 v. in-8................. 6 fr.

MARC-AURÈLE. **Pensées de Marc-Aurèle**, traduites et annotées par M. BARTHÉLEMY SAINT-HILAIRE. 1 vol. in-18................ 4 fr. 50

BÉNARD. **La Philosophie ancienne**, histoire de ses systèmes. Première partie : *La Philosophie et la Sagesse orientales. — La Philosophie grecque avant Socrate. — Socrate et les socratiques. — Études sur les sophistes grecs.* 1 vol. in-8. 1885........ 9 fr.

BROCHARD (V.). **Les Sceptiques grecs** (couronné par l'Académie des sciences morales et politiques). 1 vol. in-8. 1887........ 8 fr.

* FABRE (Joseph). **Histoire de la philosophie, antiquité et moyen âge.** 1 vol. in-18..... 3 fr. 50

FAVRE (Mme Jules), née VELTEN. **La Morale des stoïciens.** 1 volume in-18. 1887.......... 3 fr. 50

— **La Morale de Socrate.** 1 vol. in-18. 1888.......... 3 fr. 50

— **La Morale d'Aristote.** 1 vol. in-18. 1889........... 3 fr. 50

OGEREAU. **Essai sur le système philosophique des stoïciens.** 1 vol. in-8. 1885........ 5 fr.

TANNERY (Paul). **Pour l'histoire de la science hellène** (de Thalès à Empédocle). 1 v. in-8. 1887. 7 fr. 50

PHILOSOPHIE MODERNE

* LEIBNIZ. **Œuvres philosophiques**, avec introduction et notes par M. Paul JANET. 2 vol. in-8. 16 fr.

— **Leibniz et Pierre le Grand**, par FOUCHER DE CAREIL. 1 v. in-8. 2 fr.

— **Leibniz et les deux Sophie**, par FOUCHER DE CAREIL. In-8. 2 fr.

DESCARTES, par Louis LIARD. 1 vol. in-8.................. 5 fr.

— **Essai sur l'Esthétique de Descartes**, par KRANTZ. 1 v. in-8. 6 fr.

SPINOZA. **Benedicti de Spinoza** opera quotquot reperta sunt, recognoverunt J. Van Vloten et J.-P.-N. Land. 2 forts vol. in-8 sur papier de Hollande.......... 45 fr.

GASSENDI. **La philosophie de Gassendi**, par M. F. THOMAS. 1 vol. in-8. 1889.............. 6 fr.

* LOCKE. **Sa vie et ses œuvres**, par M. MARION. 1 vol. in-18. 2 fr. 50

* MALEBRANCHE. **La Philosophie de Malebranche**, par M. OLLÉ-LAPRUNE. 2 vol. in-8...... 16 fr.

PASCAL. **Études sur le scepticisme de Pascal**, par M. DROZ, 1 vol. in-8.............. 6 fr.

* VOLTAIRE. **Les Sciences au XVIII siècle. Voltaire physicien**, par M. Em. SAIGEY. 1 vol. in-8. 5 fr.

FRANCK (Ad.). **La Philosophie mystique en France au XVIIIe siècle.** 1 vol. in-18... 2 fr. 50

* DAMIRON. **Mémoires pour servir à l'histoire de la philosophie au XVIIIe siècle.** 3 vol. in-8. 15 fr.

PHILOSOPHIE ÉCOSSAISE

* DUGALD STEWART. **Éléments de la philosophie de l'esprit humain**, traduits de l'anglais par L. PEISSE. 3 vol. in-12... 9 fr.
* HAMILTON. **La Philosophie de Hamilton**, par J. STUART MILL, 1 vol. in-8............. 10 fr.
* HUME. **Sa vie et sa philosophie**, par Th. HUXLEY, trad. de l'angl. par M. G. COMPAYRÉ. 1 vol. in-8. 5 fr.

BACON. **Étude sur François Bacon**, par J. BARTHÉLEMY - SAINT-HILAIRE, 1 vol. in-18. 2 fr. 50
— **Philosophie de François Bacon**, par M. CH. ADAM (ouvrage couronné par l'Institut). 1 volume in-8°. 7 fr. 50

PHILOSOPHIE ALLEMANDE

KANT. **La Critique de la raison pratique**, traduction nouvelle avec introduction et notes, par M. PICAVET. 1 vol. in-8. 1888... 6 fr.
— **Critique de la raison pure**, trad. par M. TISSOT. 2 v. in-8. 16 fr.
— Même ouvrage, traduction par M. Jules BARNI. 2 vol. in-8. . 16 fr.
* — **Éclaircissements sur la Critique de la raison pure**, trad. par M. J. TISSOT. 1 vol. in-8... 6 fr.
— **Principes métaphysiques de la morale**, augmentés des *Fondements de la métaphysique des mœurs*, traduct. par M. TISSOT. 1 v. in-8. 8 fr.
— Même ouvrage, traduction par M. Jules BARNI. 1 vol. in-8... 8 fr.
* — **La Logique**, traduction par M. TISSOT. 1 vol. in-8..... 4 fr.
* — **Mélanges de logique**, traduction par M. TISSOT. 1 v. in-8. 6 fr.
* — **Prolégomènes à toute métaphysique future qui se présentera comme science**, traduction de M. TISSOT. 1 vol. in-8... 6 fr.
* — **Anthropologie**, suivie de divers fragments relatifs aux rapports du physique et du moral de l'homme, et du commerce des esprits d'un monde à l'autre, traduction par M. TISSOT. 1 vol. in-8..... 6 fr.
— **Traité de pédagogie**, trad. J. BARNI; préface et notes par M. Raymond THAMIN. 1 vol. in-12. 2 fr.
* FICHTE. **Méthode pour arriver à la vie bienheureuse**, trad. par M. Fr. BOUILLIER. 1 vol. in-8. 8 fr.
— **Destination du savant et de l'homme de lettres**, traduit par M. NICOLAS. 1 vol. in-8. 3 fr.
* — **Doctrines de la science**. 1 vol. in-8............. 9 fr.

SCHELLING. **Bruno, ou du principe divin**. 1 vol. in-8...... 3 fr. 50

SCHELLING. **Écrits philosophiques et morceaux propres à donner une idée de son système**, traduit par M. Ch. BÉNARD. 1 vol. in-8. 9 fr.

HEGEL. * **Logique**. 2e édit. 2 vol. in-8............. 14 fr.
* — **Philosophie de la nature**. 3 vol. in-8............. 25 fr.
* — **Philosophie de l'esprit**. 2 vol. in-8............. 18 fr.
— **Philosophie de la religion**. 2 vol. in-8............. 20 fr.
— **Essais de philosophie hégélienne**, par A. VÉRA. 1 vol. 2 fr. 50
— **La Poétique**, trad. par M. Ch. BÉNARD. Extraits de Schiller, Gœthe, Jean, Paul, etc., et sur divers sujets relatifs à la poésie. 2 v. in-8. 12 fr.
— **Esthétique**. 2 vol. in-8, traduit par M. BÉNARD....... 16 fr.
— **Antécédents de l'hégélianisme dans la philosophie française**, par E. BEAUSSIRE. 1 vol. in-18... ...... 2 fr. 50
* — **La Dialectique dans Hegel et dans Platon**, par M. Paul JANET. 1 vol. in-8............. 6 fr.
— **Introduction à la philosophie de Hegel**, par VÉRA. 1 vol. in-8. 2e édit................ 6 fr. 50

HUMBOLDT (G. de). **Essai sur les limites de l'action de l'État**. 1 vol. in-18.......... 3 fr. 50
— * **La Philosophie individualiste**, études sur G. de HUMBOLDT, par M. CHALLEMEL-LACOUR. 1 v. in-18. 2 fr. 50

* STAHL. **Le Vitalisme et l'Animisme de Stahl**, par M. Albert LEMOINE. 1 vol. in-18.... 2 fr. 50

LESSING. **Le Christianisme moderne. Étude sur Lessing**, par M. FONTANÈS. 1 vol. in-18. Papier vélin.................. 5 fr.

PHILOSOPHIE ALLEMANDE CONTEMPORAINE

BUCHNER (L.). **Nature et Science.**
1 vol. in-8. 2° édit...... 7 fr. 50

— * **Le Matérialisme contemporain**, par M. P. JANET. 4° édit.
1 vol. in-18........ 2 fr. 50

CHRISTIAN BAUR **et l'École de
Tubingue**, par M. Ed. ZELLER.
1 vol. in-18........ 2 fr. 50

HARTMANN (E. de). **La Religion de
l'avenir.** 1 vol. in-18.. 2 fr. 50

— **Le Darwinisme**, ce qu'il y a de
vrai et de faux dans cette doctrine.
1 vol. in-18. 3° édition.. 2 fr. 50

HAECKEL. **Les Preuves du transformisme.** 1 vol. in-18. 2 fr. 50

O. SCHMIDT. **Les Sciences naturelles et la Philosophie de
l'inconscient.** 1 v. in-18. 2 fr. 50

PIDERIT. **La Mimique et la
Physiognomonie.** 1 v. in-8. 5 fr.

PREYER. **Éléments de physiologie.** 1 vol. in-8....... 5 fr.

— **L'Ame de l'enfant.** Observations
sur le développement psychique des
premières années. 1 vol. in-8. 10 fr.

SCHŒBEL, **Philosophie de la raison pure.** 1 vol. in-18. 2 fr. 50

SCHOPENHAUER. **Essai sur le libre
arbitre.** 1 vol. in-18. 3° éd. 2 fr. 50

— **Le Fondement de la morale.**
1 vol. in-18.......... 2 fr. 50

— **Essais et fragments**, traduit
et précédé d'une Vie de Schopenhauer, par M. BOURDEAU. 1 vol.
in-18. 6° édit........ 2 fr. 50

— **Aphorismes sur la sagesse
dans la vie.** 1 vol. in-8. 3° éd. 5 fr.

— **De la quadruple racine du
principe de la raison suffisante.** 1 vol. in-8...... 5 fr.

— **Le Monde comme volonté et
représentation.** 3 vol. in-8, chacun séparément....... 7 fr. 50

— **La Philosophie de Schopenhauer**, par M. Th. RIBOT. 1 vol.
in-18. 3° édit.......... 2 fr. 50

RIBOT (Th.). **La Psychologie allemande contemporaine.** 1 vol.
in-8. 2° édit......... 7 fr. 50

STRICKER. **Le Langage et la Musique.** 1 vol. in-18....... 2 fr. 50

WUNDT. **Psychologie physiologique.** 2 vol. in-8 avec fig. 20 fr.

PHILOSOPHIE ANGLAISE CONTEMPORAINE

STUART MILL *. **La Philosophie de
Hamilton.** 1 fort vol. in-8. 10 fr.

— * **Mes Mémoires.** Histoire de ma
vie et de mes idées. 1 v. in-8. 5 fr.

— * **Système de logique déductive et inductive.** 2 v. in-8. 20 fr.

— * **Auguste Comte** et la philosophie positive. 1 vol. in-18. 2 fr. 50

— **L'Utilitarisme.** 1 v. in-18. 2 fr. 50

— **Essais sur la Religion.** 1 vol.
in-8. 2° édit.......... 5 fr.

— **La République de 1848 et
ses détracteurs**, trad. et préface
de M. SADI CARNOT. 1 v. in-18. 1 fr.

— **La Philosophie de Stuart
Mill**, par H. LAURET. 1 v. in-8. 6 fr.

HERBERT SPENCER *. **Les Premiers Principes.** 1 fort volume
in-8................ 10 fr.

HERBERT SPENCER *. **Principes de
biologie.** 2 forts vol. in-8. 20 fr.

— * **Principes de psychologie.**
2 vol. in-8........... 20 fr.

— * **Introduction à la science
sociale.** 1 v. in-8, cart. 6° édit. 6 fr.

— * **Principes de sociologie.** 4 vol.
in-8.............. 36 fr. 25

— * **Classification des sciences.**
1 vol. in-18, 2° édition. 2 fr. 50

— * **De l'éducation intellectuelle,
morale et physique.** 1 vol.
in-8, 5° édit........... 5 fr.

— * **Essais sur le progrès.** 1 vol.
in-8. 2° édit......... 7 fr. 50

— **Essais de politique.** 1 vol.
in-8. 2° édit......... 7 fr. 50

— **Essais scientifiques.** 1 vol.
in-8................ 7 fr. 50

HERBERT SPENCER *. **Les Bases de la morale évolutionniste.** 1 vol. in-8. 3° édit........ 6 fr.

— **L'Individu contre l'État.** 1 vol. in-18. 2° édit........ 2 fr. 50

BAIN *. **Des sens et de l'intelligence.** 1 vol. in-8.... 10 fr.

— **Les Émotions et la Volonté.** 1 vol. in-8............. 10 fr.

— * **La Logique inductive et déductive.** 2 vol. in-8. 2° édit. 20 fr.

— * **L'Esprit et le Corps.** 1 vol. in-8, cartonné, 4° édit .... 6 fr.

— * **La Science de l'éducation.** 1 vol. in-8, cartonné. 6° édit. 6 fr.

DARWIN *. **Descendance et Darwinisme,** par Oscar SCHMIDT. 1 vol. in-8 cart. 5° édit... 6 fr.

— **Le Darwinisme,** par E. DE HARTMANN. 1 vol. in-18.. 2 fr. 50

FERRIER. **Les Fonctions du Cerveau.** 1 vol. in-8...... 10 fr.

CHARLTON BASTIAN. **Le cerveau,** organe de la pensée chez l'homme et les animaux, 2 vol. in-8. 12 fr.

CARLYLE. **L'Idéalisme anglais,** étude sur Carlyle, par H. TAINE. 1 vol. in-18.......... 2 fr. 50

BAGEHOT *. **Lois scientifiques du développement des nations.** 1 vol. in-8, cart. 4° édit.... 6 fr.

DRAPER. **Les Conflits de la science et de la religion.** 1 volume in-8. 7° édit................. 6 fr.

RUSKIN (JOHN). * **L'Esthétique anglaise,** étude sur J. Ruskin, par MILSAND. 1 vol. in-18 ... 2 fr. 50

MATTHEW ARNOLD. **La Crise religieuse.** 1 vol. in-8.... 7 fr. 50

MAUDSLEY *. **Le Crime et la Folie.** 1 vol. in-8. cart. 5° édit... 6 fr.

— **La Pathologie de l'esprit.** 1 vol in-8............. 10 fr.

FLINT *. **La Philosophie de l'histoire en France et en Allemagne.** 2 vol in-8. Chacun, séparément............... 7 fr. 50

RIBOT (Th.). **La Psychologie anglaise contemporaine.** 3° édit. 1 vol. in-8............. 7 fr. 50

LIARD *. **Les Logiciens anglais contemporains.** 1 vol. in-18. 2° édit............. 2 fr. 50

GUYAU *. **La Morale anglaise contemporaine.** 1 v. in-8. 2° éd. 7 fr. 50

HUXLEY *. **Hume, sa vie, sa philosophie.** 1 vol. in-8...... 5 fr.

JAMES SULLY. **Le Pessimisme.** 1 vol. in-8.......... 7 fr. 50

— **Les Illusions des sens et de l'esprit.** 1 vol. in-8, cart.. 6 fr.

CARRAU (L.). **La Philosophie religieuse en Angleterre,** depuis Locke jusqu'à nos jours. 1 volume in-8.................... 5 fr.

LYON (Georges). **L'Idéalisme en Angleterre au XVIII° siècle.** 1 vol. in-8.......... 7 fr. 50

PHILOSOPHIE ITALIENNE CONTEMPORAINE

SICILIANI. **La Psychogénie moderne.** 1 vol. in-18..... 2 fr. 50

ESPINAS *. **La Philosophie expérimentale en Italie,** origines, état actuel. 1 vol. in-18. 2 fr. 50

MARIANO. **La Philosophie contemporaine en Italie,** essais de philos. hégélienne. 1 v. in-18. 2 fr. 50

FERRI (Louis). **La Philosophie de l'association depuis Hobbes jusqu'à nos jours.** in-8. 7 fr. 50

MINGHETTI. **L'État et l'Église.** 1 vol. in-8................. 5 fr.

LEOPARDI. **Opuscules et pensées.** 1 vol. in-18........ 2 fr. 50

MOSSO. **La Peur.** 1 vol. in-18. 2 fr. 50

LOMBROSO. **L'Homme criminel.** 1 vol. in-8........... 10 fr.

— **Atlas** accompagnant l'ouvrage ci-dessus.............. 12 fr.

— **L'homme de génie.** 1 vol. in-8. 10 fr.

— **L'Anthropologie criminelle,** ses récents progrès. 1 volume in-18.............. 2 fr. 50

MANTEGAZZA. **La Physionomie et l'expression des sentiments.** 1 vol. in-8, cart........ 6 fr.

SERGI. **La Psychologie physiologique.** 1 vol. in-8... 7 fr. 50

GAROFALO. **La Criminologie.** 1 volume in-8........... 7 fr. 50

OUVRAGES DE PHILOSOPHIE
PRESCRITS POUR L'ENSEIGNEMENT DES LYCÉES ET DES COLLÉGES

COURS ÉLÉMENTAIRE DE PHILOSOPHIE
Suivi de Notions d'histoire de la Philosophie
et de Sujets de Dissertations donnés à la Faculté des lettres de Paris
Par Émile BOIRAC
Professeur de philosophie au lycée Condorcet

1 vol. in-8° de 522 pages, 2ᵉ édit. 1889, br. 6 fr. 50. Cart. à l'anglaise 7 fr. 50

LA DISSERTATION PHILOSOPHIQUE
Choix de sujets — Plans — Développements
PRÉCÉDÉ D'UNE INTRODUCTION SUR LES RÈGLES DE LA DISSERSATION PHILOSOPHIQUE
PAR LE MÊME
1 vol. in-8, 1890. Broché, 6 fr. 50. Cartonné à l'anglaise, 7 fr. 50.

AUTEURS DEVANT ÊTRE EXPLIQUÉS DANS LA CLASSE DE PHILOSOPHIE
AUTEURS FRANÇAIS

CONDILLAC. — **Traité des Sensations, livre I,** avec notes, par Georges LYON, maître de conférences à l'Ecole normale supérieure, docteur ès lettres. 1 vol. in-12...... 1 fr. 40

DESCARTES. — **Discours sur la Méthode** et première méditation, avec notes, introduction et commentaires, par V. BROCHARD, directeur des conférences de philosophie à la Sorbonne. 1 vol. in-12, 2ᵉ édition..................... 2 fr.

DESCARTES. — **Les Principes de la philosophie, livre I,** avec notes, par LE MÊME. 1 vol. in-12, broché..................... 1 fr. 25

LEIBNIZ. — **La Monadologie,** avec notes, introduction et commentaires, par D. NOLEN, recteur de l'Académie de Besançon. 1 vol. in-12, 2ᵉ édit..................... 2 fr.

LEIBNIZ. — **Nouveaux essais sur l'entendement humain.** Avant-propos et livre I, avec notes, par Paul JANET, de l'Institut, professeur à la Sorbonne. 1 vol. in-12........... 1 fr.

MALEBRANCHE. — **De la recherche de la vérité, livre II** (*de l'Imagination*), avec notes, par Pierre JANET, ancien élève de l'Ecole normale supérieure, professeur agrégé au lycée Louis le Grand. 1 vol. in-12..................... 1 fr. 80

PASCAL. — **De l'autorité en matière de philosophie. — De l'esprit géométrique. — Entretien avec M. de Sacy,** avec notes, par ROBERT, professeur à la Faculté des lettres de Rennes. 1 vol. in-12..................... 1 fr.

AUTEURS LATINS

CICÉRON. — **De natura Deorum,** livre II, avec notes, par PICAVET, agrégé de l'Université, professeur au lycée de Versailles. 1 vol. in-12..................... 2 fr.

CICÉRON. — **De Officiis,** livre I, avec notes, par E. BOIRAC, professeur agrégé au lycée Condorcet. 1 vol. in-12..................... 1 fr. 40

LUCRÈCE. — **De natura rerum,** livre V, avec notes, par G. LYON, maître de conférences à l'Ecole normale supérieure. 1 vol. in-12..................... 1 fr. 50

SÉNÈQUE. — **Lettres à Lucilius** (les 16 premières), avec notes, par DAURIAC, ancien élève de l'Ecole normale supérieure, professeur à la Faculté des lettres de Montpellier. 1 vol. in-12. 1 fr. 25

AUTEURS GRECS

ARISTOTE. — **Morale à Nicomaque.** livre X, avec notes, par L. CARRAU, professeur à la Sorbonne. 1 vol. in-12..................... 1 fr. 25

EPICTÈTE. — **Manuel,** avec notes, par MONTARGIS, ancien élève de l'Ecole normale supérieure, agrégé de l'Université. 1 vol. in-12..................... 1 fr.

PLATON. — **La République,** livre VI, avec notes, par ESPINAS, ancien élève de l'École normale supérieure, doyen de la Faculté des lettres de Bordeaux. 1 vol. in-12........... 2 fr.

XÉNOPHON. — **Mémorables,** livre I, avec notes, par PENJON, ancien élève de l'Ecole normale supérieure, professeur à la Faculté des lettres de Lille. 1 vol. in-12..................... 1 fr. 25

CLASSE DE MATHÉMATIQUES ÉLÉMENTAIRES. — Résumé de philosophie et analyse des auteurs (*logique, morale, auteurs latins, auteurs français, langues vivantes*), à l'usage des candidats au baccalauréat ès sciences, par THOMAS, docteur ès lettres, professeur de philosophie au lycée de Brest, et REYNIER, professeur au lycée Buffon. 1 vol. in-12. 2ᵉ éd. 4 fr.

BIBLIOTHÈQUE D'HISTOIRE CONTEMPORAINE

Volumes in-18 brochés à 3 fr. 50. — Volumes in-8 brochés de divers prix

Cartonnage anglais, 50 cent. par vol. in-18; 1 fr. par vol. in-8.
Demi-reliure, 1 fr. 50 par vol. in-18; 2 fr. par vol. in-8.

EUROPE

* SYBEL (H. de). **Histoire de l'Europe pendant la Révolution française**, traduit de l'allemand par Mlle Dosquet. Ouvrage complet en 6 vol. in-8, 42 fr. Chaque volume séparément. **7 fr.**

FRANCE

BLANC (Louis). **Histoire de Dix ans.** 5 vol. in-8. **25 fr.**
Chaque volume séparément. **5 fr.**
— 25 pl. en taille-douce. Illustrations pour l'*Histoire de Dix ans*. **6 fr.**
* BOERT. **La Guerre de 1870-1871**, d'après le colonel fédéral suisse Rustow. 1 vol. in-18. (V. P.) **3 fr. 50**
* CARNOT (H.), sénateur. **La Révolution française**, résumé historique. 1 volume in-18. Nouvelle édit. (V. P.) **3 fr. 50**
DEBIDOUR. **Histoire diplomatique de l'Europe de 1815 à 1878**, 2 vol. in-8°. 1891. **18 fr.**
ÉLIAS REGNAULT. **Histoire de Huit ans (1840-1848).** 3 vol. in-8. **15 fr.**
Chaque volume séparément. **5 fr.**
— 14 planches en taille-douce, illustrations pour l'*Histoire de Huit ans*. **4 fr.**
* GAFFAREL (P.), professeur à la Faculté des lettres de Dijon. **Les Colonies françaises.** 1 vol. in-8. 4° édit. (V. P.) **5 fr.**
* LAUGEL (A.). **La France politique et sociale.** 1 vol. in-8. **5 fr.**
ROCHAU (de). **Histoire de la Restauration.** 1 vol. in-18. **3 fr. 50**
* TAXILE DELORD. **Histoire du second Empire (1848-1870).** 6 v. in-8. 42 fr. Chaque volume séparément. **7 fr.**
WAHL, professeur au lycée Lakanal. **L'Algérie.** 1 vol. in-8. 2° édit. (V. P.) Ouvrage couronné par l'Académie des sciences morales et politiques. 5 fr.
LANESSAN (de), député. **L'Expansion coloniale de la France.** Étude économique, politique et géographique sur les établissements français d'outre-mer. 1 fort vol. in-8, avec cartes. 1886. (V. P.) **12 fr.**
— **La Tunisie.** 1 vol. in-8 avec une carte en couleurs. 1887. (V. P.) **5 fr.**
— **L'Indo-Chine française.** Étude économique, politique et administrative sur *la Cochinchine, le Cambodge, l'Annam et le Tonkin*. (Ouvrage couronné par la Société de géographie commerciale de Paris, médaille Dupleix.) 1 vol. in-8 avec 5 cartes en couleurs hors texte. 1889. **15 fr.**
SILVESTRE (J.) **L'empire d'Annam et les Annamites**, publié sous les auspices de l'administration des colonies, 1 vol. in-8 avec 1 carte de l'Annam. 1889. **3 fr. 50**

ANGLETERRE

* BAGEHOT (W.). **Lombard-street.** Le Marché financier en Angleterre. 1 vol. in-18. **3 fr. 50**
GLADSTONE (E. W.). **Questions constitutionnelles (1873-1878).** — Le prince époux. — Le droit électoral. Traduit de l'anglais, et précédé d'une Introduction par Albert Gigot. 1 vol. in-8. **5 fr.**
* LAUGEL (Aug.). **Lord Palmerston et lord Russel.** 1 vol. in-18. 3 fr. 50
* SIR CORNEWAL LEWIS. **Histoire gouvernementale de l'Angleterre depuis 1770 jusqu'à 1830.** Traduit de l'anglais. 1 vol. in-8. **7 fr.**
* REYNALD (H.), doyen de la Faculté des lettres d'Aix. **Histoire de l'Angleterre depuis la reine Anne jusqu'à nos jours.** 1 vol. in-18. 2° édit. (V. P.) **3 fr. 50**
THACKERAY. **Les Quatre George.** Traduit de l'anglais par Lefoyer. 1 vol. in-18. (V. P.) **3 fr. 50**

ALLEMAGNE

* VÉRON (Eug.). **Histoire de la Prusse**, depuis la mort de Frédéric II jusqu'à la bataille de Sadowa. 1 vol. in-18. 4° édit. (V. P.) **3 fr. 50**
— * **Histoire de l'Allemagne**, depuis la bataille de Sadowa jusqu'à nos jours. 1 vol. in-18. 2° édit. (V. P.) **3 fr. 50**
* BOURLOTON (Ed.). **L'Allemagne contemporaine.** 1 vol. in-18. 3 fr. 50

AUTRICHE-HONGRIE

* ASSELINE (L.). **Histoire de l'Autriche**, depuis la mort de Marie-Thérèse jusqu'à nos jours. 1 vol. in-18. 3° édit. (V. P.) **3 fr. 50**

SAYOUS (Ed.), professeur à la Faculté des lettres de Toulouse. **Histoire des Hongrois** et de leur littérature politique, de 1790 à 1815. 1 vol. in-18. 3 fr. 50

ITALIE

SORIN (Élie). **Histoire de l'Italie,** depuis 1815 jusqu'à la mort de Victor-Emmanuel. 1 vol. in-18. 1888. (V. P.) 3 fr. 50

ESPAGNE

* REYNALD (H.). **Histoire de l'Espagne** depuis la mort de Charles III jusqu'à nos jours. 1 vol. in-18. (V. P.) 3 fr. 50

RUSSIE

HERBERT BARRY. **La Russie contemporaine.** Traduit de l'anglais. 1 vol. in-18. (V. P.) 3 fr. 50

CRÉHANGE (M.). **Histoire contemporaine de la Russie.** 1 vol. in-18. (V. P.) 3 fr. 50

SUISSE

DAENDLIKER. **Histoire du peuple suisse.** Trad. de l'allem. par Mme Jules FAVRE et précédé d'une Introduction de M. Jules FAVRE. 1 vol. in-8. (V. P.) 5 fr.

DIXON (H.). **La Suisse contemporaine.** 1 vol. in-18, trad. de l'angl. (V. P.) 3 fr. 50

AMÉRIQUE

DEBERLE (Alf.). **Histoire de l'Amérique du Sud,** depuis sa conquête jusqu'à nos jours. 1 vol. in-18. 2ᵉ édit. (V. P.) 3 fr. 50

* LAUGEL (Aug.). **Les États-Unis pendant la guerre.** 1861-1864. Souvenirs personnels. 1 vol. in-18, cartonné. 4 fr.

---

* BARNI (Jules). **Histoire des idées morales et politiques en France au dix-huitième siècle.** 2 vol. in-18. (V. P.) Chaque volume. 3 fr. 50

— * **Les Moralistes français au dix-huitième siècle.** 1 vol. in-18 faisant suite aux deux précédents. (V. P.) 3 fr. 50

BEAUSSIRE (Émile), de l'Institut. **La Guerre étrangère et la Guerre civile.** 1 vol. in-18. 3 fr. 50

* DESPOIS (Eug.). **Le Vandalisme révolutionnaire.** Fondations littéraires, scientifiques et artistiques de la Convention. 2ᵉ édition, précédée d'une notice sur l'auteur par M. Charles BIGOT. 1 vol. in-18. (V. P.) 3 fr. 50

* CLAMAGERAN (J.), sénateur. **La France républicaine.** 1 vol. in-18. (V. P.) 3 fr. 50

GUÉROULT (Georges). **Le Centenaire de 1789,** évolution politique, philosophique, artistique et scientifique de l'Europe depuis cent ans. 1 vol. in-18. 1889. 3. fr. 50

LAVELEYE (E. de), correspondant de l'Institut. **Le Socialisme contemporain.** 1 vol. in-18. 6ᵉ édit. augmentée. 3 fr. 50

MARCELLIN PELLET, ancien député. **Variétés révolutionnaires.** 3 vol. in-18, précédés d'une Préface de A. RANC. Chaque vol. séparém. 3 fr. 50

SPULLER (E.), député, ancien ministre de l'Instruction publique. **Figures disparues,** portraits contemporains, littéraires et politiques. 1ʳᵉ série. 1 vol. in-18. 2ᵉ édit. (V. P.) 3 fr. 50

— **Figures disparues.** 2ᵉ série. (*Sous presse.*)

— — **Histoire parlementaire de la deuxième République.** 1 v. in-18. 3 fr. 50

BIBLIOTHÈQUE INTERNATIONALE D'HISTOIRE MILITAIRE

25 VOLUMES PETIT IN-8° DE 250 A 400 PAGES
AVEC CROQUIS DANS LE TEXTE

Chaque volume cartonné à l'anglaise............ **5 francs.**

VOLUMES PUBLIÉS:

1. — **Précis des campagnes de Gustave-Adolphe en Allemagne (1630-1632),** précédé d'une Bibliographie générale de l'histoire militaire des temps modernes.
2. — **Précis des campagnes de Turenne (1644-1675).**
3. — **Précis de la campagne de 1805 en Allemagne et en Italie.**
4. — **Précis de la campagne de 1815 dans les Pays-Bas.**
5. — **Précis de la campagne de 1859 en Italie.**
6. — **Précis de la guerre de 1866 en Allemagne et en Italie.**
7. — **Précis des campagnes de 1796 et 1797 en Italie et en Allemagne.**

BIBLIOTHÈQUE HISTORIQUE ET POLITIQUE

* ALBANY DE FONBLANQUE. **L'Angleterre, son gouvernement, ses institutions.** Traduit de l'anglais sur la 14ᵉ édition par M. F. C. DREYFUS, avec Introduction par M. H. BRISSON. 1 vol. in-8.   5 fr.

BENLOEW. **Les Lois de l'Histoire.** 1 vol. in-8.   5 fr.

* DESCHANEL (E.). **Le Peuple et la Bourgeoisie.** 1 vol. in-8, 2ᵉ éd.   5 fr.

DU CASSE. **Les Rois frères de Napoléon Iᵉʳ.** 1 vol. in-8.   10 fr.

MINGHETTI. **L'État et l'Église.** 1 vol. in-8.   5 fr.

LOUIS BLANC. **Discours politiques (1848-1881).** 1 vol. in-8.   7 fr. 50

PHILIPPSON. **La Contre-révolution religieuse au XVIᵉ siècle.** 1 vol. in-8.   10 fr.

HENRARD (P.). **Henri IV et la princesse de Condé.** 1 vol. in-8.   6 fr.

NOVICOW. **La Politique internationale,** précédé d'une Préface de M. Eugène VÉRON. 1 fort vol. in-8.   7 fr.

COMBES DE LESTRADE. **Éléments de sociologie.** 1 vol. in-8. 1889. 5 fr.

DREYFUS (F. C.). **La France, son gouvernement, ses institutions.** 1 vol. (*Sous presse.*)

PUBLICATIONS HISTORIQUES ILLUSTRÉES

HISTOIRE ILLUSTRÉE DU SECOND EMPIRE, par Taxile DELORD. 6 vol. in-8 colombier avec 500 gravures de FERAT, Fr. REGAMEY, etc. Chaque vol. broché, 8 fr. — Cart. doré, tr. dorées.   11 fr. 50

HISTOIRE POPULAIRE DE LA FRANCE, depuis les origines jusqu'en 1815. — Nouvelle édition. — 4 vol. in-8 colombier avec 1323 gravures sur bois dans le texte. Chaque vol. broché, 7 fr. 50 — Cart. toile, tranches dorées.   11 fr.

RECUEIL DES INSTRUCTIONS

DONNÉES

AUX AMBASSADEURS ET MINISTRES DE FRANCE

DEPUIS LES TRAITÉS DE WESTPHALIE JUSQU'A LA RÉVOLUTION FRANÇAISE

Publié sous les auspices de la Commission des archives diplomatiques au Ministère des affaires étrangères.

Beaux volumes in-8 cavalier, imprimés sur papier de Hollande :

I. — **AUTRICHE,** avec Introduction et notes, par M. Albert SOREL, membre de l'Institut.   20 fr.

II. — **SUÈDE,** avec Introduction et notes, par M. A. GEFFROY, membre de l'Institut.. 20 fr.

III. — **PORTUGAL,** avec Introduction et notes, par le vicomte DE CAIX DE SAINT-AYMOUR.. 20 fr.

IV et V. — **POLOGNE,** avec Introduction et notes, par M. LOUIS FARGES, 2 vol... 30 fr.

VI. — **ROME,** avec Introduction et notes, par M. G. HANOTAUX, 20 fr.

VII. — **BAVIÈRE, PALATINAT ET DEUX-PONTS,** avec Introduction et notes par M. André LEBON... 25 fr.

VIII et IX. — **RUSSIE,** avec introduction et notes par M. Alfred RAMBAUD. 2 vol. Le 1ᵉʳ volume, 20 fr. Le second volume.............. 25 fr.

La publication se continuera par les volumes suivants :

ANGLETERRE, par M. Jusserand.	DANEMARK, par M. Geffroy.
PRUSSE, par M. E. Lavisse.	NAPLES ET PARME, par M. Joseph Reinach.
TURQUIE, par M. Girard de Rialle.	
HOLLANDE, par M. H. Maze.	VENISE, par M. Jean Kaulek.
ESPAGNE, par M. Morel Fatio.	

INVENTAIRE ANALYTIQUE
DES
ARCHIVES DU MINISTÈRE DES AFFAIRES ÉTRANGÈRES
PUBLIÉ
Sous les auspices de la Commission des archives diplomatiques

I. — **Correspondance politique de MM. de CASTILLON et de MARILLAC, ambassadeurs de France en Angleterre (1538-1540)**, par M. Jean Kaulek, avec la collaboration de MM. Louis Farges et Germain Lefèvre-Pontalis. 1 beau volume in-8 raisin sur papier fort.. 15 francs.

II. — **Papiers de BARTHÉLEMY, ambassadeur de France en Suisse**, de 1792 à 1797 (Année 1792), par M. Jean Kaulek. 1 beau vol. in-8 raisin sur papier fort........................ 15 fr.

III. — **Papiers de BARTHÉLEMY** (janvier-août 1793), par M. Jean Kaulek. 1 beau vol. in-8 raisin sur papier fort................ 15 fr.

IV. — **Correspondance politique de ODET DE SELVE, ambassadeur de France en Angleterre (1546-1549)**, par M. G. Lefèvre-Pontalis. 1 beau vol. in-8 raisin sur papier fort............. 15 fr.

V. — **Papiers de BARTHÉLEMY** (Septembre 1793 à mars 1794,) par M. Jean Kaulek. 1 beau vol. in-8 raisin sur papier fort........ 18 fr.

ANTHROPOLOGIE ET ETHNOLOGIE

CARTAILHAC (E). **La France préhistorique.** 1 vol. in-8 avec nombreuses gravures dans le texte. cart. 1889. 6 fr.

EVANS (John). **Les Ages de la pierre.** 1 vol. grand in-8, avec 467 figures dans le texte. 15 fr. — En demi-reliure. 18 fr.

EVANS (John). **L'Age du bronze.** 1 vol. grand in-8, avec 540 gravures dans le texte, broché, 15 fr. — En demi-reliure. 18 fr.

GIRARD DE RIALLE. **Les Peuples de l'Afrique et de l'Amérique.** 1 vol. petit in-18. 60 c.

GIRARD DE RIALLE. **Les Peuples de l'Asie et de l'Europe.** 1 vol. petit in-18. 60 c.

HARTMANN (R.). **Les Peuples de l'Afrique.** 1 vol. in-8, 2ᵉ édit. avec figures. cart. 6 fr.

HARTMANN (R.). **Les Singes anthropoïdes.** 1 vol. in-8 avec fig. cart. 6 fr.

JOLY (N.). **L'Homme avant les métaux.** 1 vol. in-8 avec 150 gravures dans le texte et un frontispice. 4ᵉ édit. cart. 6 fr.

LUBBOCK (Sir John). **Les Origines de la civilisation.** État primitif de l'homme et mœurs des sauvages modernes. 1877. 1 vol. gr. in-8, avec gravures et planches hors texte. Trad. de l'anglais par M. Ed. Barbier. 2ᵉ édit. 15 fr. — Relié en demi-maroquin, avec tranch. dorées. (V. P.) 18 fr.

LUBBOCK (Sir John). **L'Homme préhistorique.** 3ᵉ édit., avec gravures dans le texte. 2 vol. in-8. (V. P.) cart. 12 fr.

PIÉTREMENT. **Les Chevaux dans les temps préhistoriques et historiques.** 1 fort vol. gr. in-8. 15 fr.

DE QUATREFAGES. **L'Espèce humaine.** 1 vol. in-8. 6ᵉ édit. (V. P.) 6 fr.

WHITNEY. **La Vie du langage.** 1 vol. in-8. 3ᵉ édit. (V. P.) cart. 6 fr.

CARETTE (le colonel). **Études sur les temps antéhistoriques.**
Première étude : *Le Langage.* 1 vol. in-8. 1878. 8 fr.
Deuxième étude : *Les Migrations.* 1 vol. in-8. 1888. 7 fr.

REVUE PHILOSOPHIQUE
DE LA FRANCE ET DE L'ÉTRANGER
Dirigée par TH. RIBOT
Professeur au Collège de France.
(15° *année*, 1890.)

La REVUE PHILOSOPHIQUE paraît tous les mois, par livraisons de 6 ou 7 feuilles grand in-8, et forme ainsi à la fin de chaque année deux forts volumes d'environ 680 pages chacun.

CHAQUE NUMÉRO DE LA *REVUE* CONTIENT :

1° Plusieurs articles de fond; 2° des analyses et comptes rendus des nouveaux ouvrages philosophiques français et étrangers; 3° un compte rendu aussi complet que possible des *publications périodiques* de l'étranger pour tout ce qui concerne la philosophie; 4° des notes, documents, observations, pouvant servir de matériaux ou donner lieu à des vues nouvelles.

Prix d'abonnement :

Un an, pour Paris, 30 fr. — Pour les départements et l'étranger, 33 fr.
La livraison......................... 3 fr.

Les années écoulées se vendent séparément 30 francs, et par livraisons de 3 francs.

Table générale des matières contenues dans les 12 premières années (1876-1887), par M. BÉLUGOU. 1 vol. in-8.................... 3 fr.

REVUE HISTORIQUE
Dirigée par G. MONOD
Maître de conférences à l'École normale, directeur à l'École des hautes études.
(15° *année*, 1890.)

La REVUE HISTORIQUE paraît tous les deux mois, par livraisons grand in-8 de 15 ou 16 feuilles, et forme à la fin de l'année trois beaux volumes de 500 pages chacun.

CHAQUE LIVRAISON CONTIENT :

I. Plusieurs *articles de fond*, comprenant chacun, s'il est possible, un travail complet. — II. Des *Mélanges et Variétés*, composés de documents inédits d'une étendue restreinte et de courtes notices sur des points d'histoire curieux ou mal connus.—III. Un *Bulletin historique* de la France et de l'étranger, fournissant des renseignements aussi complets que possible sur tout ce qui touche aux études historiques. — IV. Une *analyse des publications périodiques* de la France et de l'étranger, au point de vue des études historiques. — V. Des *Comptes rendus critiques* des livres d'histoire nouveaux.

Prix d'abonnement :

Un an, pour Paris, 30 fr. — Pour les départements et l'étranger, 33 fr.
La livraison................. 6 fr.

Les années écoulées se vendent séparément 30 francs, et par fascicules de 6 francs. Les fascicules de la 1re année se vendent 9 francs.

Tables générales des matières contenues dans les dix premières années de la Revue historique.

I. — Années 1876 à 1880, par M. CHARLES BÉMONT.
II. — Années 1881 à 1885, par M. RENÉ COUDERC.
Chaque Table formant un vol. in-8, 3 francs; 1 fr. 50 pour les abonnés.

ANNALES DE L'ÉCOLE LIBRE

DES

SCIENCES POLITIQUES

RECUEIL TRIMESTRIEL

Publié avec la collaboration des professeurs et des anciens élèves de l'école

CINQUIÈME ANNÉE, 1890

COMITÉ DE RÉDACTION :

M. Émile BOUTMY, de l'Institut, directeur de l'École; M. Léon SAY, de l'Académie française, ancien ministre des Finances; M. ALF. DE FOVILLE, chef du bureau de statistique au ministère des Finances, professeur au Conservatoire des arts et métiers; M. R. STOURM, ancien inspecteur des Finances et administrateur des Contributions indirectes; M. Alexandre RIBOT, député; M. Gabriel ALIX; M. L. RENAULT, professeur à la Faculté de droit; M. André LEBON; M. Albert SOREL de l'Institut; M. PIGEONNEAU, professeur à la Sorbonne; M. A. VANDAL, auditeur de 1re classe au Conseil d'État; Directeurs des groupes de travail, professeurs à l'École.

Secrétaire de la rédaction : M. Aug. ARNAUNÉ, docteur en droit.

Les sujets traités dans les *Annales* embrassent tout le champ couvert par le programme d'enseignement de l'Ecole : *Economie politique, finances, statistique, histoire constitutionnelle, droit international, public et privé, droit administratif, législations civile et commerciale privées, histoire législative et parlementaire, histoire diplomatique, géographie économique, ethnographie, etc.*

La direction du Recueil ne néglige aucune des questions qui présentent, tant en France qu'à l'étranger, un intérêt pratique et actuel. L'esprit et la méthode en sont strictement scientifiques.

Les *Annales* contiennent en outre des notices bibliographiques et des correspondances de l'étranger.

Cette publication présente donc un intérêt considérable pour toutes les personnes qui s'adonnent à l'étude des sciences politiques. Sa place est marquée dans toutes les Bibliothèques des Facultés, des Universités et des grands corps délibérants.

MODE DE PUBLICATION ET CONDITIONS D'ABONNEMENT

Les *Annales de l'École libre des sciences politiques* paraissent tous les trois mois (15 janvier, 15 avril, 15 juillet et 15 octobre), par fascicules gr. in-8, de 186 pages chacun.

Un an (du 15 janvier)	Paris................	18 francs.
	Départements et étranger.	—
	La livraison...........	6 —

Les trois premières années (1886-1887-1888) se vendent chacune 16 francs, la quatrième année (1889) et les suivantes se vendent 18 francs.

BIBLIOTHÈQUE SCIENTIFIQUE
INTERNATIONALE
Publiée sous la direction de M. Émile ALGLAVE

La *Bibliothèque scientifique internationale* est une œuvre dirigée par les auteurs mêmes, en vue des intérêts de la science, pour la populariser sous toutes ses formes, et faire connaître immédiatement dans le monde entier les idées originales, les directions nouvelles, les découvertes importantes qui se font chaque jour dans tous les pays. Chaque savant expose les idées qu'il a introduites dans la science et condense pour ainsi dire ses doctrines les plus originales.

On peut ainsi, sans quitter la France, assister et participer au mouvement des esprits en Angleterre, en Allemagne, en Amérique, en Italie, tout aussi bien que les savants mêmes de chacun de ces pays.

La *Bibliothèque scientifique internationale* ne comprend pas seulement des ouvrages consacrés aux sciences physiques et naturelles, elle aborde aussi les sciences morales, comme la philosophie, l'histoire, la politique et l'économie sociale, la haute législation, etc.; mais les livres traitant des sujets de ce genre se rattachent encore aux sciences naturelles, en leur empruntant les méthodes d'observation et d'expérience qui les ont rendues si fécondes depuis deux siècles.

Cette collection paraît à la fois en français, en anglais, en allemand et en italien : à Paris, chez Félix Alcan ; à Londres, chez C. Kegan, Paul et Cᵢᵉ ; à New-York, chez Appleton ; à Leipzig, chez Brockhaus ; et à Milan, chez Dumolard frères.

LISTE DES OUVRAGES PAR ORDRE D'APPARITION (1)

72 VOLUMES IN-8, CARTONNÉS A L'ANGLAISE, PRIX : 6 FRANCS.

* 1. J. TYNDALL. **Les Glaciers et les Transformations de l'eau**, avec figures. 1 vol. in-8. 5ᵉ édition. (V. P.) 6 fr.
* 2. BAGEHOT. **Lois scientifiques du développement des nations** dans leurs rapports avec les principes de la sélection naturelle et de l'hérédité. 1 vol. in-8. 5ᵉ édition. 6 fr.
* 3. MAREY. **La Machine animale**, locomotion terrestre et aérienne, avec de nombreuses fig. 1 vol. in-8. 5ᵉ édit. augmentée. (V. P.) 6 fr.
   4. BAIN. **L'Esprit et le Corps**. 1 vol. in 8. 5ᵉ édition. 6 fr.
* 5. PETTIGREW. **La Locomotion chez les animaux**, marche, natation. 1 vol. in-8, avec figures. 2ᵉ édit. 6 fr.
* 6. HERBERT SPENCER. **La Science sociale**. 1 v. in-8. 9ᵉ édit. (V. P.) 6 fr.
* 7. SCHMIDT (O.). **La Descendance de l'homme et le Darwinisme**. 1 vol. in-8, avec fig. 5ᵉ édition. 6 fr.
   8. MAUDSLEY. **Le Crime et la Folie**. 1 vol. in-8. 5ᵉ édit. 6 fr.
* 9. VAN BENEDEN. **Les Commensaux et les Parasites dans le règne animal**. 1 vol. in-8, avec figures. 3ᵉ édit. (V. P.) 6 fr.
* 10. BALFOUR STEWART. **La Conservation de l'énergie**, suivi d'une Étude sur la *nature de la force*, par M. P. DE SAINT-ROBERT, avec figures. 1 vol. in-8. 5ᵉ édition. 6 fr.

11. DRAPER. **Les Conflits de la science et de la religion.** 1 vol. in-8. 8ᵉ édition.   6 fr.
12. L. DUMONT. **Théorie scientifique de la sensibilité.** 1 vol. in-8. 4ᵉ édition.   6 fr.
* 13. SCHUTZENBERGER. **Les Fermentations.** 1 vol. in-8, avec fig. 5ᵉ édition.   6 fr.
* 14. WHITNEY. **La Vie du langage.** 1 vol. in-8. 3ᵉ édit. (V. P.) 6 fr.
15. COOKE et BERKELEY. **Les Champignons.** 1 vol. in-8, avec figures. 4ᵉ édition.   6 fr.
16. BERNSTEIN. **Les Sens.** 1 vol. in-8, avec 91 fig. 4ᵉ édit. (V. P.) 6 fr.
* 17. BERTHELOT. **La Synthèse chimique.** 1 vol. in-8, 6ᵉ édit. (V. P.) 6 fr.
* 18. VOGEL. **La Photographie et la Chimie de la lumière,** avec 95 figures. 1 vol. in-8. 4ᵉ édition. (V. P.)   6 fr.
* 19. LUYS. **Le Cerveau et ses fonctions,** avec figures. 1 vol. in-8. 6ᵉ édition. (V. P.)   6 fr.
* 20. STANLEY JEVONS. **La Monnaie et le Mécanisme de l'échange.** 1 vol. in-8. 4ᵉ édition. (V. P.)   6 fr.
21. FUCHS. **Les Volcans et les Tremblements de terre.** 1 vol. in-8, avec figures et une carte en couleur. 4ᵉ édition. (V. P.)   6 fr.
* 22. GÉNÉRAL BRIALMONT. **Les Camps retranchés et leur rôle dans la défense des États,** avec fig. dans le texte et 2 planches hors texte. 3ᵉ édit.   6 fr.
23. DE QUATREFAGES. **L'Espèce humaine.** 1 vol. in-8. 10ᵉ édition. (V. P.)   6 fr.
* 24. BLASERNA et HELMHOLTZ. **Le Son et la Musique.** 1 vol. in-8, avec figures. 4ᵉ édition. (V. P.)   6 fr.
* 25. ROSENTHAL. **Les Nerfs et les Muscles.** 1 vol. in-8, avec 75 figures. 3ᵉ édition. (V. P.)   6 fr.
* 26. BRUCKE et HELMHOLTZ. **Principes scientifiques des beaux-arts.** 1 vol. in-8, avec 39 figures. 3ᵉ édition. (V. P.)   6 fr.
* 27. WURTZ. **La Théorie atomique.** 1 vol. in-8. 5ᵉ édition. (V. P.) 6 fr.
* 28-29. SECCHI (le père). **Les Étoiles.** 2 vol. in-8, avec 63 figures dans le texte et 17 planches en noir et en couleur hors texte. 2ᵉ édition. (V. P.)   12 fr.
30. JOLY. **L'Homme avant les métaux.** 1 vol. in-8, avec figures. 4ᵉ édition. (V. P.)   6 fr.
* 31. A. BAIN. **La Science de l'éducation.** 1 vol. in-8. 7ᵉ édit. (V. P.) 6 fr.
* 32-33. THURSTON (R.). **Histoire de la machine à vapeur,** précédée d'une Introduction par M. HIRSCH. 2 vol. in-8, avec 140 figures dans le texte et 16 planches hors texte. 3ᵉ édition. (V. P.)   12 fr.
34. HARTMANN (R.). **Les Peuples de l'Afrique.** 1 vol. in-8, avec figures. 2ᵉ édition. (V. P.)   6 fr.
* 35. HERBERT SPENCER. **Les Bases de la morale évolutionniste.** 1 vol. in-8. 4ᵉ édition.   6 fr.
36. HUXLEY. **L'Écrevisse,** introduction à l'étude de la zoologie. 1 vol. in-8, avec figures.   6 fr.
37. DE ROBERTY. **De la Sociologie.** 1 vol. in-8. 2ᵉ édition.   6 fr.
* 38. ROOD. **Théorie scientifique des couleurs.** 1 vol. in-8, avec figures et une planche en couleur hors texte. (V. P.)   6 fr.
39. DE SAPORTA et MARION. **L'Évolution du règne végétal** (les Cryptogames). 1 vol. in-8 avec figures. (V. P.)   6 fr.
40-41. CHARLTON BASTIAN. **Le Cerveau, organe de la pensée chez l'homme et chez les animaux.** 2 vol. in-8, avec figures. 2ᵉ éd. 12 fr.
42. JAMES SULLY. **Les Illusions des sens et de l'esprit.** 1 vol. in-8, avec figures. 2ᵉ édit. (V. P.)   6 fr.
43. YOUNG. **Le Soleil.** 1 vol. in-8, avec figures. (V. P.)   6 fr.
44. DE CANDOLLE. **L'Origine des plantes cultivées.** 3ᵉ édition. 1 vol. in-8. (V. P.)   6 fr.

45-46. SIR JOHN LUBBOCK. **Fourmis, abeilles et guêpes.** Études expérimentales sur l'organisation et les mœurs des sociétés d'insectes hyménoptères. 2 vol. in-8, avec 65 figures dans le texte et 13 planches hors texte, dont 5 coloriées. (V. P.) 12 fr.

47. PERRIER (Edm.). **La Philosophie zoologique avant Darwin.** 1 vol. in-8. 2ᵉ édition. (V. P.) 6 fr.

48. STALLO. **La Matière et la Physique moderne.** 1 vol. in-8, 2ᵉ éd. précédé d'une Introduction par FRIEDEL. 6 fr.

49. MANTEGAZZA. **La Physionomie et l'Expression des sentiments.** 1 vol. in-8. 2ᵉ édit. avec huit planches hors texte. 6 fr.

50. DE MEYER. **Les Organes de la parole et leur emploi pour la formation des sons du langage.** 1 vol. in-8 avec 51 figures, traduit de l'allemand et précédé d'une Introduction par M. O. CLAVEAU. 6 fr.

51. DE LANESSAN. **Introduction à l'Étude de la botanique** (le Sapin). 1 vol. in-8, 2ᵉ édit. avec 143 figures dans le texte. (V. P.) 6 fr.

52-53. DE SAPORTA et MARION. **L'évolution du règne végétal** (les Phanérogames). 2 vol. in-8, avec 136 figures. 12 fr.

54. TROUESSART. **Les Microbes, les Ferments et les Moisissures.** 1 vol. in-8, 2ᵉ édit. avec 107 figures dans le texte. (V. P.) 6 fr.

55. HARTMANN (R.). **Les Singes anthropoïdes, et leur organisation comparée à celle de l'homme.** 1 vol. in-8, avec 63 figures dans le texte. 6 fr.

56. SCHMIDT (O.). **Les Mammifères dans leurs rapports avec leurs ancêtres géologiques.** 1 vol. in-8 avec 51 figures. 6 fr.

57. BINET et FÉRÉ. **Le Magnétisme animal.** 1 vol. in-8 avec figures. 3ᵉ édit. 6 fr.

58-59. ROMANES. **L'Intelligence des animaux.** 2 vol. in-8. 2ᵉ édition. (V. P.) 12 fr.

60. F. LAGRANGE. **Physiologie des exercices du corps.** 1 vol. in-8. 4ᵉ édition (V. P.) 6 fr.

61. DREYFUS (Camille). **Évolution des mondes et des sociétés.** 1 vol. in-8. 2ᵉ édit. 6 fr.

62. DAUBRÉE. **Les régions invisibles du globe et des espaces célestes.** 1 vol. in-8 avec 78 gravures dans le texte. (V. P.) 6 fr.

63-64. SIR JOHN LUBBOCK. **L'homme préhistorique.** 2 vol. in-8. avec 228 gravures dans le texte. 3ᵉ édit. 12 fr.

65. RICHET (Ch.). **La chaleur animale.** 1 vol. in-8 avec figures. 6 fr.

66. FALSAN. (A.). **La période glaciaire principalement en France et en Suisse.** 1 vol. in-8 avec 105 grav. et 2 cartes. (V. P.) 6 fr.

67 BEAUNIS (H.). **Les Sensations internes.** 1 vol. in-8. 6 fr.

68. CARTAILHAC (E.). **La France préhistorique,** d'après les sépultures et les monuments. 1 vol. in-8 avec 162 gravures. (V. P.) 6 fr.

69. BERTHELOT. **La Révolution chimique, Lavoisier.** 1 vol. in-8 avec gravures. 6 fr.

70. SIR JOHN LUBBOCK. — **Les sens et l'instinct chez les animaux** principalement chez les insectes. 1 vol. in-8 avec 150 grav. 6 fr.

71. STARCKE. **La famille primitive.** 1 vol. in-8. 6 fr.

72. ARLOING. **Les virus.** 1 vol. in-8 avec fig. 6 fr.

OUVRAGES SUR LE POINT DE PARAITRE :

ANDRÉ (Ch.). **Le système solaire.** 1 vol. in-8.
KUNCKEL D'HERCULAIS. **Les sauterelles.** 1 vol. avec grav.
ROMIEUX. **La topographie et la géologie.** 1 vol. avec grav. et cartes.
MORTILLET (de). **L'Origine de l'homme.** 1 vol. avec figures.
PERRIER (E.). **L'Embryogénie générale.** 1 vol. avec figures.
LACASSAGNE. **Les Criminels,** 1 vol. avec figures.
POUCHET (G.). **La forme et la vie.** 1 vol. avec figures.
BERTILLON. **La démographie.** 1 vol.
CARTAILHAC. **Les Gaulois,** 1 vol. avec gravures.

LISTE PAR ORDRE DE MATIÈRES
DES 72 VOLUMES PUBLIÉS
DE LA BIBLIOTHÈQUE SCIENTIFIQUE INTERNATIONALE

Chaque volume in-8, cartonné à l'anglaise... 6 francs.

SCIENCES SOCIALES

* Introduction à la science sociale, par HERBERT SPENCER. 1 vol. in-8, 9ᵉ édit. 6 fr.
* Les Bases de la morale évolutionniste, par HERBERT SPENCER. 1 vol. in-8, 4ᵉ édit. 6 fr.

Les Conflits de la science et de la religion, par DRAPER, professeur à l'Université de New-York. 1 vol. in-8, 8ᵉ édit. 8 fr.

Le Crime et la Folie, par H. MAUDSLEY, professeur de médecine légale à l'Université de Londres. 1 vol. in-8, 5ᵉ édit. 6 fr.

* La Défense des États et les Camps retranchés, par le général A. BRIALMONT, inspecteur général des fortifications et du corps du génie de Belgique. 1 vol. in-8 avec nombreuses figures dans le texte et 2 pl. hors texte, 3ᵉ édit. 6 fr.
* La Monnaie et le Mécanisme de l'échange, par W. STANLEY JEVONS, professeur d'économie politique à l'Université de Londres. 1 vol. in-8, 4ᵉ édit. (V. P.) 6 fr.

La Sociologie, par DE ROBERTY. 1 vol. in-8, 2ᵉ édit. (V. P.) 6 fr.

* La Science de l'éducation, par Alex. BAIN, professeur à l'Université d'Aberdeen (Écosse). 1 vol. in-8, 7ᵉ édit. (V. P.) 6 fr.
* Lois scientifiques du développement des nations dans leurs rapports avec les principes de l'hérédité et de la sélection naturelle, par W. BAGEHOT. 1 vol. in-8, 5ᵉ édit. 6 fr.
* La Vie du langage, par D. WHITNEY, professeur de philologie comparée à Yale-College de Boston (États-Unis). 1 vol. in-8, 3ᵉ édit. (V. P.) 8 fr.

La Famille primitive, par J. STARCKE, professeur à l'Université de Copenhague. 1 vol. in-8. 6 fr.

PHYSIOLOGIE

Les Illusions des sens et de l'esprit, par James SULLY. 1 vol. in-8, 2ᵉ édit. (V. P.) 6 fr.

* La Locomotion chez les animaux (marche, natation et vol), suivie d'une étude sur l'*Histoire de la navigation aérienne*, par J.-B. PETTIGREW, professeur au Collège royal de chirurgie d'Édimbourg (Écosse). 1 vol. in-8 avec 140 figures dans le texte. 2ᵉ édit. 6 fr.
* Les Nerfs et les Muscles, par J. ROSENTHAL, professeur de physiologie à l'Université d'Erlangen (Bavière). 1 vol. in-8 avec 75 figures dans le texte, 3ᵉ édit. (V. P.) 8 fr.
* La Machine animale, par E.-J. MAREY, membre de l'Institut, professeur au Collège de France. 1 vol. in-8 avec 117 figures dans le texte, 4ᵉ édit. (V. P.) 6 fr.
* Les Sens, par BERNSTEIN, professeur de physiologie à l'Université de Halle (Prusse). 1 vol. in-8 avec 91 figures dans le texte, 4ᵉ édit. (V. P.) 6 fr.

Les Organes de la parole, par H. DE MEYER, professeur à l'Université de Zurich, traduit de l'allemand et précédé d'une introduction sur l'*Enseignement de la parole aux sourds-muets*, par O. CLAVEAU, inspecteur général des établissements de bienfaisance. 1 vol. in-8 avec 51 figures dans le texte. 6 fr.

La Physionomie et l'Expression des sentiments, par P. MANTEGAZZA, professeur au Muséum d'histoire naturelle de Florence. 1 vol. in-8 avec figures et 8 planches hors texte, d'après les dessins originaux d'Edouard Ximenès. 6 fr.

Physiologie des exercices du corps, par le docteur F. LAGRANGE. 1 vol. in-8. (V. P.) 6 fr.

La Chaleur animale, par CH. RICHET, professeur de physiologie à la Faculté de médecine de Paris. 1 vol. in-8 avec figures dans le texte. 6 fr.

Les Sensations internes, par H. BEAUNIS, professeur de physiologie à la Faculté de médecine de Nancy, directeur du laboratoire de psychologie physiologique à la Sorbonne. 1 vol. in-8. 6 fr.

Les Virus, par M. ARLOING, professeur à la Faculté de médecine de Lyon, directeur de l'école vétérinaire. 1 vol. in-8 avec fig. fr.

PHILOSOPHIE SCIENTIFIQUE

* **Le Cerveau et ses fonctions**, par J. Luys, membre de l'Académie de médecine, médecin de la Salpêtrière. 1 vol. in-8 avec fig. 6ᵉ édit. (V. P.) 6 fr.

Le Cerveau et la Pensée chez l'homme et les animaux, par Charlton Bastian, professeur à l'Université de Londres. 2 vol. in-8 avec 184 fig. dans le texte. 2ᵉ édit. 12 fr.

Le Crime et la Folie, par H. Maudsley, professeur à l'Université de Londres. 1 vol. in-8, 5ᵉ édit. 6 fr.

L'Esprit et le Corps, considérés au point de vue de leurs relations, suivi d'études sur les *Erreurs généralement répandues au sujet de l'esprit*, par Alex. Bain, professeur à l'Université d'Aberdeen (Écosse). 1 vol. in-8, 4ᵉ édit. (V. P.) 6 fr.

* **Théorie scientifique de la sensibilité** : *le Plaisir et la Peine*, par Léon Dumont. 1 vol. in-8, 3ᵉ édit. 6 fr.

La Matière et la Physique moderne, par Stallo, précédé d'une préface par M. Ch. Friedel, de l'Institut. 1 vol. in-8. 6 fr.

Le Magnétisme animal, par A. Binet et Ch. Féré. 1 vol. in-8, avec figures dans le texte. 2ᵉ édit. 6 fr.

L'Intelligence des animaux, par Romanes. 2 vol. in-8, précédés d'une préface de M. E. Perrier, professeur au Muséum d'histoire naturelle. (V. P.) 12 fr.

L'Évolution des mondes et des sociétés, par C. Dreyfus, député de la Seine. 1 vol. in-8. 6 fr.

ANTHROPOLOGIE

* **L'Espèce humaine**, par A. de Quatrefages, membre de l'Institut, professeur d'anthropologie au Muséum d'histoire naturelle de Paris. 1 vol. in-8, 9ᵉ édit. (V. P.) 6 fr.

* **L'Homme avant les métaux**, par N. Joly, correspondant de l'Institut, professeur à la Faculté des sciences de Toulouse. 1 vol. in-8 avec 150 figures dans le texte et un frontispice, 4ᵉ édit. (V. P.) 6 fr.

* **Les Peuples de l'Afrique**, par R. Hartmann, professeur à l'Université de Berlin. 1 vol. in-8 avec 93 figures dans le texte, 2ᵉ édit. (V. P.) 6 fr.

Les Singes anthropoïdes, et leur organisation comparée à celle de l'homme, par R. Hartmann, professeur à l'Université de Berlin. 1 vol. in-8 avec 63 figures gravées sur bois. 6 fr.

L'Homme préhistorique, par Sir John Lubbock, membre de la Société royale de Londres. 2 vol. in-8, avec 228 gravures dans le texte. 3ᵉ édit. 12 fr.

La France préhistorique, par E. Cartailhac. 1 vol. in-8 avec gravures dans le texte. 6 fr.

ZOOLOGIE

* **Descendance et Darwinisme**, par O. Schmidt, professeur à l'Université de Strasbourg. 1 vol. in-8 avec figures, 5ᵉ édit. 6 fr.

Les Mammifères dans leurs rapports avec leurs ancêtres géologiques, par O. Schmidt. 1 vol. in-8 avec 51 figures dans le texte. 6 fr.

Fourmis, Abeilles et Guêpes, par sir John Lubbock, membre de la Société royale de Londres. 2 vol. in-8 avec figures dans le texte et 13 planches hors texte, dont 5 coloriées. (V. P.) 12 fr.

Les sens et l'instinct chez les animaux, et principalement chez les insectes, par Sir John Lubbock, 1 vol. in-8 avec grav. 6 fr.

L'Écrevisse, introduction à l'étude de la zoologie, par Th.-H. Huxley, membre de la Société royale de Londres et de l'Institut de France, professeur d'histoire naturelle à l'École royale des mines de Londres. 1 vol. in-8 avec 82 figures. 6 fr.

* **Les Commensaux et les Parasites** dans le règne animal, par P.-J. Van Beneden, professeur à l'Université de Louvain (Belgique). 1 vol. in-8 avec 82 figures dans le texte. 3ᵉ édit. (V. P.) 6 fr.

La Philosophie zoologique avant Darwin, par Edmond Perrier, professeur au Muséum d'histoire naturelle de Paris. 1 vol. in-8, 2ᵉ édit. (V. P.) 6 fr.

BOTANIQUE — GÉOLOGIE

Les Champignons, par Cooke et Berkeley. 1 vol. in-8 avec 110 figures. 4ᵉ édition. 6 fr.

L'Évolution du règne végétal, par G. de Saporta, correspondant de l'Institut, et Marion, correspondant de l'Institut, professeur à la Faculté des sciences de Marseille.

   I. *Les Cryptogames*. 1 vol. in-8 avec 85 figures dans le texte. (V. P.) 6 fr.

   II. *Les Phanérogames*. 2 v. in-8 avec 136 fig. dans le texte. 12 fr.

* **Les Volcans et les Tremblements de terre**, par Fuchs, professeur à l'Université de Heidelberg. 1 vol. in-8 avec 36 figures et une carte en couleur, 4ᵉ édition. (V. P.) 6 fr.

La période glaciaire, principalement en France et en Suisse, par A. FALSAN, 1 vol. in-8 avec 105 gravures et 2 cartes hors texte. (V. P.) 6 fr.

Les Régions invisibles du globe et des espaces célestes, par A. DAUBRÉE, de l'Institut, professeur au Muséum d'histoire naturelle. 1 vol. in-8, avec 78 gravures dans le texte. (V. P.) 6 fr.

L'Origine des plantes cultivées, par A. DE CANDOLLE, correspondant de l'Institut. 1 vol. in-8, 3ᵉ édit. (V. P.) 6 fr.

Introduction à l'étude de la botanique (le Sapin), par J. DE LANESSAN, professeur agrégé à la Faculté de médecine de Paris. 1 vol. in-8 avec figures dans le texte. (V. P.) 6 fr.

Microbes, Ferments et Moisissures, par le docteur L. TROUESSART. 1 vol. in-8 avec 108 figures dans le texte. 2ᵉ éd. (V. P.) 6 fr.

CHIMIE

Les Fermentations, par P. SCHUTZENBERGER, membre de l'Académie de médecine, professeur de chimie au Collège de France. 1 vol. in-8 avec figures, 5ᵉ édit. 6 fr.

* La Synthèse chimique, par M. BERTHELOT, membre de l'Institut, professeur de chimie organique au Collège de France. 1 vol. in-8. 6ᵉ édit. 6 fr.

* La Théorie atomique, par Ad. WURTZ, membre de l'Institut, professeur à la Faculté des sciences et à la Faculté de médecine de Paris. 1 vol. in-8, 5ᵉ édit., précédée d'une introduction sur la *Vie et les travaux* de l'auteur, par M. CH. FRIEDEL, de l'Institut. 6 fr.

La Révolution chimique (Lavoisier), par M. BERTHELOT. 1 vol. in-8. 6 fr.

ASTRONOMIE — MÉCANIQUE

* Histoire de la Machine à vapeur, de la Locomotive et des Bateaux à vapeur, par R. THURSTON, professeur de mécanique à l'Institut technique de Hoboken, près de New-York, revue, annotée et augmentée d'une introduction par M. HIRSCH, professeur de machines à vapeur à l'École des ponts et chaussées de Paris. 2 vol. in-8 avec 160 figures dans le texte et 16 planches tirées à part. 3ᵉ édit. (V. P.) 12 fr.

* Les Étoiles, notions d'astronomie sidérale, par le P. A. SECCHI, directeur de l'Observatoire du Collège Romain. 2 vol. in-8 avec 68 figures dans le texte et 16 planches en noir et en couleurs, 2ᵉ édit. (V. P.) 12 fr.

Le Soleil, par C.-A. YOUNG, professeur d'astronomie au Collège de New-Jersey. 1 vol. in-8 avec 87 figures. (V. P.) 6 fr.

PHYSIQUE

La Conservation de l'énergie, par BALFOUR STEWART, professeur de physique au collège Owens de Manchester (Angleterre), suivi d'une étude sur la *Nature de la force*, par P. DE SAINT-ROBERT (de Turin). 1 vol. in-8 avec figures, 4ᵉ édit. 6 fr.

* Les Glaciers et les Transformations de l'eau, par J. TYNDALL, professeur de chimie à l'Institution royale de Londres, suivi d'une étude sur le même sujet, par HELMHOLTZ, professeur à l'Université de Berlin. 1 vol. in-8 avec nombreuses figures dans le texte et 8 planches tirées à part sur papier teinté, 5ᵉ édit. (V. P.) 6 fr.

* La Photographie et la Chimie de la lumière, par VOGEL, professeur à l'Académie polytechnique de Berlin. 1 vol. in-8 avec 95 figures dans le texte et une planche en photoglyptie, 4ᵉ édit. (V. P.) 6 fr.

La Matière et la Physique moderne, par STALLO. 1 vol. in-8. 6 fr.

THÉORIE DES BEAUX-ARTS

* Le Son et la Musique, par P. BLASERNA, professeur à l'Université de Rome, suivi des *Causes physiologiques de l'harmonie musicale*, par H. HELMHOLTZ, professeur à l'Université de Berlin. 1 vol. in-8 avec 41 figures, 4ᵉ édit. (V. P.) 6 fr.

Principes scientifiques des Beaux-Arts, par E. BRUCKE, professeur à l'Université de Vienne, suivi de *l'Optique et les Arts*, par HELMHOLTZ, professeur à l'Université de Berlin. 1 vol. in-8 avec figures, 4ᵉ édit. (V. P.) 6 fr.

* Théorie scientifique des couleurs et leurs applications aux arts et à l'industrie, par O. N. ROOD, professeur de physique à Colombia-Collège de New-York (Etats-Unis). 1 vol. in-8 avec 130 figures dans le texte et une planche en couleurs. (V. P.) 6 fr.

PUBLICATIONS

HISTORIQUES, PHILOSOPHIQUES ET SCIENTIFIQUES
qui ne se trouvent pas dans les collections précédentes.

Actes du 1er Congrès international d'anthropologie criminelle. Biologie et sociologie. 1887. 1 vol. gr. in-8. 15 fr.

ALAUX. **La Religion progressive.** 1 vol. in-18. 3 fr. 50

ALAUX. **Esquisse d'une philosophie de l'être.** In-8. 1888. 1 fr.

ALAUX. **Les problèmes religieux au XIX° siècle.** 1 vol. in-8°. 7 fr. 50

ALAUX. Voy. p. 2.

ALGLAVE. **Des Juridictions civiles chez les Romains.** 1 vol. in-8. 2 fr. 50

ALTMEYER (J. J.). **Les Précurseurs de la réforme aux Pays-Bas.** 2 forts volumes in-8°, 1886. 12 fr.

ARRÉAT. **Une Éducation intellectuelle.** 1 vol. in-18. 2 fr. 50

ARRÉAT. **Journal d'un philosophe.** 1 vol. in-18. 1887. 3 fr. 50

AUBRY. **La Contagion du meurtre.** 1 vol. in-8. 1887. 3 fr. 50

Autonomie et fédération, par l'auteur des *Éléments de science sociale.* 1 vol. in-18, traduit de l'anglais, par J. GERSCHEL. 1889. 1 fr.

AZAM. **Le Caractère dans la santé et dans la maladie.** 1 vol. in-8, précédé d'une préface de Th. RIBOT. 1887. 4 fr.

BALFOUR STEWART et TAIT. **L'Univers invisible.** 1 vol. in-8. 7 fr.

BARNI. **Les Martyrs de la libre pensée.** 1 vol. in-18. 2° édit. 3 fr. 50

BARNI. **Napoléon Ier.** 1 vol. in-18, édition populaire. 1 fr.

BARNI. Voy. p. 4 ; KANT, p. 8 ; p. 13 et 31.

BARTHÉLEMY SAINT-HILAIRE. Voy. pages 2, 4 et 7, ARISTOTE.

BAUTAIN. **La Philosophie morale.** 2 vol. in-8. 12 fr.

BEAUNIS (H.). **Impressions de campagne (1870-1871).** In-18. 3 fr. 50

BÉNARD (Ch.). **De la philosophie dans l'éducation classique.** 1862. 1 fort vol. in-8. 6 fr.

BÉNARD. Voy. p. 7, ARISTOTE ; p. 8, SCHELLING et HEGEL.

BERTAULD (P.-A.). **Introduction à la recherche des causes premières. — De la méthode.** 3 vol. in-18. Chaque volume, 3 fr. 50

BLACKWELL (Dr Elisabeth). **Conseils aux parents sur l'éducation de leurs enfants au point de vue sexuel.** In-18. 2 fr.

BLANQUI. **L'Éternité par les astres.** In-8. 2 fr.

BLANQUI. **Critique sociale.** 2 vol. in-18. 1885. 7 fr.

BONJEAN (A.). **L'Hypnotisme, ses rapports avec le droit, la thérapeutique, la suggestion mentale.** 1 vol. in-18. 1890. 3 fr.

BOUCHARDAT. **Le Travail, son influence sur la santé.** In-18. 2 fr. 50

BOUCHER (A.) **Darwinisme et socialisme,** 1890. In-8 1 fr. 25

BOUILLET (Ad.). **Les Bourgeois gentilshommes. — L'Armée de Henri V.** 1 vol. in-18. 3 fr. 50

BOUILLET (Ad.). **Types nouveaux.** 1 vol. in-18. 1 fr. 50

BOUILLET (Ad.). **L'Arrière-ban de l'ordre moral.** 1 vol. in-18. 3 fr. 50

BOURBON DEL MONTE. **L'Homme et les Animaux.** 1 vol. in-8. 5 fr.

BOURDEAU (Louis). **Théorie des sciences.** 2 vol. in-8. 20 fr.

BOURDEAU (Louis). **Les Forces de l'industrie,** progrès de la puissance humaine. 1 vol. in-8. (V. P.) 5 fr.

BOURDEAU (Louis). **La Conquête du monde animal.** In-8. (V. P.) 5 fr.

BOURDEAU (Louis) **L'Histoire et les Historiens.** 1 vol. in-8. 1888. 7 fr. 50

BOURDET (Eug.). **Principes d'éducation positive,** in-18. 3 fr. 50

BOURDET. **Vocabulaire des principaux termes de la philosophie positive.** 1 vol. in-18. 3 fr. 50

BOURLOTON. Voy. p. 12.

BOURLOTON (Edg.) et ROBERT (Edmond). **La Commune et ses idées à travers l'histoire.** 1 vol. in-18. 3 fr. 50

BUCHNER. **Essai biographique sur Léon Dumont.** In-18. 2 fr.

Bulletins de la Société de psychologie physiologique. 1re année, 1885. 1 broch. In-8, 1 fr. 50. — 2e année, 1886, 1 broch. In-8, 3 fr. — 3e année, 1887, 1 fr. 50. — 4e année, 1888. 1 fr. 50 ; — 5e année, 1889. 1 fr. 50

BUSQUET. Représailles, poésies. In-18. 1 vol. 8 fr.

CADET. Hygiène, inhumation, crémation. In-18. 2 fr.

CARRAU (Lud.) Voy. p. 4 et FLINT p. 5.

CELLARIER (F.). Études sur la raison. 1 vol. in-12. 1888. 3 fr.

CELLARIER (F.). Rapports du relatif et de l'absolu, 1 vol. in-18, 4 fr.

CLAMAGERAN. L'Algérie. 3e édit. 1 vol. in-18. 1884. (V. P.) 3 fr. 50

CLAMAGERAN. Voy. p. 13.

CLAVEL (D^r). La Morale positive. 1 vol. in-8. 3 fr.

CLAVEL (D^r). Critique et conséquences des principes de 1789. 1 vol. in-18. 3 fr.

CLAVEL (D^r). Les Principes au XIXe siècle. In-18. 1 fr.

CONTA. Théorie du fatalisme. 1 vol. in-18. 4 fr.

CONTA. Introduction à la métaphysique. 1 vol. in-18. 3 fr.

COQUEREL fils (Athanase). Libres Études. 1 vol. in-8. 5 fr.

CORTAMBERT (Louis). La Religion du progrès. In-18. 3 fr. 50

COSTE (Adolphe). Hygiène sociale contre le paupérisme (prix de 5000 fr. au concours Pereire). 1 vol. in-8. 6 fr.

COSTE (Adolphe). Les Questions sociales contemporaines, (avec la collaboration de MM. A. BURDEAU et ARRÉAT.) 1 fort. vol. in-8. 10 fr.

COSTE (Ad.). Nouvel exposé d'économie politique et de physiologie sociale. 1 vol. in-18. 1889. 3 fr. 50

COSTE (Ad.). Voy. p. 2.

CRÉPIEUX-JAMIN. L'Écriture et le caractère. 1 vol. in-8 avec de nombreux fac-similés. 1 vol. in-8. 1888. 5 fr.

DANICOURT (Léon). La Patrie et la République. In-18. 2 fr. 50

DAURIAC. Sens commun et raison pratique. 1 br. in-8. 1 fr. 50

DAURIAC. Croyance et réalité. 1 vol. in-18. 1889. 3 fr. 50

DAURIAC. Le réalisme de Reid. In-8. 1 fr.

DAVY. Les Conventionnels de l'Eure. 2 forts vol. in-8. 18 fr.

DELBŒUF. Psychophysique, mesure des sensations de lumière et de fatigue, théorie générale de la sensibilité. 1 vol. in-18. 3 fr. 50

DELBŒUF. Examen critique de la loi psychophysique, sa base et sa signification. 1 vol. in-18. 1883. 3 fr. 50

DELBŒUF. Le Sommeil et les Rêves, et leurs rapports avec les théories de la certitude et de la mémoire. 1 vol. in-18. 3 fr. 50

DELBŒUF. De l'origine des effets curatifs de l'hypnotisme. Étude de psychologie expérimentale. 1887. In-8. 1 fr. 50

DELBŒUF. Le magnétisme animal, visite à l'École de Nancy. In-8 de 128 pages. 1889. 2 fr. 50

DELBŒUF. Magnétiseurs et médecins. 1 vol. in-8. 1890. 2 fr.

DELBŒUF. Voy. p. 2.

DESTREM (J.). Les Déportations du Consulat. 1 br. in-8. 1 fr. 50

DOLLFUS (Ch.). Lettres philosophiques. In-18. 3 fr.

DOLLFUS (Ch.). Considérations sur l'histoire. In-8. 7 fr. 50

DOLLFUS (Ch.). L'Ame dans les phénomènes de conscience. 1 vol. in-18. 3 fr. 50

DUBOST (Antonin). Des conditions de gouvernement en France. 1 vol. in-8. 7 fr. 50

DUBUC (P.). Essai sur la méthode en métaphysique. 1 vol. in-8. 5 fr.

DUFAY. Études sur la destinée. 1 vol. in-18. 1876. 3 fr.

DUMONT (Léon). Voy. p. 19 et 22.

DUNAN. Sur les formes à priori de la sensibilité. 1 vol. in-8. 5 fr.

DUNAN. **Les Arguments de Zénon d'Élée contre le mouvement.** 1 br. in-8. 1884.   1 fr. 50

DURAND-DÉSORMEAUX. **Réflexions et Pensées**, précédées d'une Notice sur l'auteur par Ch. YRIARTE. 1 vol. in-8. 1884.   2 fr. 50

DURAND-DÉSORMEAUX. **Études philosophiques**, théorie de l'action, théorie de la connaissance. 2 vol. in-8. 1884.   15 fr.

DUTASTA. **Le Capitaine Vallé.** 1 vol. in-18. 1883.   3 fr. 50

DUVAL-JOUVE. **Traité de logique.** 1 vol. in-8.   6 fr.

DUVERGIER DE HAURANNE (Mme E.). **Histoire populaire de la Révolution française.** 1 vol. in-18. 3e édit.   3 fr. 50

Éléments de science sociale. 1 vol. in-18. 4e édit. 1885.   3 fr. 50

ESCANDE. **Hoche en Irlande** (1795-1798), d'après des documents inédits. 1 vol. in-18 en caractères elzéviriens. 1888. (V. P.)   3 fr. 50

ESPINAS. **Idée générale de la pédagogie.** 1 br. in-8. 1884.   1 fr.

ESPINAS. **Du Sommeil provoqué chez les hystériques**, br. in-8. 1 fr.

ESPINAS, Voy. p. 2 et 4.

FABRE (Joseph). **Histoire de la philosophie.** Première partie : Antiquité et moyen âge. 1 vol. in-12.   3 fr. 50

FAU. **Anatomie des formes du corps humain**, à l'usage des peintres et des sculpteurs. 1 atlas de 25 planches avec texte. 2e édition. Prix, figures noires, 15 fr. ; fig. coloriées.   30 fr.

FAUCONNIER. **Protection et libre échange.** In-8.   2 fr.

FAUCONNIER. **La morale et la religion dans l'enseignement.** 75 c.

FAUCONNIER. **L'Or et l'Argent.** In-8.   2 fr. 50

FEDERICI. **Les Lois du progrès.** 1 vol. in-8. 1888.   6 fr.

FERBUS (N.). **La Science positive du bonheur.** 1 vol. in-18.   3 fr.

FÉRÉ. **Du traitement des aliénés dans les familles.** 1 vol. in-18. 1889.   2 fr. 50

FERRIÈRE (Em.). **Les Apôtres**, essai d'histoire religieuse. 1 vol. in-12. 4 fr. 50

FERRIÈRE (Em.). **L'Ame est la fonction du cerveau.** 2 volumes in-18. 1883.   7 fr.

FERRIÈRE (Em.). **Le Paganisme des Hébreux jusqu'à la captivité de Babylone.** 1 vol. in-18. 1884.   3 fr. 50

FERRIÈRE (Em.). **La Matière et l'Énergie.** 1 vol. in-18. 1887. (V. P.) 4 fr. 50

FERRIÈRE (Em.). **L'Ame et la Vie.** 1 vol. in-18. 1888.   4 fr. 50

FERRIÈRE (Em.). Voy. p. 32.

FERRON (de). **Institutions municipales et provinciales** dans les différents États de l'Europe, Comparaison. Réformes. 1 vol. in-8. 1883. 8 fr.

FERRON (de). **Théorie du progrès.** 2 vol. in-18.   7 fr.

FERRON (de). **De la division du pouvoir législatif en deux chambres**, histoire et théorie du Sénat. 1 vol. in-8.   8 fr.

FOX (W.-J.). **Des idées religieuses.** In-8.   3 fr.

GASTINEAU. **Voltaire en exil.** 1 vol. in-18.   8 fr.

GAYTE (Claude). **Essai sur la croyance.** 1 vol. in-8.   3 fr.

GILLIOT (Alph.). **Études sur les religions et institutions comparées.** 2 vol. in-12, tome Ier, 3 fr. — Tome II.   5 fr.

GOBLET D'ALVIELLA. **L'Évolution religieuse chez les Anglais, les Américains, les Hindous, etc.** 1 vol. in-8. 1883.   7 fr. 50

GOURD. **Le Phénomène.** 1 vol. in-8. 1888.   7 fr. 50

GRAEF (Guillaume de). **Introduction à la Sociologie.** Première partie : *Éléments.* 1 vol. in-8. 1886.   4 fr.

Deuxième partie : *Fonctions et organes.* 1 vol. in-8. 1889.   6 fr.

GRESLAND. **Le Génie de l'homme**, libre philosophie. Gr. in-8.   7 fr.

GRIMAUX (Ed.). **Lavoisier** (1743-1794), d'après sa correspondance et de documents inédits. 1 vol. gr. in-8 avec gravures en taille-douce, imprim avec luxe. 1888.   15 fr.

GUILLAUME (de Moissey). **Traité des sensations.** 2 vol. in-8.   12 fr.

GUILLY. **La Nature et la Morale.** 1 vol. in-18. 2e édit.   2 fr. 50

GUYAU. **Vers d'un philosophe.** 1 vol. in-18. 3 fr. 50
GUYAU. Voy. p. 2, 5, 7 et 10.
HAYEM (Armand). **L'Être social.** 1 vol. in-18. 2ᵉ édit. 2 fr. 50
HERZEN. **Récits et Nouvelles.** 1 vol. in-18. 3 fr. 50
HERZEN. **De l'autre rive.** 1 vol. in-18. 3 fr. 50
HERZEN. **Lettres de France et d'Italie.** In-18. 3 fr. 50
HUXLEY. **La Physiographie,** introduction à l'étude de la nature, traduit et adapté par M. G. Lamy. 1 vol. in-8 avec figures dans le texte et 2 planches en couleurs, broché, 8 fr. — En demi-reliure, tranches dorées. 11 fr.
HUXLEY. Voy. p. 5 et 32.
Inventaire des livres formant la bibliothèque de Spinoza, notes et intr. de J. S. von Rooijen, 1 vol. in-4, pap. de Hollande. 12 fr.
ISSAURAT. **Moments perdus de Pierre-Jean.** 1 vol. in-18. 3 fr.
ISSAURAT. **Les Alarmes d'un père de famille.** In-8. 1 fr.
JANET (Paul). **Le Médiateur plastique de Cudworth.** 1 vol. in-8. 1 fr.
JANET (Paul). Voy. p. 3, 5, 7, 8 et 9.
JEANMAIRE. **L'Idée de la personnalité dans la psychologie moderne.** 1 vol. in-8. 1883. 5 fr.
JOIRE. **La Population, richesse nationale; le travail, richesse du peuple.** 1 vol. in-8. 1886. 5 fr.
JOYAU. **De l'Invention dans les arts et dans les sciences.** 1 vol. in-8. 5 fr.
JOYAU. **Essai sur la liberté morale.** 1 vol. in-18. 1888. 3 fr. 50
JOYAU. **La théorie de la grâce et la liberté morale de l'homme.** 1 vol. in-8. 2 fr. 50
JOZON (Paul). **De l'écriture phonétique.** In-18. 3 fr. 50
KOVALEVSKY. **L'Ivrognerie,** ses causes, son traitement. 1 v. in-18. 1 fr. 50
KOVALEVSKI (M). **Tableau des origines et de l'évolution de la famille et de la propriété.** 1 vol. in-8. 1890. 4 fr.
LABORDE. **Les Hommes et les Actes de l'insurrection de Paris devant la psychologie morbide.** 1 vol. in-18. 2 fr. 50
LACOMBE. **Mes droits.** 1 vol. in-12. 2 fr. 50
LAGGROND. **L'Univers, la force et la vie.** 1 vol. in-8. 1884. 2 fr. 50
LAGRANGE (F.). **L'hygiène de l'exercice chez les enfants et les jeunes gens.** 1 vol. in 18. 2ᵉ édition. 1890. 3 fr. 50
LA LANDELLE (de). **Alphabet phonétique.** In-18. 2 fr. 50
LANGLOIS. **L'Homme et la Révolution.** 2 vol. in-18. 7 fr.
LAURET (Henri). **Critique d'une morale sans obligation ni sanction.** In-8. 1 fr. 50
LAURET (Henri). Voy. p. 9.
LAUSSEDAT. **La Suisse.** Études méd. et sociales. In-18. 3 fr. 50
LAVELEYE (Em. de). **De l'avenir des peuples catholiques.** In-8. 21ᵉ édit. 25 c.
LAVELEYE (Em. de). **Lettres sur l'Italie (1878-1879).** In-18. 3 fr. 50
LAVELEYE (Em. de). **Nouvelles lettres d'Italie.** 1 vol. in-8. 1884. 3 fr.
LAVELEYE (Em. de). **L'Afrique centrale.** 1 vol. in-12. 3 fr.
LAVELEYE (Em. de). **La Péninsule des Balkans** (Vienne, Croatie, Bosnie, Serbie, Bulgarie, Roumélie, Turquie, Roumanie). 2ᵉ édit. 2 vol. in-12. 1888. 10 fr.
LAVELEYE (Em. de). **La Propriété collective du sol en différents pays.** In-8. 2 fr.
LAVELEYE (Em. de). Voy. p. 5 et 13.
LAVERGNE (Bernard). **L'Ultramontanisme et l'État.** In-8. 1 fr. 50
LEDRU-ROLLIN. **Discours politiques et écrits divers.** 2 vol. in-8. 12 fr.
LEGOYT. **Le Suicide.** 1 vol. in-8. 8 fr.
LELORRAIN. **De l'aliéné au point de vue de la responsabilité pénale.** In-8. 2 fr.

LEMER (Julien). **Dossier des jésuites et des libertés de l'Église gallicane.** 1 vol. in-18. 3 fr. 50

LOURDEAU. **Le Sénat et la Magistrature dans la démocratie française.** 1 vol. in-18. 3 fr. 50

La lutte contre l'abus du tabac, publication de la Société contre l'abus du tabac. 1 vol. in-16 avec gravures, cart. à l'anglaise. 1889. 3 fr. 30

MAGY. **De la Science et de la Nature.** 1 vol. in-8. 6 fr.

MAINDRON (Ernest). **L'Académie des sciences** (Histoire de l'Académie, fondation de l'Institut national; Bonaparte, membre de l'Institut). 1 beau vol. in-8 cavalier, avec 53 gravures dans le texte, portraits, plans, etc., 8 planches hors texte et 2 autographes. 12 fr.

MALON (Benoît). **Le socialisme intégral.** 1 volume grand in-8, avec portrait de l'auteur. 1890. 6 fr.

MARAIS. **Garibaldi et l'Armée des Vosges.** In-18. (V. P.) 1 fr. 50

MASSERON (I.). **Danger et Nécessité du socialisme.** In-18. 3 fr. 50

MAURICE (Fernand). **La Politique extérieure de la République française.** 1 vol. in-12. 3 fr. 50

MENIÈRE. **Cicéron médecin.** 1 vol. in-18. 4 fr. 50

MENIÈRE. **Les Consultations de Mme de Sévigné,** étude médico-littéraire. 1884. 1 vol. in-8. 3 fr.

MICHAUT (N.). **De l'Imagination.** 1 vol. in-8. 5 fr.

MILSAND. **Les Études classiques.** 1 vol. in-18. 3 fr. 50

MILSAND. **Le Code et la Liberté.** In-8. 2 fr.

MILSAND. Voy. p. 3.

MORIN (Miron). **Essais de critique religieuse.** 1 fort vol. in-8. 1885. 5 fr.

MORIN. **Magnétisme et Sciences occultes.** 1 vol. in-8. 6 fr.

MORIN (Frédéric). **Politique et Philosophie.** 1 vol. in-18. 3 fr. 50

NIVELET. **Loisirs de la vieillesse.** 1 vol. in-12. 3 fr.

NIVELET. **Gall et sa doctrine.** 1 vol. in-8, 1890. 5 fr.

NOEL (E.). **Mémoires d'un imbécile,** précédé d'une préface de *M. Littré.* 1 vol. in-18. 3e édition. 3 fr. 50

NOTOVITCH. **La Liberté de la volonté.** In-18. 1888. 3 fr. 50

OGER. **Les Bonaparte** et les frontières de la France. In-18. 50 c.

OGER. **La République.** In-8. 50 c.

OLECHNOWICZ. **Histoire de la civilisation de l'humanité,** d'après la méthode brahmanique. 1 vol. in-12. 3 fr. 50

PARIS (Le colonel). **Le feu à Paris et en Amérique.** 1 v. in-18. 3 fr. 50

PARIS (comte de). **Les Associations ouvrières en Angleterre (Trades-unions).** 1 vol. in-18. 7e édit. 1 fr. — Édition sur papier fort, 2 fr. 50 — Sur papier de Chine, broché, 12 fr. — Rel. de luxe. 20 fr.

PELLETAN (Eugène). **La Naissance d'une ville (Royan).** In-18. 1 fr. 40

PELLETAN (Eug.). **Jarousseau, le pasteur du désert.** 1 vol. in-18 (couronné par l'Académie française). 2 fr.

PELLETAN (Eug.). **Un Roi philosophe, Frédéric le Grand.** In-18. (V. P.) 3 fr. 50

PELLETAN (Eug.). **Le monde marche** (la loi du progrès). In-18. 3 fr. 50

PELLETAN (Eug.). **Droits de l'homme.** 1 vol. in-12. 3 fr. 50

PELLETAN (Eug.). **Profession de foi du XIXe siècle.** In-12. 3 fr. 50

PELLETAN (Eug.). Voy. p. 31.

PELLIS (F.) **La Philosophie de la Mécanique.** 1 vol. in-8. 1888. 2 fr. 50

PÉNY (le major). **La France par rapport à l'Allemagne.** Étude de géographie militaire. 1 vol. in-8. 2e édit. 6 fr.

PEREZ (Bernard). **Thiery Tiedmann. — Mes deux chats.** In-12. 2 fr.

PEREZ (Bernard). **Jacotot et sa méthode d'émancipation intellectuelle.** 1 vol. in-18. 3 fr.

PEREZ (Bernard). Voy. p. 6.

PÉRGAMENI (H.). **Histoire générale de la littérature française,** depuis ses origines jusqu'à nos jours. 1 vol. in-8. 1889. 9 fr.

PETROZ (P.). **L'Art et la Critique en France** depuis 1822. in-18. 3 fr. 50
PETROZ. **Un Critique d'art au XIX° siècle.** In-18. 1 fr. 50
PETROZ. **Esquisse d'une histoire de la peinture au Musée du Louvre.** 1 vol. in-8. 1890. 5 fr.
PHILBERT (Louis). **Le Rire,** essai littéraire, moral et psychologique. 1 vol. in-8. (Couronné par l'Académie française, prix Montyon.) 7 fr. 50
PLANTET (E.). **Correspondance des Deys d'Alger avec la cour de France** (1579-1833), recueillie dans les dépôts des archives du Ministère des Affaires étrangères, de la Marine, des Colonies et de la Chambre de commerce de Marseille. 2 vol. in-8 raisin sur papier de Hollande (1889).. 30 fr.
PICAVET (F.). **L'Histoire de la philosophie,** ce qu'elle a été, ce qu'elle peut être. In-8, 1889. 2 fr.
PICAVET (F.). **La Mettrie et la critique allemande.** 1889, in-8. 1 fr.
POEY. **Le Positivisme.** 1 fort vol. in-12. 4 fr. 50
POEY. **M. Littré et Auguste Comte.** 1 vol. in-18. 3 fr. 50
POULLET. **La Campagne de l'Est** (1870-1871). 1 vol. in-8 avec 2 cartes, et pièces justificatives. 7 fr.
PUTSAGE. **Études de science réelle.** 1 vol. gr. in-8. 1888. 5 fr.
QUINET (Edgar). **Œuvres complètes.** 30 volumes in-18. Chaque volume.. 3 fr. 50

Chaque ouvrage se vend séparément :

1. Génie des religions. 6° édition.
2. Les Jésuites. — L'Ultramontanisme. 11° édition.
3. Le Christianisme et la Révolution française. 6° édition.
4-5. Les Révolutions d'Italie. 5° édition. 2 vol. (V. P.)
6. Marnix de Sainte-Aldegonde. — Philosophie de l'Histoire de France. 4° édition. (V. P.)
7. Les Roumains. — Allemagne et Italie. 3° édition.
8. Premiers travaux : Introduction à la Philosophie de l'histoire. — Essai sur Herder. — Examen de la Vie de Jésus. — Origine des dieux. — L'Église de Brou. 3° édition.
9. La Grèce moderne. — Histoire de la poésie. 3° édition.
10. Mes Vacances en Espagne. 5° édition.
11. Ahasverus. — Tablettes du Juif errant. 5° édition.
12. Prométhée. — Les Esclaves. 4° édition.
13. Napoléon (poème). (*Épuisé.*)
14. L'Enseignement du peuple. — Œuvres politiques avant l'exil. 8° édition.
15. Histoire de mes idées (Autobiographie). 4° édition.
16-17. Merlin l'Enchanteur. 2° édition. 2 vol.
18-19-20. La Révolution. 10° édition. 3 vol. (V. P.)
21. Campagne de 1815. 7° édition. (V. P.)
22-23. La Création. 3° édition. 2 vol.
24. Le Livre de l'exilé. — La Révolution religieuse au XIX° siècle. — Œuvres politiques pendant l'exil. 2° édition.
25. Le Siège de Paris. — Œuvres politiques après l'exil. 2° édition.
26. La République. Conditions de régénération de la France. 2° édit. (V. P.)
27. L'Esprit nouveau. 5° édition.
28. Le Génie grec. 1° édition.
29-30. Correspondance. Lettres à sa mère. 1° édition. 2 vol.

RÉGAMEY (Guillaume). **Anatomie des formes du cheval,** à l'usage des peintres et des sculpteurs. 6 planches en chromolithographie, publiées sous la direction de FÉLIX RÉGAMEY, avec texte par le D' KUHFF. 8 fr.
RIBERT (Léonce). **Esprit de la Constitution** du 25 février 1875. 1 vol. in-18. 3 fr. 50
RIBOT (Paul). **Spiritualisme et Matérialisme.** 2° éd. 1887. 1 vol. in-8. 6 fr.
ROBERT (Edmond). **Les Domestiques.** 1 vol. in-18. 3 fr. 50

ROSNY (Ch. de). **La Méthode consdentielle.** 1 vol. in-8, 1887.   4 fr.

SANDERVAL (O. de). **De l'Absolu. La loi de vie.** 1887. 1 vol. in-8.   5 fr.

SECRÉTAN. **Philosophie de la liberté.** 2 vol. in-8.   10 fr.

SECRÉTAN. **La Civilisation et la Croyance.** 1 volume in-8. 1887.
  (V. P.)   7 fr. 50

SECRÉTAN. **Études sociales.** 1889. 1 vol. in-18.   3 fr. 50

SERGUEYEFF. **Physiologie de la veille et du sommeil.** 2 volumes
  grand in-8, 1890.   20 fr.

SIEGFRIED (Jules). **La Misère, son histoire, ses causes, ses remèdes.**
  1 vol. grand in-18. 3ᵉ édition. 1879.   2 fr. 50

SIÉREBOIS. **Psychologie réaliste.** 1876. 1 vol. in-18.   2 fr. 50

SOREL (Albert). **Le Traité de Paris du 20 novembre 1815.** 1 vol.
  in-8.   4 fr. 50

SPIR (A.). **Esquisses de philosophie critique.** 1 vol. in-18. 1887. 2 fr. 50

STOLIPINE (D.). **Essais de philosophie des sciences.** 1889. In-8.   2 fr.

STUART MILL (J.). **La République de 1849 et ses détracteurs.**
  traduit de l'anglais, avec préface par M. SADI CARNOT. 1 vol. in-18,
  2ᵉ édition. (V. P.)   1 fr.

STRAUS. **Les origines de la forme républicaine du gouvernement
  dans les États-Unis d'Amérique.** Précédé d'une préface de M. E. DE
  LAVELEYE. 1 vol. in-8, traduit sur la 3ᵉ édition révisée, par Mᵐᵉ A. COU-
  VREUR.   4 fr. 50

STUART MILL. Voy. p. 4, 6 et 9.

TARDE. **Les lois de l'imitation.** Étude sociologique. 1 vol. in-8. 1890. 6 fr.

TÉNOT (Eugène). **Paris et ses fortifications** (1870-1880). 1 vol. in-8. 5 fr.

TÉNOT (Eugène). **La Frontière** (1870-1881). 1 fort vol. grand in-8.   8 fr.

TERQUEM (A.). **La science romaine à l'époque d'Auguste.** Étude
  historique d'après Vitruve, 1885. 1 vol gr. in-8.   3 fr.

THIERS (Édouard). **La Puissance de l'armée par la réduction du
  service.** In-8.   1 fr. 50

THOMAS (J.). **Principes de philosophie morale.** 1 vol. in-8. 1889. 3 fr. 50

THULIÉ. **La Folie et la Loi.** 2ᵉ édit. 1 vol. in-8.   3 fr. 50

THULIÉ. **La Manie raisonnante du docteur Campagne.** In-8.   2 fr.

TIBERGHIEN. **Les Commandements de l'humanité.** 1 vol. in-18.   3 fr.

TIBERGHIEN. **Enseignement et philosophie.** 1 vol. in-18.   4 fr.

TIBERGHIEN. **Introduction à la philosophie.** 1 vol. in-18.   6 fr.

TIBERGHIEN. **La Science de l'âme.** 1 vol. in-12. 3ᵉ édit.   6 fr.

TIBERGHIEN. **Éléments de morale universelle.** In-12.   2 fr.

TISSANDIER. **Études de théodicée.** 1 vol. in-8.   4 fr.

TISSOT. **Principes de morale.** 1 vol. in-8.   6 fr.

TISSOT. Voy. KANT, p. 7.

VACHEROT. **La Science et la Métaphysique.** 3 vol. in-18.   10 fr. 50

VACHEROT. Voy. p. 4 et 6.

VALLIER. **De l'intention morale.** 1 vol. in-8.   3 fr. 50

VAN ENDE (U.). **Histoire naturelle de la croyance,** *première partie :*
  l'Animal. 1887. 1 vol. in-8 (V. P.)   5 fr.

VERNIAL. **Origine de l'homme, lois de l'évolution naturelle.** in-8.   3 fr.

VILLIAUMÉ. **La Politique moderne.** 1 vol. in-8.   6 fr.

VOITURON. **Le Libéralisme et les Idées religieuses.** In-12.   4 fr.

WEILL (Alexandre). **Le Pentateuque selon Moïse et le Pentateuque
  selon Esra,** avec *vie, doctrine et gouvernement authentique de Moïse.*
  1 fort vol. in-8.   7 fr. 50

WEILL (Alexandre). **Vie, doctrine et gouvernement authentique de
  Moïse.** 1 vol. in-8.   3 fr.

WUARIN (L.) **Le Contribuable, ou comment défendre sa bourse.** 1 vol.
  in-16. 1880.   3 fr. 50

YUNG (Eugène). **Henri IV écrivain.** 1 vol. in-8.   5 fr.

ZIESING (Th.). **Érasme ou Salignac.** Étude sur la lettre de François
  Rabelais, avec un fac-similé de l'original de la Bibliothèque de Zurich.
  1 brochure gr. in-8. 1887.   4 fr.

BIBLIOTHÈQUE UTILE

103 VOLUMES PARUS.

Le volume de 190 pages, broché, 60 centimes.

Cartonné à l'anglaise ou en cartonnage toile dorée, 1 fr.

Le titre de cette collection est justifié par les services qu'elle rend et la part pour laquelle elle contribue à l'instruction populaire.

Elle embrasse l'histoire, la philosophie, le droit, les sciences, l'économie politique et les arts, c'est-à-dire qu'elle traite toutes les questions qu'un homme instruit ne doit plus ignorer. Son esprit est essentiellement démocratique. La plupart de ses volumes sont adoptés pour les Bibliothèques par le *Ministère de l'instruction publique*, le *Ministère de la guerre*, la *Ville de Paris*, la *Ligue de l'enseignement*, etc.

HISTOIRE DE FRANCE

Les Mérovingiens, par BUCHEZ, ancien président de l'Assemblée constituante.

Les Carlovingiens, par BUCHEZ.

Les Luttes religieuses des premiers siècles, par J. BASTIDE, 4e édition.

Les Guerres de la Réforme, par J. BASTIDE. 4e édit.

La France au moyen âge, par F. MORIN.

Jeanne d'Arc, par Fréd. LOCK.

Décadence de la monarchie française, par Eug. PELLETAN. 4e édit.

La Révolution française, par H. CARNOT (2 volumes).

La Défense nationale en 1792, par P. GAFFAREL.

Napoléon 1er, par Jules BARNI.

Histoire de la Restauration, par Fréd. LOCK. 3e édit.

Histoire de Louis-Philippe, par Edgar ZEVORT. 2e édit.

Mœurs et Institutions de la France, par P. BONDOIS. 2 volumes.

Léon Gambetta, par J. REINACH.

Histoire de l'armée française, par L. BÈRE.

Histoire de la marine française, par Alfr. DONEAUD. 2e édit.

Histoire de la conquête de l'Algérie, par QUESNEL.

PAYS ÉTRANGERS

L'Espagne et le Portugal, par E. RAYMOND. 2e édition.

Histoire de l'empire ottoman, par L. COLLAS. 2e édition.

Les Révolutions d'Angleterre, par Eug. DESPOIS. 3e édition.

Histoire de la maison d'Autriche, par Ch. ROLLAND. 2e édition.

L'Europe contemporaine (1789-1879), par P. BONDOIS.

Histoire contemporaine de la Prusse, par Alfr. DONEAUD.

Histoire contemporaine de l'Italie, par Félix HENNEGUY.

Histoire contemporaine de l'Angleterre, par A. REGNARD.

HISTOIRE ANCIENNE

La Grèce ancienne, par L. COMBES, 2e édition.

L'Asie occidentale et l'Égypte, par A. OTT. 2e édition.

L'Inde et la Chine, par A. OTT.

Histoire romaine, par CREIGHTON.

L'Antiquité romaine, par WILKIN (avec gravures).

L'Antiquité grecque, par MAHAFFY (avec gravures).

GÉOGRAPHIE

Torrents, fleuves et canaux de la France, par H. BLERZY.

Les Colonies anglaises, par H. BLERZY.

Les Iles du Pacifique, par le capitaine de vaisseau JOUAN (avec 1 carte).

Les Peuples de l'Afrique et de l'Amérique, par GIRARD DE RIALLE.

Les Peuples de l'Asie et de l'Europe, par GIRARD DE RIALLE.

L'Indo-Chine française, par FAQUE.

Géographie physique, par GEIKIE, prof. à l'Univ. d'Edimbourg (avec fig.).

Continents et Océans, par GROVE (avec figures).

Les Frontières de la France, par P. GAFFAREL.

COSMOGRAPHIE

Les Entretiens de Fontenelle sur la pluralité des mondes, mis au courant de la science par BOILLOT.

Le Soleil et les Étoiles, par le P. SECCHI, BRIOT, WOLF et DELAUNAY. 2e édition. (avec figures).

Les Phénomènes célestes, par ZURCHER et MARGOLLÉ.

A travers le ciel, par AMIGUES.

Origines et Fin des mondes, par Ch. RICHARD. 3e édition.

Notions d'astronomie, par L. CATALAN, 4e édition (avec figures).

SCIENCES APPLIQUÉES

Le Génie de la science et de l'Industrie, par B. GASTINEAU.

Causeries sur la mécanique, par BROTHIER. 2ᵉ édit.

Médecine populaire, par le docteur TURCK. 4ᵉ édit.

La Médecine des accidents, par le docteur BROQUÈRE.

Les Maladies épidémiques (Hygiène et Prévention), par le docteur L. MONIN.

Hygiène générale, par le docteur L. CRUVEILHIER. 6ᵉ édit.

Petit Dictionnaire des falsifications, avec moyens faciles pour les reconnaitre, par DUFOUR.

Les Mines de la France et de ses colonies, par P. MAIGNE.

Les Matières premières et leur emploi dans les divers usages de la vie, par M. GENEVOIX.

Les Procédés industriels, par le même.

La Machine à vapeur, par H. GOSSIN, avec figures.

La Photographie, par H. GOSSIN.

La Navigation aérienne, par G. DALLET, avec figures.

L'Agriculture française, par A. LARBALÉTRIER, avec figures.

SCIENCES PHYSIQUES ET NATURELLES

Télescope et Microscope, par ZURCHER et MARGOLLÉ.

Les Phénomènes de l'atmosphère, par ZURCHER. 4ᵉ édit.

Histoire de l'air, par ALBERT LÉVY.

Histoire de la terre, par BROTHIER.

Principaux faits de la chimie, par SAMSON. 5ᵉ édit.

Les Phénomènes de la mer, par E. MARGOLLÉ. 5ᵉ édit.

L'Homme préhistorique, par ZABOROWSKI. 2ᵉ édit.

Les Grands Singes, par le même.

Histoire de l'eau, par BOUANT.

Introduction à l'étude des sciences physiques, par MORAND. 5ᵉ édit.

Le Darwinisme, par E. FERRIÈRE.

Géologie, par GEIKIE (avec fig.).

Les Migrations des animaux et le Pigeon voyageur, par ZABOROWSKI.

Premières Notions sur les sciences, par Th. HUXLEY.

La Chasse et la Pêche des animaux marins, par JOUAN.

Les Mondes disparus, par ZABOROWSKI (avec figures).

Zoologie générale, par H. BEAUREGARD (avec figures).

PHILOSOPHIE

La Vie éternelle, par ENFANTIN. 2ᵉ éd.

Voltaire et Rousseau, par Eug. NOEL. 3ᵉ édit.

Histoire populaire de la philosophie, par L. BROTHIER. 3ᵉ édit.

La Philosophie zoologique, par Victor MEUNIER. 2ᵉ édit.

L'Origine du langage, par ZABOROWSKI.

Physiologie de l'esprit, par PAULHAN (avec figures).

L'Homme est-il libre? par RENARD.

La Philosophie positive, par le docteur ROBINET. 2ᵉ édit.

ENSEIGNEMENT. — ÉCONOMIE DOMESTIQUE

De l'Éducation, par Herbert Spencer.

La Statistique humaine de la France, par Jacques BERTILLON.

Le Journal, par HATIN.

De l'Enseignement professionnel, par CORBON, sénateur. 3ᵉ édit.

Les Délassements du travail, par Maurice CRISTAL. 2ᵉ édit.

Le Budget du foyer, par H. LENEVEUX.

Paris municipal, par H. LENEVEUX.

Histoire du travail manuel en France, par H. LENEVEUX.

L'Art et les Artistes en France, par Laurent PICHAT, sénateur. 4ᵉ édit.

Premiers principes des beaux-arts, par J. COLLIER (avec gravures).

Économie politique, par STANLEY JEVONS. 3ᵉ édit.

Le Patriotisme à l'école, par JOURDY, chef d'escadrons d'artillerie.

Histoire du libre échange en Angleterre, par MONGREDIEN.

Économie rurale et agricole, par PETIT.

DROIT

La Loi civile en France, par MOBIN. 3ᵉ édit.

La Justice criminelle en France, par G. JOURDAN. 3ᵉ édit.

Imprimeries réunies, A, rue Mignon, 2, Paris. — 2491.